嵌入式系统开发

宁 靖 编著

首都经济贸易大学出版社

Capital University of Economics and Business Press

·北京·

图书在版编目(CIP)数据

嵌入式系统开发/宁靖编著. --北京:首都经济贸易大学
出版社,2020.10
ISBN 978-7-5638-3133-3

Ⅰ.①嵌… Ⅱ.①宁… Ⅲ.①微型计算机—系统开发
Ⅳ.①TP360.21

中国版本图书馆 CIP 数据核字(2020)第 183893 号

嵌入式系统开发
Qianrushi Xitong Kaifa
宁 靖 编著

责任编辑	刘元春	
封面设计	风得信·阿东 FondesyDesign	
出版发行	首都经济贸易大学出版社	
地 址	北京市朝阳区红庙(邮编 100026)	
电 话	(010)65976483 65065761 65071505(传真)	
网 址	http://www.sjmcb.com	
E-mail	publish@cueb.edu.cn	
经 销	全国新华书店	
照 排	北京砚祥志远激光照排技术有限公司	
印 刷	北京建宏印刷有限公司	
开 本	787 毫米×1092 毫米 1/16	
字 数	550 千字	
印 张	21.5	
版 次	2020 年 10 月第 1 版 2020 年 10 月第 1 次印刷	
书 号	ISBN 978-7-5638-3133-3	
定 价	43.00 元	

前　言

近年来,物联网、移动互联网、大数据和云计算的迅猛发展,慢慢改变了社会的生产方式,大大提高了生产效率,促进了社会生产力的发展。嵌入式系统作为一个热门领域,涵盖了微电子技术、电子信息技术、计算机软件和硬件等多项技术领域的应用。到目前为止,我国嵌入式系统已经应用到电信、医疗、汽车、安全、工业控制等行业,随着计算机技术、网络技术和微电子技术的深入发展,嵌入式系统的应用还将不断拓展到智能制造、智慧农业、智能家居、智能交通和车联网、智慧医疗和健康养老,以及智慧节能环保等方方面面。

随着嵌入式系统设计和物联网工程应用技术的迅速发展和普及,对嵌入式系统设计的技术人才需求越来越大,同时也迫切需要较好的适合于不同层次人员使用的教材和参考书。本书从实用的角度出发,针对于应用型本科院校信息类专业课程的需要,结合作者多年的教学、科研方面的经验编写了这部以实际案例为主要内容的应用型教材。

本书的实例内容是在以 STM32F407 微处理器为核心,利用 STM32 的库函数,以 C 语言作为编程语言讲解 STM32F4 的接口以及应用。本书共分两部分,共 25 章,内容包括:第 1 章和第 2 章为第一部分,主要介绍嵌入式系统的基础知识,包括嵌入式系统的基本概念与开发流程、嵌入式处理器、嵌入式系统的软硬件组成、开发平台与集成开发环境及工程建立的流程和调试方法。第 3 章到第 25 章为第二部分,通过实例详细讲解了利用 STM32 的库函数实现 GPIO、串口通信、外部与定时器中断、PWM 输出、OLED 与 TFTLCD 显示、ADC 与 DAC 转换、温度与光敏传感器的数据采集、DMA、SPI、CAN 通信、触摸屏程序的设计、NRF24L01 无线传输、SD 卡及图片与音频的传输等外设的应用方法及开发流程。

本书在编写过程中,借鉴和参考了国内外专家、学者、技术人员的相关研究成果,在此谨向有关作者表示深深的敬意和谢意。限于笔者的水平和经验,疏漏之处在所难免,恳请专家和读者批评指正。

有关教学纲要可咨询出版社。

下载 PPT
请扫二维码

看视频
请扫二维码

目　录

1 嵌入式系统基础

1.1 嵌入式系统概述

嵌入式系统(embedded system),是一种"完全嵌入受控器件内部,为特定应用而设计的专用计算机系统",与个人计算机这样的通用计算机系统不同,嵌入式系统通常执行的是带有特定要求的预先定义的任务。因为嵌入式系统只针对一项特殊的任务,所以设计人员能够对它进行优化,减小尺寸,从而降低成本。

嵌入式系统的核心是由一个或几个预先编程好用来执行少数几项任务的微处理器或者单片机组成的。与通用计算机能够运行用户选择的软件不同,嵌入式系统上的软件通常是暂时不变的,所以经常称为"固件"。

1.1.1 嵌入式系统的定义

嵌入式系统是指以应用为中心,以计算机技术为基础,软件、硬件可剪裁,能适应应用系统,对功能、可靠性、成本、体积、功耗等都有严格要求的专用计算机系统。

嵌入式系统装置一般都由嵌入式计算机系统和执行装置组成,嵌入式计算机系统是整个嵌入式系统的核心,由硬件层、中间层、软件层组成。执行装置也称为被控对象,它可以接收嵌入式计算机系统发出的控制命令,执行所规定的操作或任务。

嵌入式系统与通用计算机系统的本质区别在于系统的应用不同,嵌入式系统是将一个计算机系统嵌入对象系统中。这个对象可能是庞大的机器,也可能是小巧的手持设备,用户并不关心这个计算机系统的存在。

1.1.2 嵌入式系统的特点

嵌入式系统具有以下特征。

(1)系统内核小。由于嵌入式系统一般是应用于小型电子装置的,系统资源相对有限,所以内核较之传统的操作系统要小得多。

(2)专用性强。从嵌入式系统的定义可以看出,嵌入式系统是面向应用的,与通用系统的区别在于嵌入式系统功能专一。根据这个特性,嵌入式系统的软、硬件可以根据需要进行精心设计、量体裁衣、去除冗余,以实现低成本、高性能。

(3)系统精简。嵌入式系统一般没有系统软件和应用软件的明显区分,不要求其功能设计及实现上过于复杂,这样一方面利于控制系统成本,同时也利于实现系统安全。

(4)低功耗、高可靠性、高稳定性。嵌入式系统大多应用在特定场合,要么是环境条件恶劣,要么要求其长时间连续运转,因此,嵌入式系统应具有低功耗、高可靠性、高稳定性等性能。

(5)弱交互性。嵌入式系统不仅功能强大,而且要求使用灵活方便,一般不需要类似键盘、鼠标等设备。人机交互以简单方便为主。

（6）嵌入式软件开发采用多任务的操作系统，可保证程序执行的实时性、可靠性，并减少开发时间，保障软件质量。

（7）嵌入式系统中的软件一般都固化在存储器芯片中。

1.1.3　嵌入式系统的应用

嵌入式系统技术具有非常广阔的应用前景，其应用领域主要是以下几个方面。

（1）工业控制。基于嵌入式芯片的工业自动化设备将获得长足的发展，目前已经有大量的8、16、32位嵌入式微控制器被应用，网络化是提高生产效率和产品质量、减少人力资源的主要途径，具体如工业过程控制、数字机床、电力系统、电网安全、电网设备监测、石油化工系统。

（2）交通管理。在车辆导航、流量控制、信息监测与汽车服务方面，嵌入式系统技术已经获得了广泛的应用，内嵌 GPS 模块、GSM 模块的移动定位终端已经在各种运输行业获得了成功的使用。

（3）信息家电。信息家电是嵌入式系统最大的应用领域，冰箱、空调等的网络化、智能化将引领人们的生活步入一个崭新的空间。即使你不在家里，也可以通过网络进行远程控制。

（4）家庭智能管理。水、电、煤气表的远程自动抄表，以及防火、防盗系统，其中嵌有的专用控制芯片将代替传统的人工检查，并实现更高、更准确和更安全的性能。目前在服务领域，如远程点菜器等已经体现了嵌入式系统的优势。

（5）POS 网络。公共交通无接触智能卡（contactless smart card，CSC）发行系统、公共电话卡发行系统、自动售货机、各种智能 ATM 终端将全面走入人们的生活，到时手持一卡就可以行遍天下。

（6）环境工程。水文资料实时监测、防洪体系及水土质量监测、堤坝安全监测、地震监测、实时气象信息监测、水源和空气污染监测均应用了嵌入式系统。在很多环境恶劣，地况复杂的地区，嵌入式系统将实现无人监测。

1.1.4　嵌入式系统的发展趋势

信息时代使得嵌入式产品获得了巨大的发展契机，为嵌入式市场展现了美好的前景，同时也对嵌入式生产厂商提出了新的挑战。未来嵌入式系统的几大发展趋势如下。

（1）嵌入式开发是一项系统工程，因此要求嵌入式系统厂商不仅要提供嵌入式软硬件系统本身，同时还需要提供强大的硬件并发工具和软件包支持。

（2）网络化、信息化的要求随着互联网技术的成熟、带宽的提高日益提高，使得以往如电话、手机、冰箱、微波炉等单一功能的设备功能不再单一，结构更加复杂。

（3）网络互联成为必然趋势。未来的嵌入式设备为了适应网络发展的要求，必然要求硬件上提供各种网络通信接口。新一代的嵌入式处理器已经开始内嵌网络接口，除了支持 TCP/IP 协议，有的还支持 IEEE1394、USB、CAN、Bluetooth 或 IrDA 通信接口中的一种或者几种，但同时也需要提供相应的通信组网协议软件和物理层驱动软件。软件方面系统内核支持网络模块，甚至可以在设备上嵌入 Web 浏览器，真正实现随时随地用各种设备上网。

(4)精简系统内核、算法,降低功耗和软硬件成本。

(5)提供友好的多媒体人机界面。

1.2　嵌入式系统的组成

嵌入式计算机系统是整个嵌入式系统的核心,包括硬件与软件,如图1.1所示。执行装置可以很简单,如手机上的一个微小型的电机,当手机处于震动接收状态时打开;也可以很复杂,如SONY智能机器狗,上面集成了多个微小型控制电机和多种传感器,从而可以执行各种复杂的动作并感受各种状态信息。

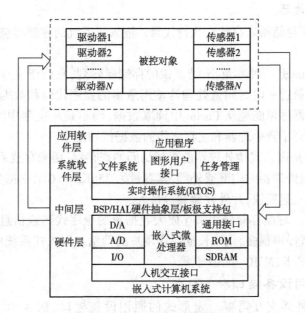

图 1.1　嵌入式系统组成示意图

嵌入式系统中,嵌入式系统硬件层为各种嵌入式器件、设备(如 ARM、PowerPC、Xscale、MIPS 等);嵌入式操作系统是指在嵌入式硬件平台上运行的操作系统。

1.2.1　硬件层

硬件层中包含嵌入式微处理器、存储器(SDRAM、ROM、FLASH 等)、通用设备接口和I/O 接口(A/D、D/A、I/O 等)。在一片嵌入式处理器基础上添加电源电路、时钟电路和存储器电路,就构成了一个嵌入式核心控制模块。其中操作系统和应用程序都可以固化在ROM 中。

1.2.1.1　嵌入式微处理器

嵌入式系统硬件层的核心是嵌入式微处理器,嵌入式微处理器与通用 CPU 最大的不同在于嵌入式微处理器大多工作在为特定用户群所专用设计的系统中,它将许多由板卡完成的任务集成在芯片内部,从而有利于嵌入式系统在设计时趋于小型化,同时还可以提高效率和可靠性。

嵌入式微处理器的体系结构可以采用冯·诺依曼体系或哈佛体系结构;指令系统可以选用精简指令系统(reduced instruction set computer,RISC)和复杂指令系统(complex instruction set computer,CISC)。RISC 计算机在通道中只包含最有用的指令,确保数据通道快速执行每一条指令,从而提高执行效率并使 CPU 硬件结构设计变得更为简单。

嵌入式微处理器有各种不同的体系,即使在同一体系中也可能具有不同的时钟频率和数据总线宽度,或集成了不同的外设和接口。嵌入式微处理器的选择是根据具体的应用而决定的。

1.2.1.2 存储器

嵌入式系统需要存储器来存放和执行代码。嵌入式系统的存储器包含 Cache、主存和辅助存储器。

(1)Cache。Cache 是一种容量小、速度快的存储器阵列,它位于主存和嵌入式微处理器内核之间,存放的是最近一段时间微处理器使用最多的程序代码和数据。在需要进行数据读取操作时,微处理器尽可能地从 Cache 中读取数据,而不是从主存中读取,这样就大大改善了系统的性能,提高了微处理器和主存之间的数据传输速率。

(2)主存。主存是嵌入式微处理器能直接访问的寄存器,用来存放系统和用户的程序及数据。它可以位于微处理器的内部或外部,其容量为 256KB~1GB,根据具体的应用而定,一般片内存储器容量小、速度快,片外存储器容量大。

(3)辅助存储器。辅助存储器用来存放大数据量的程序代码或信息,它的容量大,但读取速度与主存相比就慢得很多,用来长期保存用户的信息。嵌入式系统中常用的外存有:硬盘、NAND FLASH、CF 卡、MMC 和 SD 卡等。

1.2.1.3 通用设备接口和 I/O 接口

嵌入式系统和外界交互需要一定形式的通用设备接口,如 A/D、D/A、I/O 等,外设通过和片外其他设备或传感器的连接来实现微处理器的输入/输出功能。目前嵌入式系统中常用的通用设备接口有 A/D(模/数转换接口)、D/A(数/模转换接口),I/O 接口有 RS-232 接口(串行通信接口)、Ethernet(以太网接口)、USB(通用串行总线接口)、音频接口、VGA 视频输出接口、I^2C(现场总线)、SPI(串行外围设备接口)和 IrDA(红外线接口)等。

1.2.2 中间层

不同的嵌入式系统需要设计不同的嵌入式应用程序。如何简洁有效地使嵌入式系统能够应用于各种不同的应用环境中,是嵌入式系统发展中所必须解决的关键问题。

硬件抽象层(hardware abstract layer,HAL)就是位于硬件平台与软件层之间的中间层,也称板级支持包(board support package,BSP),它将系统上层软件与底层硬件分离开来,通过特定的上层接口与操作系统进行交互,使系统的底层驱动程序与硬件无关,上层软件开发人员无须关心底层硬件的具体情况,根据 BSP 提供的接口即可进行开发。HAL 的引入大大推动了嵌入式操作系统的通用化。

该层一般包含相关底层硬件的初始化、数据的输入/输出操作和硬件设备的配置功能。BSP 具有以下两个特点。

(1)硬件相关性。因为嵌入式实时系统的硬件环境具有应用相关性,而作为上层软件与硬件平台之间的接口,BSP 需要为操作系统提供操作和控制具体硬件的方法。

(2)操作系统相关性。不同的操作系统具有各自的软件层次结构,因此,不同的操作系统具有特定的硬件接口形式。

1.2.3 软件层

嵌入式系统的软件层包括系统软件与应用软件两部分。

1.2.3.1 嵌入式操作系统

系统软件由实时多任务操作系统(real-time operation system,RTOS)、文件系统、图形用户接口(graphic user interface,GUI)、网络系统及通用组件模块组成。RTOS 是嵌入式应用软件的基础和开发平台。

嵌入式操作系统(embedded operation system,EOS)负责嵌入系统的全部软件、硬件资源的分配、任务调度、控制、协调等活动。它除具备了一般操作系统最基本的功能外,如任务调度、同步机制、中断处理、文件功能等,还有以下特点。

(1)可装卸性。具有开放性、可伸缩性的体系结构。

(2)强实时性。EOS 实时性一般较强,可用于各种设备控制。

(3)统一的接口。提供各种设备驱动接口。

(4)操作方便、简单、提供友好的图形 GUI、图形界面,易学易用。

(5)提供强大的网络功能,支持 TCP/IP 协议及其他协议,提供 TCP/UDP/IP/PPP 协议支持及统一的 MAC 访问层接口,为各种移动计算机设备预留接口。

(6)强稳定性,弱交互性。

(7)固化代码。在嵌入式系统中,嵌入式操作系统和应用软件被固化在嵌入式系统计算机的 ROM 中。

(8)良好的移植性。

目前主流的嵌入式操作系统有嵌入式 Linux、CLinux、WinCE、C/OS-Ⅱ、VxWorks 等。具体使用哪种嵌入式操作系统还要根据具体情况进行选择。例如,嵌入式 Linux 提供了完善的网络技术支持;CLinux 是专门为没有 MMU 的 ARM 芯片开发的;C/OS-Ⅱ操作系统也是实时操作系统(RTOS),使用它作为开发工具将使得实时应用程序开发变得相对容易。

1.2.3.2 应用软件

应用软件则是根据用户需求而设计的完成特定功能的软件程序。由于嵌入式系统自身的特点,决定了嵌入式应用软件不仅要具有准确性、安全性和稳定性,而且还要尽可能地做到代码优化,以减少对系统资源的消耗,降低硬件成本。

1.3 嵌入式系统的开发流程

受到嵌入式系统本身特性的影响,嵌入式系统开发与通用系统的开发有很大的区别。嵌入式系统的开发主要分为系统总体开发、嵌入式硬件开发和嵌入式软件开发三大部分,其总体流程如图1.2所示。

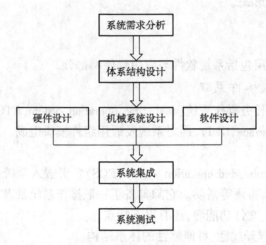

图 1.2 嵌入式系统开发流程图

1.3.1 系统需求分析

根据需求,确定设计任务和设计目标,制定设计说明书。

1.3.2 体系结构设计

描述系统如何实现所述的功能需求,包括对硬件、软件和执行装置的功能划分,以及系统的软件、硬件选型。

1.3.3 硬件/软件协同设计

基于体系结构的设计结果,对系统的硬件、软件进行详细设计。

1.3.4 系统集成

把系统的硬件、软件和执行装置集成在一起进行调试,发现并改进设计过程中的不足之处。

1.3.5 系统测试

对设计好的系统进行测试,检验系统是否满足实际需求。

1.4 嵌入式处理器概述

1.4.1 嵌入式处理器简介

嵌入式处理器是嵌入式系统的核心,是控制、辅助系统运行的硬件单元。从最初的 4 位处理器,到最新的 32 位、64 位嵌入式 CPU,寻址空间可以从 64KB 到 16MB,处理速度最快可以达到 2 000MIPS,封装从 8 个引脚到 144 个引脚不等。

主要的嵌入式处理器类型有 Am186/88、386EX、SC-400、Power PC、68000、MIPS、ARM/StrongARM 系列等。其中 ARM 处理器的产品系列非常广,包括 ARM7、ARM9、ARM9E、ARM10E、ARM11 和 Cortex、SecurCore 等,如表 1.1 所示。

表 1.1 ARM 系列处理器

ARM 系列	包含类型
ARM7 系列	ARM7EJ-S、ARM7TDMI、ARM7TDMI-S、ARM720T
ARM9/9E 系列	ARM920T、ARM922T、ARM926EJ-S ARM940T、ARM946E-S、ARM966E-S、ARM968E-S
向量浮点运算(vector floating point)系列	VFP9-S、VFP10
ARM10E 系列	ARM1020E、ARM1022E、ARM1026EJ-S
ARM11 系列	ARM1136J-S、ARM1136JF-S、ARM1156T2(F)-S、ARM1176JZ(F)-S、ARM11 MPCore
Cortex 系列	Cortex-A、Cortex-R、Cortex-M
SecurCore 系列	SC100、SC110、SC200、SC210
其他合作伙伴产品	StrongARM、Xscale、MBX

1.4.2 STM32F4 微控制器简介

STM32F4 系列是 ST(意法半导体)推出的基于 ARM®Cortex™-M4 为内核的高性能微控制器,采用了 90 纳米的 NVM 工艺和 ART(Adaptive Real-Time Memory Accelerator™,自适应实时存储器加速器)。它具有如下特点。

(1)STM32F4 系列微控制器集成了单周期 DSP 指令和 FPU(floating point unit,浮点单元),提高了计算能力,可以进行一些复杂的计算和控制。

(2)STM32F4 的主频达到 168MHz(可获得 210DMIPS 的处理能力),适用于浮点运算或 DSP 处理的应用。

(3)STM32F4 拥有 192KB 的片内 SRAM,带摄像头接口(DCMI)、加密处理器(CRYP)、

USB 高速 OTG、真随机数发生器、OTP 存储器等。

（4）STM32F4 的模数转换速度快、ADC/DAC 工作电压低、32 位定时器、带日历功能的实时时钟（RTC）、I/O 复用功能大大增强、4KB 的电池备份 SRAM，以及更快的 USART 和 SPI 通信速度。

（5）STM32F4 拥有 ART 自适应实时加速器，可以达到相当于 FLASH 零等待周期的性能。

（6）STM32F4 的 FSMC 采用 32 位多重 AHB 总线矩阵，相比 STM32F1 总线访问速度明显提高。

（7）STM32F4 的功耗更低，STM32F40x 的功耗为 238μA/MHz。

1.4.3　STM32F407 架构

针对 STM32F407xx 系列芯片的总线架构如图 1.3 所示。

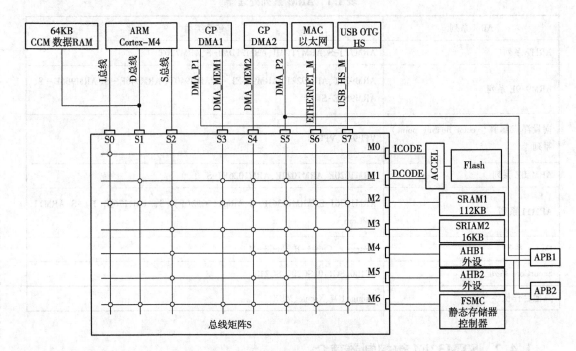

图 1.3　STM32F407 系统架构图

主系统由 32 位多层 AHB 总线矩阵构成。总线矩阵用于主控总线之间的访问仲裁管理。仲裁采取循环调度算法。总线矩阵可实现以下部分互联。

1.4.3.1　8 条主控总线

（1）Cortex-M4 内核 I 总线、D 总线和 S 总线。

（2）DMA1 存储器总线，DMA2 存储器总线。

（3）DMA2 外设总线。

（4）以太网 DMA 总线。

(5)USB OTG HS DMA 总线。

1.4.3.2　7条被控总线

(1)内部 FLASH ICode 总线。

(2)内部 FLASH DCode 总线。

(3)主要内部 SRAM1(112KB)。

(4)辅助内部 SRAM2(16KB)。

(5)辅助内部 SRAM3(64KB,仅适用 STM32F42xx 和 STM32F43xx 系列器件)。

(6)AHB1 外设和 AHB2 外设。

(7)FSMC。

第一,I 总线(S0):此总线用于将 Cortex-M4 内核的指令总线连接到总线矩阵。内核通过此总线获取指令。此总线访问的对象是包括代码的存储器。

第二,D 总线(S1):此总线用于将 Cortex-M4 数据总线和 64KB CCM 数据 RAM 连接到总线矩阵。内核通过此总线进行立即数加载和调试访问。

第三,S 总线(S2):此总线用于将 Cortex-M4 内核的系统总线连接到总线矩阵。此总线用于访问位于外设或 SRAM 中的数据。

第四,DMA 存储器总线(S3,S4):此总线用于将 DMA 存储器总线主接口连接到总线矩阵。DMA 通过此总线来执行存储器数据的传入和传出。

第五,DMA 外设总线:此总线用于将 DMA 外设主总线接口连接到总线矩阵。DMA 通过此总线访问 AHB 外设或执行存储器之间的数据传输。

第六,以太网 DMA 总线:此总线用于将以太网 DMA 主接口连接到总线矩阵。以太网 DMA 通过此总线向存储器存取数据。

第七,USB OTG HS DMA 总线(S7):此总线用于将 USB OTG HS DMA 主接口连接到总线矩阵。USB OTG HS DMA 通过此总线向存储器加载/存储数据。

1.4.4　STM32F4 时钟系统

STM32F4 的时钟系统比较复杂,外设非常多,同一个电路,时钟越快功耗越大,同时抗电磁干扰能力也会越弱,所以对于较为复杂的 MCU 一般都是采用多时钟源。STM32F4 的时钟系统如图 1.4 所示。

在 STM32F4 中,有 5 个最重要的时钟源,为 HSI、HSE、LSI、LSE、PLL。其中 PLL 分为两个时钟源,分别为主 PLL 和专用 PLL。从时钟频率来看可以分为高速时钟源和低速时钟源,在这 5 个时钟源中,HSI、HSE、PLL 是高速时钟,LSI 和 LSE 是低速时钟。从来源来看可分为外部时钟源和内部时钟源,外部时钟源就是从外部通过接晶振的方式获取时钟源,其中 HSE 和 LSE 是外部时钟源,其他的是内部时钟源。

(1)LSI 是低速内部时钟,RC 振荡器,频率为 32kHz 左右。供独立看门狗和自动唤醒单元使用。

(2)LSE 是低速外部时钟,接频率为 32.768kHz 的石英晶体。这个主要是 RTC 的时钟源。

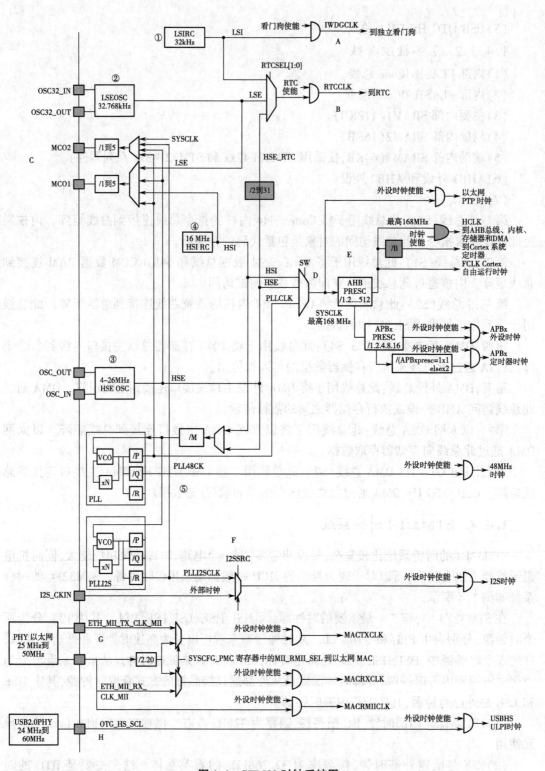

图 1.4   STM32 时钟系统图

（3）HSE是高速外部时钟,可接石英/陶瓷谐振器,或者接外部时钟源,频率范围为4MHz~26MHz。本书的开发板接的是8M的晶振。HSE也可以直接作为系统时钟或者PLL输入。

（4）HSI是高速内部时钟,RC振荡器,频率为16MHz。HSI可以直接作为系统时钟或者用作PLL输入。

（5）PLL为锁相环倍频输出。STM32F4有以下两个PLL。

①主PLL(PLL)由HSE或者HSI提供时钟信号,并具有两个不同的输出时钟。第一个输出PLLP用于生成高速的系统时钟(最高168MHz),第二个输出PLLQ用于生成USB OTG FS的时钟(48MHz)、随机数发生器的时钟和SDIO时钟。

②专用PLL(PLLI2S)用于生成精确时钟,从而在 I^2S 接口实现高品质音频性能。

1.4.5 STM32F4 存储器

1.4.5.1 STM32F4 存储器组织结构

由于其地址总线为32位,所以将程序存储器、数据存储器、寄存器、I/O端口都组织于4GB的线性空间内,数据字节以小端格式存放在存储器中,如图1.5所示。

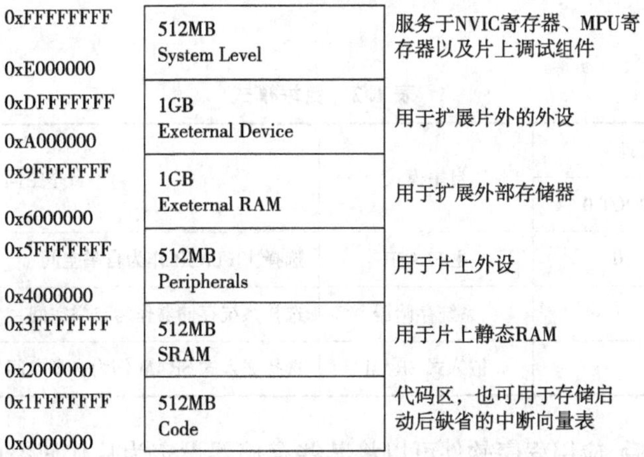

```
0xFFFFFFFF   ┌──────────────┐
             │ 512MB        │   服务于NVIC寄存器、MPU寄
             │ System Level │   存器以及片上调试组件
0xE000000    ├──────────────┤
0xDFFFFFFF   │ 1GB          │
             │ Exeternal    │   用于扩展片外的外设
             │ Device       │
0xA000000    ├──────────────┤
0x9FFFFFFF   │ 1GB          │
             │ Exeternal    │   用于扩展外部存储器
             │ RAM          │
0x6000000    ├──────────────┤
0x5FFFFFFF   │ 512MB        │   用于片上外设
             │ Peripherals  │
0x4000000    ├──────────────┤
0x3FFFFFF    │ 512MB        │   用于片上静态RAM
             │ SRAM         │
0x2000000    ├──────────────┤
0x1FFFFFFF   │ 512MB        │   代码区,也可用于存储启
             │ Code         │   动后缺省的中断向量表
0x0000000    └──────────────┘
```

图1.5　STM32F4的存储空间

（1）嵌入式SRAM。SRAM就是单片机的内存空间,内部非堆即栈,堆由低地址向上增长,地址从0x20000000开始,栈由高地址向下增长。堆中包括静态区和用户分配空间(malloc分配的空间),静态区包括全局变量(ZI、RW)。栈中存储局部变量。

STM32F405xx/07xx 和 STM32F415xx/17xx 带有4KB备份SRAM和192KB系统SRAM。

系统SRAM可按字节、半字(16位)或全字(32位)访问。读写操作以CPU速度执行,且等待周期为0。系统SRAM分为以下3块。

①映射在地址0x20000000的112KB和16KB块,可供所有AHB主控总线访问。

②映射在地址0x20020000的64KB块,可供所有AHB主控总线访问(适用于STM32F42xxx和STM32F43xxx)。AHB主总线支持并发SRAM访问(通过以太网或USB

OTGHS)。例如,当 CPU 对 112KB 或 64KB SRAM 进行读/写操作时,以太网 MAC 可以同时对 16 KB SRAM 进行读/写操作。

③在地址 0x10000000 映射的 64 KB 块,只能供 CPU 通过数据总线访问。

(2)片内 FLASH。FLASH 接口可管理 CPU 通过 AHB I-Code 和 D-Code 对 FLASH 进行的访问。该接口可针对 FLASH 执行擦除和编程操作,并实施读写保护机制。FLASH 接口通过指令预取和缓存机制加速代码执行。

FLASH 结构如下。

①主存储器块分为多个扇区。

②系统存储器,器件在系统存储器自举模式下从该存储器启动。

③512 OTP(一次性可编程)字节,用于存储用户数据。

④选项字节,用于配置读写保护、BOR 级别、软件/硬件看门狗,以及器件处于待机或停止模式下的复位。

(3)自举配置。地址 0x00000000 根据 BOOT 0、1 选择不同的地址空间。在用户闪存模式时,映射地址为 0x08000000;在从 SRAM 启动时,映射地址为 0x20000000;在从系统存储器启动时,映射地址为 0x1FFFF000。

在 STM32F4xx 中,可通过 BOOT[1∶0]引脚选择 3 种不同的自举模式,具体如表 1.2 所示。

表 1.2 自举模式

自举模式选择引脚		自举模式	自举空间
BOOT 1	BOOT 0		
X	0	主 FLASH	选择主 FLASH 作为自举空间
0	1	系统存储器	选择系统存储器作为自举空间
1	1	嵌入式 SRAM	选择嵌入式 SRAM 作为自举空间

选择自举引脚后,应用程序软件可以将某些存储器设定为从代码空间进行访问(这样,可通过 ICode 总线而非系统总线执行代码)。因此可重映射以下存储器。

①主 FLASH。

②系统存储器。

③嵌入式 SRAM1(112 KB)。

④FSMC 块 1(NOR/PSRAM 1 和 2)。

STM32 的 FLASH 包括:FLASH 主存储区(main memory)、系统存储器(system memory),以及操作字节(opetio bytes)。

FLASH 主存储区从 0x08000000f 地址开始,不同系列器件有不同大小,这里存放为用户烧入的代码(CODE)、常量(RO)和已经初始化的全局变量的值(RW)。

系统存储器地址为 0x1FFFF000～0x1FFFF71F,这是出厂前烧入的一段程序,用来使用串口下载程序,实现 IAP。

1.4.6 STM32F4 异常与中断

1.4.6.1 STM32F4 异常简介

当正常的程序执行流程发生暂时的停止时,称之为异常,如处理一个外部的中断请求。在处理异常之前,当前处理器的状态必须保留,这样当异常处理完成之后,当前程序可以继续执行。

ARM 体系结构中,存在 7 种异常处理,处理器允许多个异常同时发生,它们将会按固定的优先级进行处理,见表 1.3。例如,处理器上电时发生复位异常,复位异常的优先级高,所以当产生复位时,它将优先于其他异常得到处理。同样,当一个数据访问中止异常发生时,它将优先于除复位异常外的其他所有异常而得到处理。

表 1.3 ARM 的 7 种异常

异常类型	处理器模式	优先级
复位异常(reset)	特权模式	1(最高)
未定义指令异常(undefined interrupt)	未定义指令中止模式	7(最低)
软中断异常(software abort)	特权模式	6
预取异常(prefetch abort)	数据访问中止模式	5
数据异常(data abort)	数据访问中止模式	2
外部中断请求(IRQ)	外部中断请求模式	4
快速中断请求(FIQ)	快速中断请求模式	3

除了复位异常立即中止当前指令外,其他情况都是处理器完成当前指令才去执行异常处理程序。

1.4.6.2 异常中断向量表

当异常发生时,处理器会把 PC 设置为一个特定的存储器地址。这一地址放在被称为向量表(vector table)的特定地址范围内。向量表的入口是一些跳转指令,跳转到专门处理某个异常或中断的子程序。

存储器映射地址 0x00000000 是为向量表(一组 32 位字)保留的。在有些处理器中,向量表可以选择定位在存储空间的高地址(从偏移量 0xffff0000 开始)。一些嵌入式操作系统,如 Linux 和 Windows CE 就利用了这一特性。

异常处理向量表如图 1.6 所示。

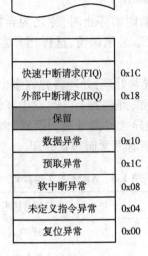

快速中断请求(FIQ)	0x1C
外部中断请求(IRQ)	0x18
保留	
数据异常	0x10
预取异常	0x1C
软中断异常	0x08
未定义指令异常	0x04
复位异常	0x00

图 1.6　异常处理向量表

1.5　嵌入式系统开发平台

1.5.1　硬件开发平台简介

本书中所有实验以 ALIENTEK 探索者 STM32F4 开发板为实践平台,该开发板具备以下特点。

1.5.1.1　接口丰富

开发板提供十多种标准接口,可以方便地进行各种外设的实验和开发。

1.5.1.2　设计灵活

板上很多资源都可以灵活配置,以满足不同条件下的使用。除晶振占用的 I/O 口外的所有 I/O 口都被引出,方便了扩展及使用。另外板载一键下载功能,可避免频繁设置 B0、B1 的麻烦,仅通过 1 根 USB 线即可实现 STM32 的开发。

1.5.1.3　资源充足

主芯片采用自带 1M 字节 FLASH 的 STM32F407ZGT6,并外扩 1M 字节 SRAM 和 16M 字节 FLASH,满足大内存需求和大数据存储。板载高性能音频编解码芯片、六轴传感器、百兆网卡、光敏传感器,以及各种接口芯片,满足各种应用需求。

1.5.1.4　人性化设计

各个接口都有丝印标注,且用方框框出,使用起来一目了然;部分常用外设用大丝印标出,可方便查找;接口位置设计与资源搭配合理。

开发板具有以下资源。

(1)CPU:STM32F407ZGT6,LQFP144。FLASH:1 024K。SRAM:192K。

(2)外扩 SRAM:IS62WV51216,1M 字节。

(3)外扩 SPI FLASH:W25Q128,16M 字节。

(4)1 个电源指示灯(蓝色)。

(5)2 个状态指示灯(DS0:红色,DS1:绿色)。

(6)1 个红外接收头,并配备一款小巧的红外遥控器。

(7)1 个 EEPROM 芯片,24C02,容量 256B。

(8)1 个六轴(陀螺仪+加速度)传感器芯片,MPU6050。

(9)1 个高性能音频编解码芯片,WM8978。

(10)1 个 2.4G 无线模块接口,支持 NRF24L01 无线模块。

(11)1 路 CAN 接口,采用 TJA1050 芯片。

(12)1 路 485 接口,采用 SP3485 芯片。

(13)2 路 RS232 串口(一公一母)接口,采用 SP3232 芯片。

(14)1 路单总线接口,支持 DS18B20/DHT11 等单总线传感器。

(15)1 个 ATK 模块接口,支持 ALIENTEK 蓝牙/GPS 模块。

(16)1 个光敏传感器。

(17)1 个标准的 2.4/2.8/3.5/4.3/7 寸 LCD 接口,支持电阻/电容触摸屏。

(18)1 个摄像头模块接口。

(19)1 个 OLED 模块接口。

(20)1 个 USB 串口,可用于程序下载和代码调试(USMART 调试)。

(21)1 个 USB SLAVE 接口,用于 USB 从机通信。

(22)1 个 USB HOST(OTG)接口,用于 USB 主机通信。

(23)1 个有源蜂鸣器。

(24)1 个 RS232/RS485 选择接口。

(25)1 个 RS232/模块选择接口。

(26)1 个 CAN/USB 选择接口。

(27)1 个串口选择接口。

(28)1 个 SD 卡接口(在板子背面)。

(29)1 个百兆以太网接口(RJ45)。

(30)1 个标准的 JTAG/SWD 调试下载口。

(31)1 个录音头(MIC/咪头)。

(32)1 路立体声音频输出接口。

(33)1 路立体声录音输入接口。

(34)1 路扬声器输出接口,可接 1W 左右小喇叭。

(35)1 组多功能端口(DAC/ADC/PWM DAC/AUDIO IN/TPAD)。

(36)1 组 5V 电源供应/接入口。

(37)1 组 3.3V 电源供应/接入口。

(38)1 个参考电压设置接口。

(39)1个直流电源输入接口(输入电压范围:DC 6V~16V)。

(40)1个启动模式选择配置接口。

(41)1个 RTC 后备电池座,并带电池。

(42)1个复位按钮,可用于复位 MCU 和 LCD。

(43)4个功能按钮,其中 KEY_UP(即 WK_UP)兼具唤醒功能。

(44)1个电容触摸按键。

(45)1个电源开关,控制整个板的电源。

(46)独创的一键下载功能。

(47)除晶振占用的 I/O 口外,其余所有 I/O 口全部引出。

1.5.2 STM32F407ZGT6 处理器

ALIENTEK 探索者 STM32F4 开发板的 MCU 是 STM32F407ZGT6,该芯片是 ARM® 32 位 Cortex® −M4 的 CPU,它拥有以下资源。

(1)集成 FPU 和 DSP 指令,并具有 192KB SRAM、1 024KB FLASH。

(2)12 个 16 位定时器。

(3)2 个 32 位定时器。

(4)2 个 DMA 控制器(共 16 个通道)。

(5)3 个 SPI。

(6)2 个全双工 I2S。

(7)3 个 IIC。

(8)6 个串口。

(9)2 个 USB(支持 HOST/SLAVE)。

(10)2 个 CAN。

(11)3 个 12 位 ADC。

(12)2 个 12 位 DAC。

(13)1 个 RTC(带日历功能)。

(14)1 个 SDIO 接口。

(15)1 个 FSMC 接口。

(16)1 个 10/100M 以太网 MAC 控制器。

(17)1 个摄像头接口。

(18)1 个硬件随机数生成器。

(19)112 个通用 I/O 口。

图 1.7 是 STM32F407ZGT6 的结构框图。

Figure 5. STM32F40x block diagram

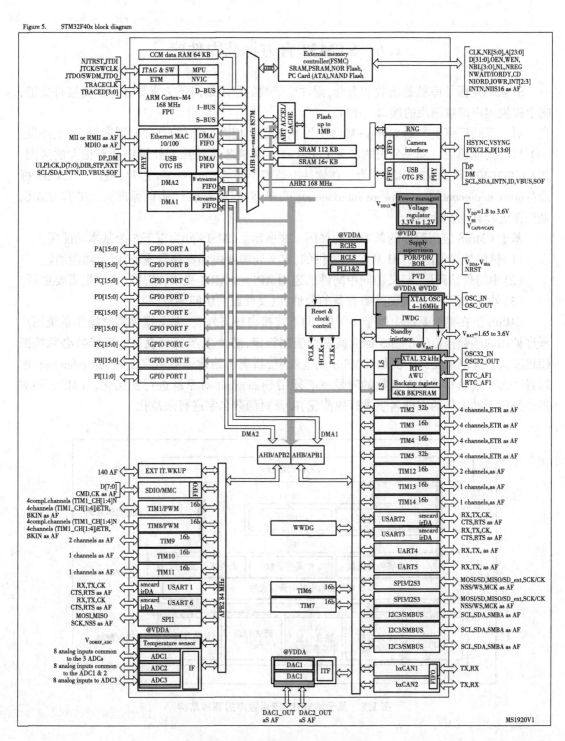

图 1.7 STM32F407ZGT6 结构框图

1.6 STM32 官方标准固件库

STM32F4 固件库就是函数的集合,固件库函数的作用是向下负责与寄存器直接打交道,向上提供用户函数调用的接口(API)。

对于不同厂商生产的 Cortex-M4 芯片,内核结构相同,不同的是存储器容量、片上外设、I/O,以及其他模块。同一公司的多种 Cortex-M4 内核芯片的片上外设也会有很大的区别,如 STM32F407 和 STM32F429。为了在软件上兼容不同的 Cortex-M4 芯片,提出了 CMSIS 标准(cortex microcontroller software interface standard,微控制器软件接口标准)。ST 官方库就是根据这套标准设计的。

基于 CMSIS 应用程序的基本结构如图 1.8 所示。CMSIS 分为以下 3 个基本功能层。

(1)核内外设访问层:ARM 公司提供的,定义处理器内部寄存器地址,以及功能函数。

(2)中间件访问层:定义访问中间件的通用 API,由 ARM 提供,芯片厂商根据需要更新。

(3)外设访问层:定义硬件寄存器的地址,以及外设的访问函数。

CMSIS 层在整个系统中处于中间层,向下连接内核与外设,向上提供实时操作系统用户程序调用的函数接口。CMSIS 标准就是要强制规定,芯片生产公司设计的库函数必须按照 CMSIS 这套规范来设计。例如,CMSIS 规范规定,系统初始化函数名字必须为 SystemInit,所以各个芯片公司写自己库函数的时候就必须用 SystemInit 对系统进行初始化。CMSIS 还对各个外设驱动文件的文件名字进行规范化,以及对函数名字进行规范化。

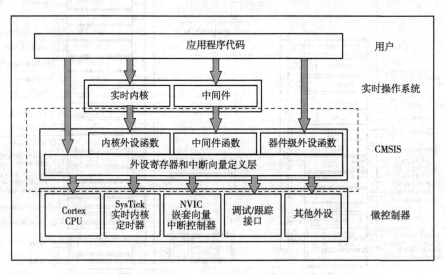

图 1.8 基于 CMSIS 应用程序的基本结构

2 嵌入式系统开发环境工具

2.1 RealView MDK 集成开发环境

2.1.1 RealView MDK 简介

MDK 源自德国的 KEIL 公司，是 RealView MDK 的简称，目前最新版本为 MDK5.14，该版本使用 uVision5 IDE 集成开发环境，是目前针对 ARM 处理器，尤其是针对 Cortex M 内核处理器的最佳开发工具。

MDK5 向后兼容 MDK4 和 MDK3 等，之前的项目在 MDK5 上进行开发时头文件需要重新添加。MDK5 由 MDK Core 和 Software Packs 两个部分组成。其中，Software Packs 可以独立于工具链进行新芯片支持和中间库的升级。

MDK Core 包括 uVision IDE with Editor（编辑器），ARM C/C++Compiler（编译器），Pack Installer（包安装器），uVision Debugger with Trace（调试跟踪器）4 个部分。uVision IDE 从 MDK4.7 版本开始就加入了代码提示功能和语法动态检测等实用功能，相对于以往的 IDE 改进很大。

Software Packs（包安装器）又分为 Device（芯片支持），CMSIS（ARM Cortex 微控制器软件接口标准）和 Middleware（中间库）3 个小部分。通过包安装器，可以安装最新的组件，从而支持新的器件、提供新的设备驱动库，以及最新例程等，加速产品开发进度。

MDK Core 是一个独立的安装包，它不包含器件支持、设备驱动、CMSIS 等组件，MDK5 安装包可以在 http://www.keil.com/demo/eval/arm.htm 下载。而器件支持、设备驱动、CMSIS 等组件，则可以单击 MDK5 的 Build Toolbar 的最后一个图标调出 Pack Installer，来进行各种组件的安装。也可以在 http://www.keil.com/dd2/pack 这个地址下载，然后进行安装。

2.1.2 MDK5 的安装

双击 MDK 的安装文件 mdk514.exe，将其安装到 D 盘 MDK5.14 文件夹下，需要设置安装路径（也可以安装到其他位置，注意：安装路径不要包含中文名字）。按照安装向导，输入相应信息，等待安装完成。过程界面如图 2.1 至图 2.3 所示。

最后单击 Finish 即可完成安装，随后，MDK 会自动弹出 Pack Installer 界面，如图 2.4 所示，显示 CMSIS 和 MDK 中间软件包已经安装了。

另外，程序会自动去 KEIL 的官网下载各种支持包，这个过程有可能失败，如图 2.5 所示。

遇到这种情况，点击"确定"关闭包安装器。到官网下载地址 http://www.keil.com/dd2/pack 下载支持包并安装即可。

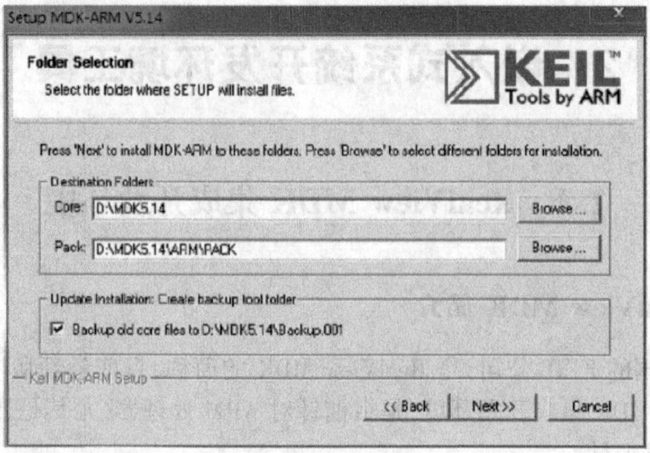

图 2.1　设置安装路径

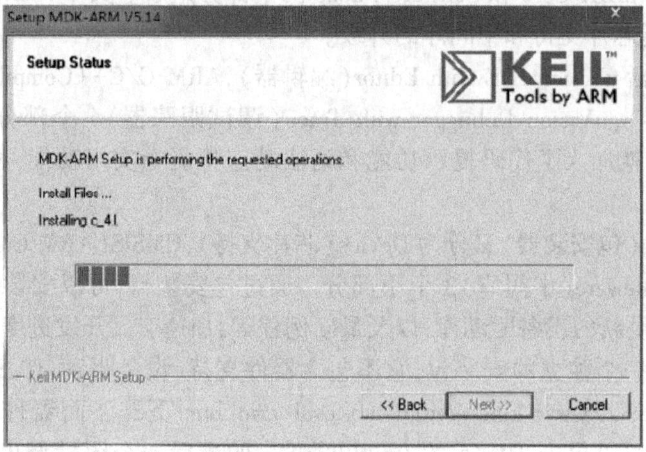

图 2.2　MDK5.14 安装中

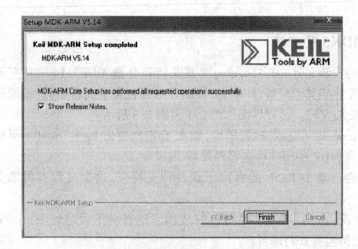

图 2.3　MDK Core 安装完成

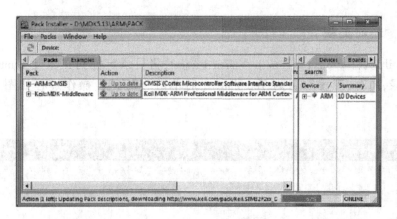

图 2.4 包安装器界面

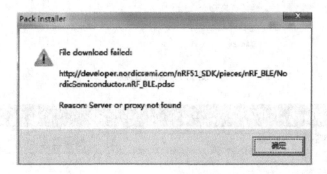

图 2.5 下载失败

2.2 新建工程模板

在建立工程之前,在某个目录下建立一个文件夹为 Template 作为工程的根目录文件夹, 然后在该文件夹下新建 5 个子文件夹(可以任意命名):CORE、FWLIB、OBJ、SYSTEM 和 USER。目录结构如图 2.6 所示。

图 2.6 Template 文件夹目录结构

2.2.1 新建工程

打开 Keil，执行 Project→New μ Vision Project，将目录定位到文件夹 Template 之下的 USER 子目录，同时，工程取名为 Template 之后单击"保存"。操作过程如图 2.7、图 2.8 所示。

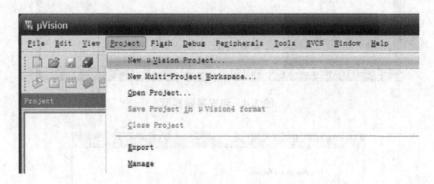

图 2.7 新建工程

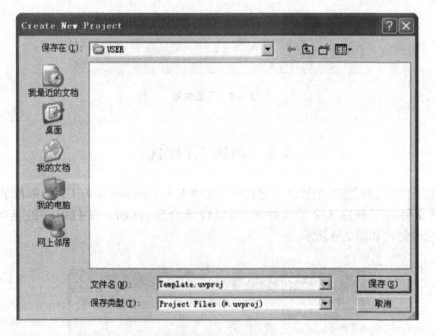

图 2.8 定义工程名称

选择芯片类型，如图 2.9 所示，选择 STMicroelectronics→STM32F4 Series→STM32F407→STM32F407ZG（如果使用的是其他系列的芯片，则选择相应的型号）。注意：只有安装了对应的器件 pack 才会有显示。

单击 OK，MDK 会弹出 Manage Run-Time Environment 对话框，如图 2.10 所示。

单击 Cancel，新建一个工程，界面如图 2.11 所示。

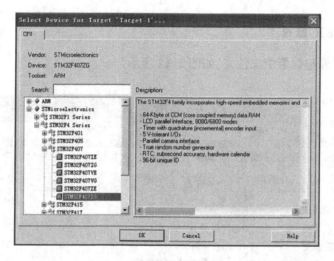

图 2.9　选择芯片型号

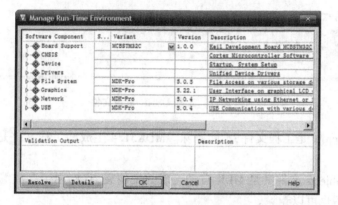

图 2.10　Manage Run-Time Environment 界面

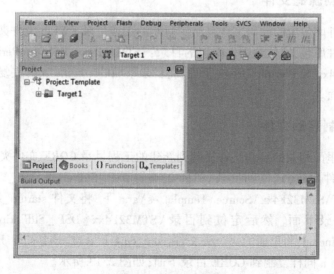

图 2.11　新建工程界面

2.2.2 USER 目录

USER 目录下面包含两个文件夹,如图 2.12 所示。

图 2.12　工程 USER 目录文件

Template. uvprojx 是工程文件,不能删除。MDK51.4 生成的工程文件是以 . uvprojx 为后缀的。

Listings 和 Objects 文件夹是 MDK 自动生成的文件夹,它们用于存放编译过程产生的中间文件,可以保留也可以删除。

2.2.3 复制源码文件

将官方的固件库包里的源码文件复制到新建的工程目录 FWLib 文件夹下。

打开官方固件库包,定位到固件库包的目录:\STM32F4xx_DSP_StdPeriph_Lib_V1. 4. 0\ Libraries\STM32F4xx_StdPeriph_Driver 下面,将目录下面的 src、inc 文件夹复制到刚才建立的 FWLib 文件夹下面。

2.2.4 复制启动文件

将固件库包里面相关的启动文件复制到新建的工程目录 CORE 文件夹下。

打开官方固件库包,定位到目录\STM32F4xx_DSP_StdPeriph_Lib_V1. 4. 0\Libraries\ CMSIS\Device\ST\STM32F4xx\Source\Templat es\arm 下,将文件 startup_stm32f40_41xxx. s 复制到 CORE 目录下面。然后定位到目录\STM32F4xx_DSP_StdPeriph_Lib_V1. 4. 0\ Libraries\CMSIS\Includ,将里面的 4 个头文件:core_cm4. h、core_cm4_simd. h、core_cmFunc. h, 以及 core_cmInstr. h 同样复制到 CORE 目录下面,如图 2.13 所示。

图 2.13 CORE 文件夹文件

2.2.5 复制头文件和源文件

复制头文件和源文件到工程目录 CORE 文件夹下。

定位到目录：STM32F4xx＿DSP＿StdPeriph＿Lib＿V1.4.0\Libraries\CMSIS\Device\ST\STM32F4xx\Include,将头文件 stm32f4xx.h 和 system_stm32f4xx.h 复制到 USER 目录下。然后进入目录\STM32F4xx＿DSP＿StdPeriph＿Lib＿V1.4.0\Project\STM32F4xx＿StdPeriph＿Templates,将目录下面的 5 个文件 main.c、stm32f4xx_conf.h、stm32f4xx_it.c、stm32f4xx_it.h、system_stm32f4xx.c 复制到 USER 目录下面。复制后 USER 目录文件如图 2.14 所示。

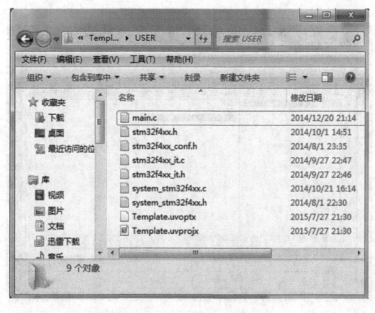

图 2.14 USER 目录文件浏览

2.2.6 添加文件到工程

右键单击 Target1,选择 Manage Project Items...,如图 2.15 所示。

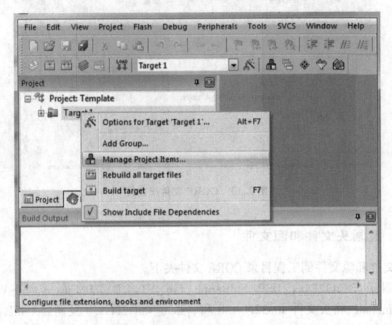

图 2.15 单击 Manage Project Itmes...

Project Targets 一栏,将 Target 名字修改为 Template,然后在 Groups 一栏删掉一个 Source Group1,建立 3 个 Groups:USER、CORE、FWLIB,单击 OK,如图 2.16、图 2.17 所示。

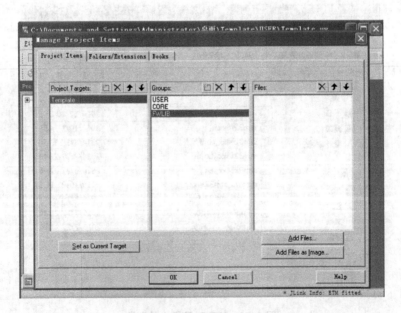

图 2.16 新建 Groups

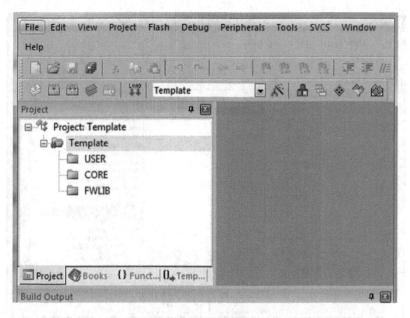

图 2.17　工程目录结构

右键单击 Tempate,选择 Manage Project Items,选择需要添加文件的 Group,这里选择 FWLIB,然后单击右边的 Add Files,定位到目录\FWLIB\src,将里面所有的文件选中,单击 Add,单击 Close,可以看到 Files 列表下面包含了刚刚添加的文件,如图 2.18 所示。选中 stm32f4xx_fmc.c 文件,将其删除(因为这个文件是 STM32F42 和 STM32F43 系列才用到),如图 2.19 所示。

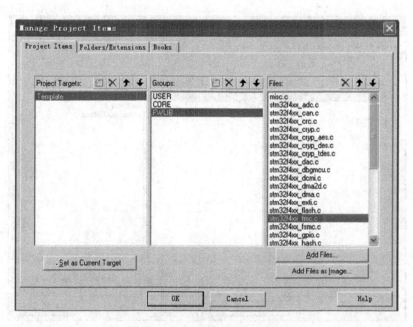

图 2.18　添加文件到 FWLIB 分组

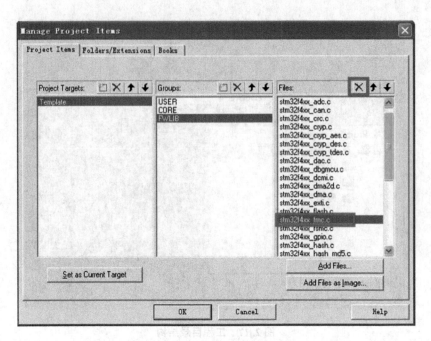

图 2.19　删掉 stm32f4xx_fmc.c

同样的方法,将 Groups 定位到 CORE 和 USER 下面,添加需要的文件。CORE 文件夹下需要添加的文件为 startup_stm32f40_41xxx.s,USER 文件夹下面需要添加的文件为 main.c、stm32f4xx_it.c 与 system_stm32f4xx.c。最后单击 OK,回到工程主界面。操作过程如图 2.20至图 2.23 所示。

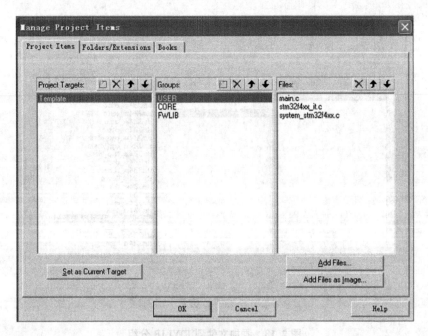

图 2.20　添加文件到 USER 分组

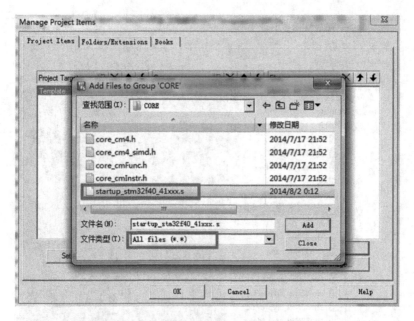

图 2.21　添加文件 startup_st32f40_41xxx. s

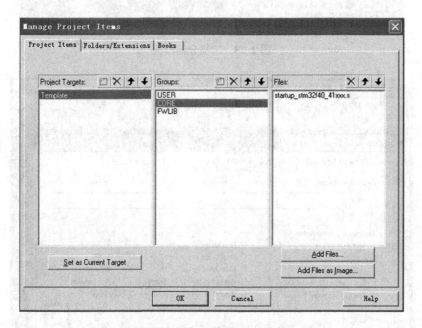

图 2.22　添加文件到 CORE 分组

2.2.7　设置头文件存放路径

接下来要在 MDK 里面设置头文件存放路径,也就是告诉 MDK 到哪些目录下面去寻找包含了的头文件。如果没有设置头文件路径,那么工程会出现报错并提示头文件路径找不到。操作界面如图 2.24 至图 2.26 所示。

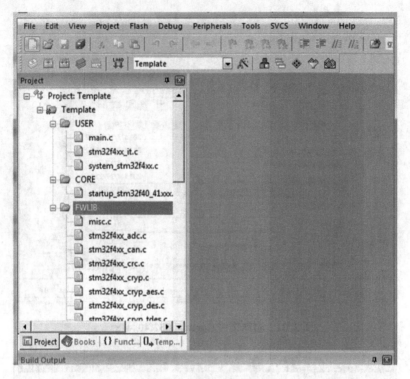

图 2.23　工程分组情况

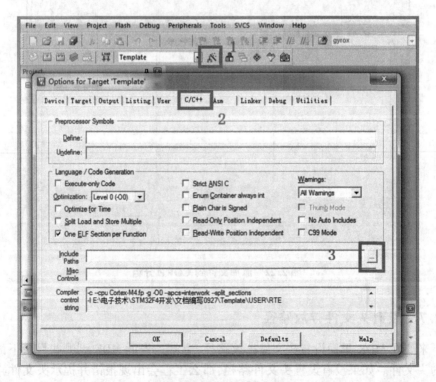

图 2.24　PATH 配置界面

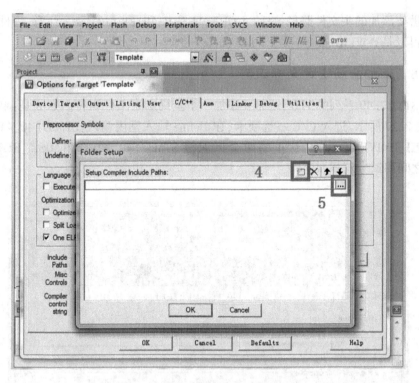

图 2.25 添加头文件路径到 PATH

图 2.26 添加头文件路径

这里需要添加的头文件路径包括：\CORE，\USER\和\FWLIB\inc。注意：固件库存放的头文件子目录是\FWLIB\inc，不是 FWLIB\src。

2.2.8　添加全局宏定义标识符

对于 STM32F40 系列的工程，还需要添加一个全局宏定义标识符。方法是：单击魔术棒之后，如图 2.27 所示，进入 C/C++选项卡，在 Define 输入框内输入：STM32F40_41xxx，USE_STDPERIPH_DRIVER。注意：这里的两个标识符 STM32F40_41xxx 和 USE_STDPERIPH_DRIVER 之间用逗号隔开。

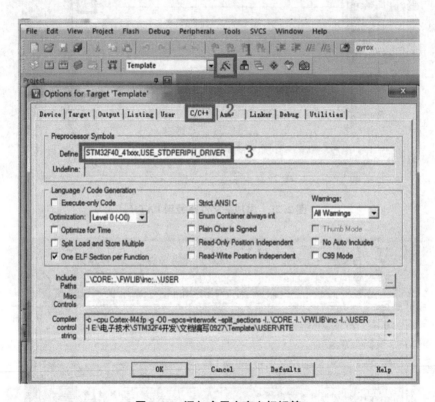

图 2.27　添加全局宏定义标识符

2.2.9　编译工程

接下来要编译工程，在编译之前首先要选择编译中间文件编译后存放的目录。方法是单击魔术棒，然后选择"Output"选项下面的"Select Folder for Objects…"，然后选择目录为上面新建的 OBJ 目录。同时将下方的 3 个选项框都勾上，如图 2.28 所示。这里，Create HEX File 选项勾选上是要求编译之后生成 HEX 文件。Browse Information 选项勾选上是方便查看工程中的函数变量定义。

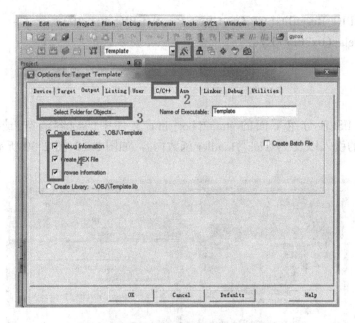

图 2.28 选择编译中间文件存放的目录

编译之前,先把 main. c 文件里面的内容替换为如下内容。

```
#include" stm32f4xx. h"
void Delay( __IO uint32_t nCount);
void Delay( __IO uint32_t nCount)
{
    while( nCount--){}
}
int main( void)
{
    GPIO_InitTypeDef   GPIO_InitStructure;
    RCC_AHB1PeriphClockCmd( RCC_AHB1Periph_GPIOF,ENABLE);
    GPIO_InitStructure. GPIO_Pin = GPIO_Pin_9 | GPIO_Pin_10;
    GPIO_InitStructure. GPIO_Mode = GPIO_Mode_OUT;
    GPIO_InitStructure. GPIO_OType = GPIO_OType_PP;
    GPIO_InitStructure. GPIO_Speed = GPIO_Speed_100MHz;
    GPIO_InitStructure. GPIO_PuPd = GPIO_PuPd_UP;
    GPIO_Init( GPIOF,&GPIO_InitStructure);
    while( 1)
    {
        GPIO_SetBits( GPIOF,GPIO_Pin_9|GPIO_Pin_10);
        Delay( 0x7FFFFF);
```

```
        GPIO_ResetBits(GPIOF,GPIO_Pin_9|GPIO_Pin_10);
        Delay(0x7FFFFF);
    }
}
```

同时,要将 USER 分组下面的 stm32f4xx_it.c 文件中的内容清空,或者删掉其中对 main.h 头文件的引入以及 SysTick_Handler 函数内容,如图 2.29、图 2.30 所示。

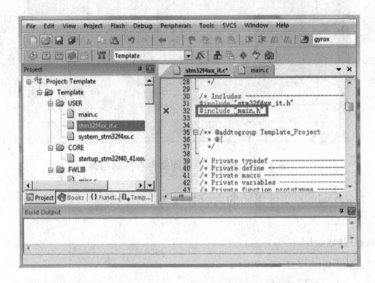

图 2.29 删掉 stm32f4xx_it.c 里面对 main.h 的引入

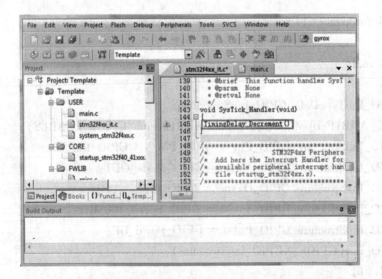

图 2.30 删掉 stm32f4xx_it.c 里的 Systick_Handler 函数内容

单击编译按钮 🔳 编译工程,如图 2.31 所示,工程编译通过则没有任何错误和警告。

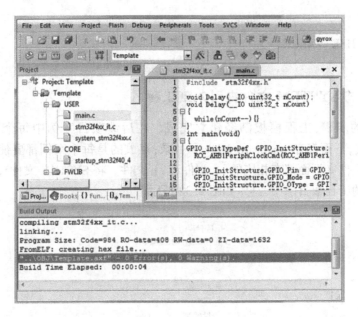

图 2.31　编译工程

2.2.10　系统时钟的配置

修改 System_stm32f4xx.c 文件,把 PLL 第一级分频系数 M 修改为 8,这样可达到主时钟频率为 168MHz 的目的。修改方法如下。

/ ********************** PLL Parameters ***********/
#if defined (STM32F40_41xxx) || defined (STM32F427_437xx) || defined (STM32F429_439xx)
|| defined (STM32F401xx)/ * PLL_VCO = (HSE_VALUE or HSI_VALUE / PLL_M) * PLL_N */
#define PLL_M　　　8
#else/ *　STM32F411xE * /
#if defined (USE_HSE_BYPASS)
#define PLL_M　　　8
#else/ *　STM32F411xE * /
#define PLL_M　　　16
#endif/ *　USE_HSE_BYPASS * /
#endif

同时,在 stm32f4xx.h 里修改外部时钟 HSE_VALUE 值为 8MHz,因为外部高速时钟用的晶振为 8M。其具体修改方法如下。

#if ! defined　(HSE_VALUE)
　　#define HSE_VALUE　((uint32_t)8000000) / * ! < Value of the External oscillator

35

```
in Hz */
    #endif /* HSE_VALUE */
```

2.2.11 将 SYSTEM 文件夹引入到工程

经过前面的步骤,工程模板已经建立完成。在后续项目案例中每个案例都有一个 SYSTEM 文件夹,下面都有 sys、usart、delay 子目录,存放的是每个案例都要使用到的共用代码。且每个子文件夹下面都有相应的 .c 文件和 .h 文件。将 SYSTEM 文件夹和 3 个子文件夹复制到新建的工程根目录中,具体如图 2.32 所示。

图 2.32　工程模板根目录

按照前面步骤的方法将这 3 个目录下面的源文件加入到工程中,如图 2.33、图 2.34 所示。

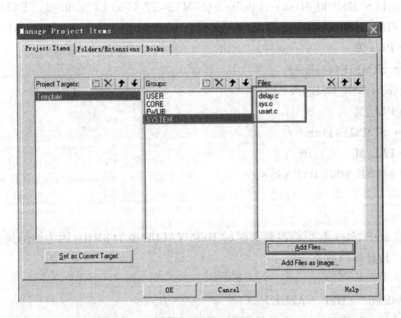

图 2.33　添加文件到 SYSTEM 分组

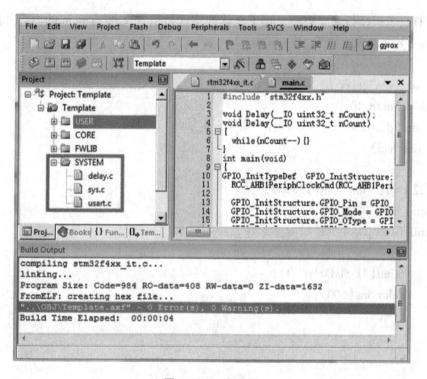

图 2.34　工程分组

接下来将对应的 3 个目录(sys,usart,delay)加入到 PATH 中,如图 2.35 所示。

图 2.35　添加头文件路径到 PATH

单击 OK,工程模板建立完成。接下来修改主函数所在文件 main. c 的内容并编译。修改后的 main. c 文件内容如下。

```
#include "stm32f4xx. h"
#include "usart. h"
#include "delay. h"
int main( void)
{
    u32 t=0；  uart_init( 115200);
    delay_init( 84);
    while( 1)
    {
        printf( "t:%d\r\n",t);
        delay_ms( 500);
        t++;
    }
}
```

2.3 程序下载与调试

2.3.1 STM32 串口程序下载

STM32F4 的程序下载有多种方法,如 USB、串口、JTAG、SWD 等,最简单的方法就是通过串口给 STM32F4 下载代码。STM32 的串口下载一般是通过串口 1 下载的。

(1)把开发板的 RXD 和 PA9(STM32 的 TXD),TXD 和 PA10(STM32 的 RXD)通过跳线帽连接起来,将 CH340G 和 MCU 的串口 1 连接并将 BOOT1 和 BOOT0 都设置为 0。

(2)在 USB_232 处插入 USB 线,并接上计算机,安装 CH340G 驱动。在安装完成之后,可以在计算机的设备管理器里面找到 USB 串口,如图 2.36 所示。

图 2.36 USB 串口

(3)安装了 USB 串口驱动之后,即可开始串口下载代码。串口下载软件选择的是 FlyMcu,该软件可以在 www. mcuisp. com 免费下载。该软件启动界面如图 2.37 所示。

(4)在"联机下载时的程序文件"中选择前面建立工程生成的 Template. hex 文件,按图 2.38 进行相应的设置。

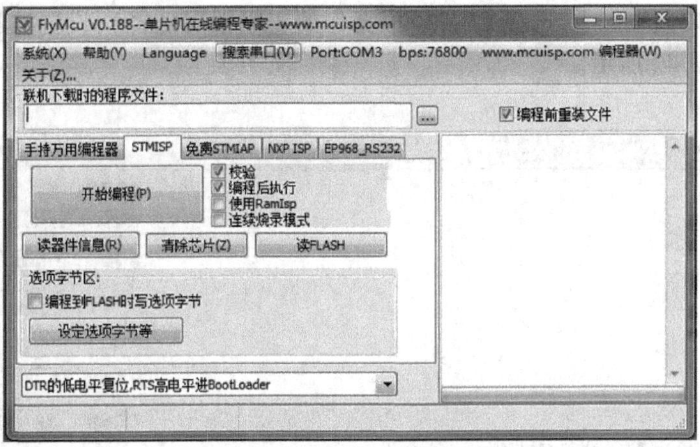

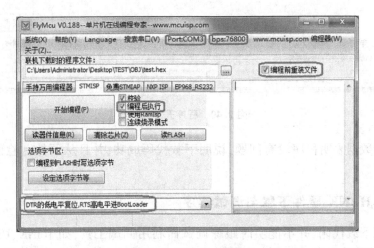

图 2.37 FlyMcu 启动界面

图 2.38 FlyMcu 设置

（5）设置完成后,按开始编程(P)这个按钮,一键下载代码到 STM32 上,下载成功后如图 2.39 所示。

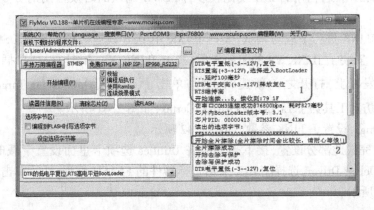

图 2.39 下载完成

(6)打开串口调试助手,选择 COM3(根据你的实际情况选择),设置波特率为 115 200,查看信息,如图 2.40 所示。

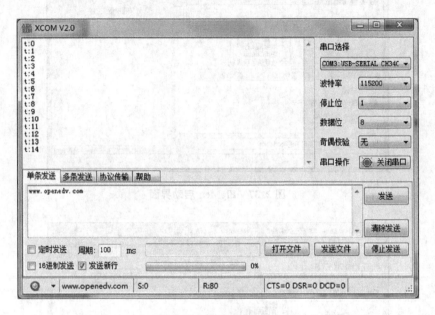

图 2.40　程序开始运行

接收到的数据表明程序没有问题,说明下载代码成功,并且从硬件上验证了代码的正确性。

2.3.2　JLINK 硬件下载与调试程序

串口只能下载代码,并不能实时跟踪调试而利用调试工具,如 JLINK、ULINK、STLINK 等,就可以实时跟踪程序,从而找到程序中的 bug。这里以 JLINK V8 为例,说明如何在线调试 STM32F4。

JLINK V8 支持 JTAG 和 SWD,同时 STM32 也支持 JTAG 和 SWD。所以,有两种调试方式。JTAG 调试的时候,占用的 I/O 线比较多,而 SWD 调试的时候占用的 I/O 线很少,只需要两根。

首先,用 JLINK 进行下载与调试,要把 JLINK 用 USB 线连接到计算机 USB 口和板子的 JTAG 接口上。安装了 JLINK V8 的驱动之后,接上 JLINK V8,并把 JTAG 口插到 ALIENTEK miniSTM32 开发板上,打开之前新建的工程,单击 ，打开 Options for Target 选项卡,在 Debug 栏选择仿真工具为 J-LINK/J-TRACE Cortex,如图 2.41 所示。

单击 Settings,设置 J-LINK 参数,如图 2.42 所示。

单击 OK,完成此部分设置,接下来还要在 Utilities 选项卡里面设置下载时的目标编程器,勾选 Use Debug Driver,选择 JLINK 来给目标器件的 FLASH 编程,然后单击 Settings,如图 2.43、图 2.44 所示。

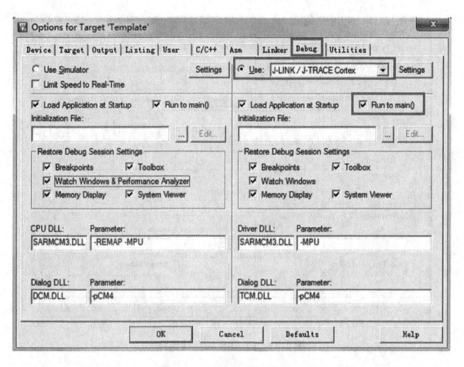

图 2.41　Debug 选项卡设置

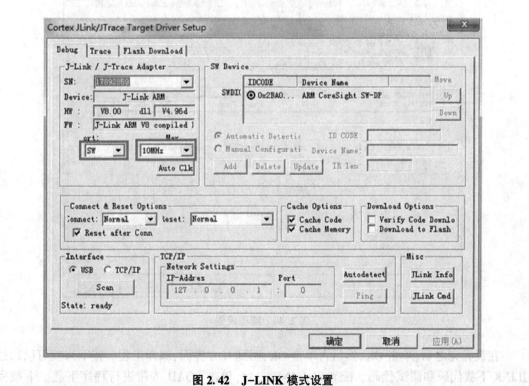

图 2.42　J-LINK 模式设置

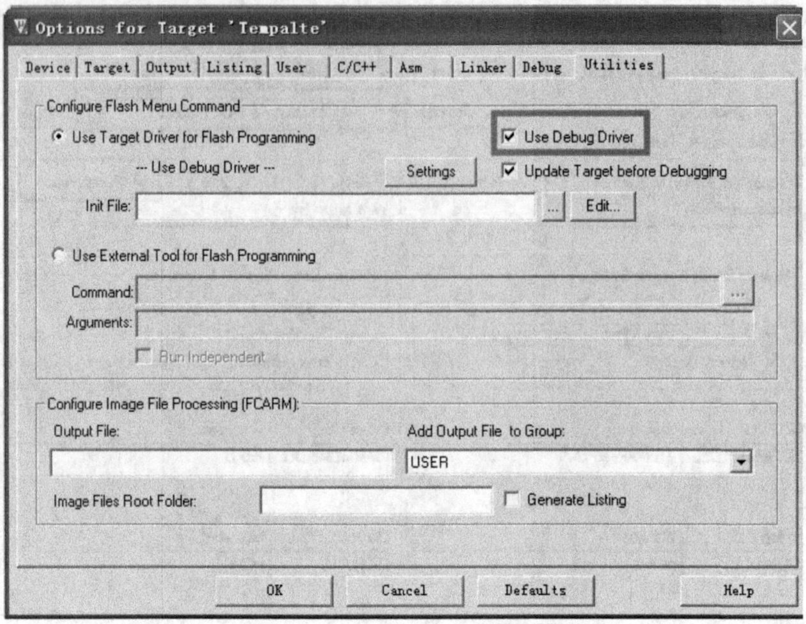

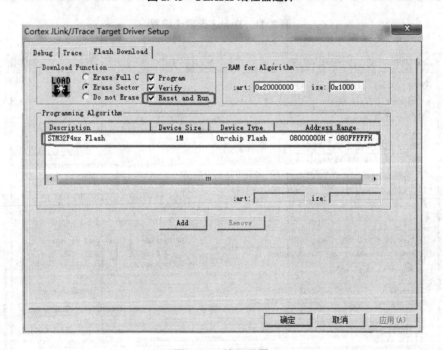

图 2.43 FLASH 编程器选择

图 2.44 编程设置

在设置完之后,单击 OK,然后再单击 OK,回到 IDE 界面,编译工程。接下来就可以通过 JLINK 下载代码和调试代码。配置好 JLINK 之后,单击 LOAD 按钮进行程序下载。下载完成之后程序就可以直接在开发板执行了,具体如图 2.45 所示。

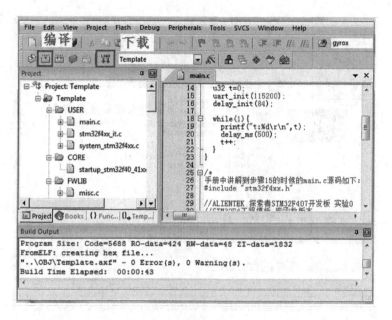

图 2.45 编译下载界面

接下来用 JLINK 进行程序仿真。单击 <!-- icon -->，开始仿真，如图 2.46 所示。

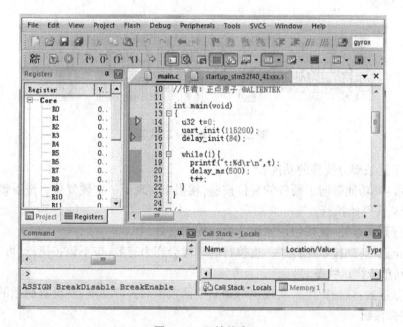

图 2.46 开始仿真

因为之前勾选了 Run to main( )选项,所以程序直接就运行到了 main 函数的入口处。如果在 uart_init(115200)处设置了一个断点,单击 <!-- icon -->,程序将会快速执行到该处,如图 2.47 所示。

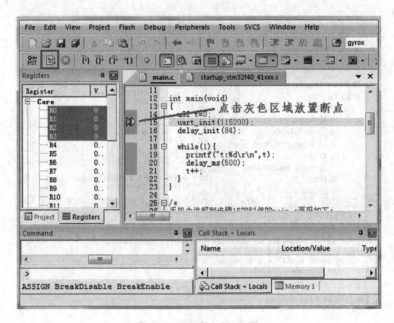

图 2.47　程序运行到断点处

另外,此时 MDK 多出了一个工具条,这就是 Debug 工具条,Debug 工具条部分按钮的功能如图 2.48 所示。

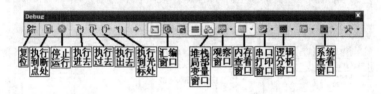

图 2.48　Debug 工具条

Debug 工具条部分按键的功能如下。

(1)复位:其功能等同于硬件的复位按钮,相当于实现了一次硬复位。按下该按钮之后,代码会重新从头开始执行。

(2)执行到断点处:该按钮用来快速执行到断点处。

(3)停止运行:此按钮在程序一直执行的时候会变为有效,按下该按钮,就可以使程序停下来,进入到单步调试状态。

(4)执行进去:该按钮用来实现执行到某个函数里面去的功能,在没有函数的情况下,等同于执行过去按钮。

(5)执行过去:在碰到有函数的地方,按下该按钮就可以单步执行过这个函数,而不进入这个函数单步执行。

(6)执行出去:该按钮是在进入了函数单步调试的时候,有时候不必再执行该函数的剩余部分,按下该按钮就直接一步执行完函数余下的部分,并跳出函数,回到函数被调用的位置。

44

(7)执行到光标处:该按钮可以迅速地使程序运行到光标处,光标所在处只有一个。

(8)汇编窗口:按下该按钮查看汇编代码。

(9)堆栈局部变量窗口:显示 Call Stack+Locals 窗口,显示当前函数的局部变量及其值。

(10)观察窗口:MDK5 提供两个观察窗口(下拉选择),该按钮按下,会弹出一个显示变量的窗口,输入要观察的变量/表达式,即可查看其值。

(11)内存查看窗口:MDK5 提供 4 个内存查看窗口(下拉选择),该按钮按下,会弹出一个内存查看窗口,可以输入要查看的内存地址,然后观察内存的变化情况。

(12)系统查看窗口:该按钮提供各种外设寄存器的查看窗口(下拉选择),选择对应外设,即可调出该外设的相关寄存器表,并显示这些寄存器的值。

3 I/O 端口控制

本章将通过对 STM32F4 的 I/O 口的高低电平控制实现两个 LED 灯 DS0 和 DS1 交替闪烁,实现跑马灯的效果。

3.1 STM32F4 I/O 口简介

3.1.1 寄存器配置

STM32F4 每组通用 I/O 端口包括 4 个 32 位配置寄存器(MODER、OTYPER、OSPEEDR 和 PUPDR)、2 个 32 位数据寄存器(IDR 和 ODR)、1 个 32 位置位/复位寄存器(BSRR)、1 个 32 位锁定寄存器(LCKR)和 2 个 32 位复用功能选择寄存器(AFRH 和 AFRL)等。其中常用的有 4 个配置寄存器、2 个数据寄存器、2 个复用功能选择寄存器,共 8 个。

STM32F4 的 I/O 口可以由软件配置成如下 8 种模式中的任何一种。

(1)输入浮空。

(2)输入上拉。

(3)输入下拉。

(4)模拟输入。

(5)开漏输出。

(6)推挽输出。

(7)推挽式复用功能。

(8)开漏式复用功能。

I/O 口配置常用的 8 个寄存器有:MODER、OTYPER、OSPEEDR、PUPDR、IDR、ODR、AFRH 和 AFRL。

3.1.1.1 MODER 寄存器

该寄存器是 GPIO 端口模式控制寄存器,用于控制 GPIOx(STM32F4 最多有 9 组 I/O,分别用大写字母表示,即 x=A/B/C/D/E/F/G/H/I,下同)的工作模式,该寄存器各位描述如表 3.1 所示。

表 3.1 GPIOx MODER 寄存器各位描述

31	30	29	28	27	26	25	24	23	22	21	20	19	18	17	16
MODER15 [1:0]		MODER14 [1:0]		MODER13 [1:0]		MODER12 [1:0]		MODER11 [1:0]		MODER10 [1:0]		MODER9 [1:0]		MODER 8 [1:0]	
RW	RW	RW	RW	RW	RW	RW	RW	RW	RW	RW	RW	RW	RW	RW	RW
15	14	13	12	11	10	9	8	7	6	5	4	3	2	1	0

MODER7 [1:0]		MODER6 [1:0]		MODER5 [1:0]		MODER4 [1:0]		MODER3 [1:0]		MODER2 [1:0]		MODER1 [1:0]		MODER 0 [1:0]	
RW	RW	RW	RW	RW	RW	RW	RW	RW	RW	RW	RW	RW	RW	RW	RW

MODEy[1:0]:端口 x 的配置位(y=0…15),这些位通过软件写入,用于配置I/O方向模式

00:输入模式(复位后状态)　　　　　10:复用功能模式

01:通用输出模式　　　　　　　　　11:模拟模式

该寄存器各位在复位后,一般都是0(个别的不是0,如 JTAG 占用的是几个 I/O 口),也就是默认条件下一般是输入状态的。每组 I/O 下有 16 个 I/O 口,该寄存器共 32 位,每 2 个位控制 1 个 I/O 口。

3.1.1.2　OTYPER 寄存器

该寄存器用于控制 GPIOx 的输出类型,该寄存器各位描述如表3.2所示。

表 3.2　GPIOx OTYPER 寄存器各位描述

31	30	29	28	27	26	25	24	23	22	21	20	19	18	17	16
Reserved															
15	14	13	12	11	10	9	8	7	6	5	4	3	2	1	0
OT15	OT14	OT13	OT12	OT11	OT10	OT9	OT8	OT7	OT6	OT5	OT4	OT3	OT2	OT1	OT0
RW	RW	RW	RW	RW	RW	RW	RW	RW	RW	RW	RW	RW	RW	RW	RW

位 31:16 保留,必须保持复位值

位 15:0　Oty[1:0]:端口 x 配置位(y=0…15),这些位通过软件写入,用于控制 I/O 端口的输出类型

0:输出推挽(复位状态)　　　　　　1:输出开漏

该寄存器仅用于输出模式,在输入模式(MODER[1:0]=00/11 时)下不起作用。该寄存器低 16 位有效,每一个位控制一个 I/O 口,复位后,该寄存器值均为 0。

3.1.1.3　OSPEEDR 寄存器

该寄存器用于控制 GPIOx 的输出速度,该寄存器各位描述如表3.3所示。

表 3.3　GPIOx OSPEEDR 寄存器各位描述

31	30	29	28	27	26	25	24	23	22	21	20	19	18	17	16
OSPEEDR15 [1:0]		OSPEEDR14 [1:0]		OSPEEDR13 [1:0]		OSPEEDR 1 2[1:0]		OSPEEDR11 [1:0]		OSPEEDR10 [1:0]		OSPEEDR 9 [1:0]		OSPEEDR 8 [1:0]	
RW	RW	RW	RW	RW	RW	RW	RW	RW	RW	RW	RW	RW	RW	RW	RW
15	14	13	12	11	10	9	8	7	6	5	4	3	2	1	0
OSPEEDR7 [1:0]		OSPEEDR6 [1:0]		OSPEEDR5 [1:0]		OSPEEDR4 [1:0]		OSPEEDR3 [1:0]		OSPEEDR2 [1:0]		OSPEEDR1 [1:0]		OSPEEDR0 [1:0]	

RW	RW	RW	RW	RW	RW	RW	RW	RW	RW	RW	RW	RW	RW	RW	RW

MODEy[1：0]：端口 x 的配置位(y=0…15)，这些位通过软件写入，用于配置 I/O 方向模式

00：2MHz(低速)　　　　　　10：50MHz(快速)

01：25MHz(中速)　　　　　　11：30pF 时为 100MHz(高速)[15pF 时为 80MHz 输出(最大速度)]

该寄存器也仅用于输出模式，在输入模式(MODER[1：0]=00/11 时)下不起作用。该寄存器每 2 个位控制一个 I/O 口，复位后，该寄存器值一般为 0。

3.1.1.4　PUPDR 寄存器

该寄存器用于控制 GPIOx 的上拉/下拉，该寄存器各位描述如表 3.4 所示。

表 3.4　GPIOx PUPDR 寄存器各位描述

31	30	29	28	27	26	25	24	23	22	21	20	19	18	17	16
PUPDR15 [1：0]		PUPDR14 [1：0]		PUPDR13 [1：0]		PUPDR12 [1：0]		PUPDR11 [1：0]		PUPDR10 [1：0]		PUPDR9 [1：0]		PUPDR8 [1：0]	
RW	RW	RW	RW	RW	RW	RW	RW	RW	RW	RW	RW	RW	RW	RW	RW
15	14	13	12	11	10	9	8	7	6	5	4	3	2	1	0
PUPDR7 [1：0]		PUPDR6 [1：0]		PUPDR5 [1：0]		PUPDR4 [1：0]		PUPDR3 [1：0]		PUPDR2 [1：0]		PUPDR1 [1：0]		PUPDR0 [1：0]	
RW	RW	RW	RW	RW	RW	RW	RW	RW	RW	RW	RW	RW	RW	RW	RW

PUPDRy[1：0]：端口 x 的配置位(y=0…15)，这些位通过软件写入，用于配置 I/O 上拉或下拉

00：无上拉或下拉　　　　　　10：下拉

01：上拉　　　　　　　　　　11：保留

该寄存器每 2 个位控制一个 I/O 口，用于设置上拉和下拉，复位后，该寄存器值一般为 0。

3.1.2　库函数中初始化 GPIO

在固件库开发中，4 个配置寄存器初始化 GPIO 是通过以下 GPIO 初始化函数完成的。

void GPIO_Init(GPIO_TypeDef ＊ GPIOx，GPIO_InitTypeDef ＊ GPIO_InitStruct)

这个函数有两个参数，第一个参数是用来指定需要初始化 GPIO 对应的 GPIO 组，取值范围为 GPIOA～GPIOK。第二个参数为初始化参数结构体指针，结构体类型为 GPIO_InitTypeDef，其结构体的定义如下。

```
typedef struct
{
    uint32_t GPIO_Pin;
    GPIOMode_TypeDef GPIO_Mode;
    GPIOSpeed_TypeDef GPIO_Speed;
    GPIOOType_TypeDef GPIO_OType;
    GPIOPuPd_TypeDef GPIO_PuPd;
} GPIO_InitTypeDef;
```

例如,通过初始化结构体初始化 GPIO 的常用格式如下。

```
GPIO_InitTypeDef    GPIO_InitStructure;
GPIO_InitStructure. GPIO_Pin = GPIO_Pin_9//GPIOF9
GPIO_InitStructure. GPIO_Mode = GPIO_Mode_OUT;//普通输出模式
GPIO_InitStructure. GPIO_Speed = GPIO_Speed_100MHz;//100MHz
GPIO_InitStructure. GPIO_OType = GPIO_OType_PP;//推挽输出
GPIO_InitStructure. GPIO_PuPd = GPIO_PuPd_UP;//上拉
GPIO_Init(GPIOF,&GPIO_InitStructure);//初始化 GPIO
```

上面代码设置 GPIOF 的第 9 个端口为推挽输出模式,同时速度为 100M,上拉。可以看出,结构体 GPIO_InitStructure 的第一个成员变量 GPIO_Pin 是用来设置要初始化哪个或者哪些 I/O 口;第二个成员变量 GPIO_Mode 是用来设置对应 I/O 端口的输出/输入端口模式,这个值就是配置 GPIOx 对应的 MODER 寄存器的值。在 MDK 中是通过一个枚举类型定义的,只需要选择对应的值即可。

```
typedef enum
{
    GPIO_Mode_IN  = 0x00,/*! < GPIO Input Mode */
    GPIO_Mode_OUT = 0x01,/*! < GPIO Output Mode */
    GPIO_Mode_AF  = 0x02,/*! < GPIO Alternate function Mode */
    GPIO_Mode_AN  = 0x03,/*! < GPIO Analog Mode */
} GPIOMode_TypeDef;
```

GPIO_Mode_IN 用来设置复位状态的输入,GPIO_Mode_OUT 用来设置通用输出模式,GPIO_Mode_AF 用来设置复用功能模式,GPIO_Mode_AN 用来设置模拟输入模式。参数 GPIO_Speed 用于 I/O 口输出速度的设置,有 4 个可选值。实际上这些就是配置 GPIO 对应的 OSPEEDR 寄存器的值。在 MDK 中同样是通过以下枚举类型定义的。

```
typedef enum
{
    GPIO_Low_Speed       = 0x00,/ * ! < Low speed      * /
    GPIO_Medium_Speed    = 0x01,/ * ! < Medium speed * /
    GPIO_Fast_Speed      = 0x02,/ * ! < Fast speed     * /
    GPIO_High_Speed      = 0x03,/ * ! < High speed    * /
} GPIOSpeed_TypeDef;

/ * Add legacy definition * /
#define    GPIO_Speed_2MHz       GPIO_Low_Speed
#define    GPIO_Speed_25MHz      GPIO_Medium_Speed
#define    GPIO_Speed_50MHz      GPIO_Fast_Speed
#define    GPIO_Speed_100MHz     GPIO_High_Speed
```

说明:输入可以是 GPIO Speed_TypeDef 枚举类型中的 GPIO_High_Speed 枚举类型值,也可以是 GPIO_Speed_100MHz 这样的值,GPIO_Speed_100MHz 是通过 define 宏定义标识符定义出来的,它跟 GPIO_High_Speed 是等同的。参数 GPIO_OType 用于 GPIO 输出类型的设置,配置的是 GPIO 对应的 OTYPER 寄存器的值。在 MDK 中同样是通过以下枚举类型定义的。

```
typedef enum
{
    GPIO_OType_PP = 0x00,
    GPIO_OType_OD = 0x01
} GPIOOType_TypeDef;
```

如果需要设置为输出推挽模式,那么设置值为 GPIO_OType_PP,如果需要设置为输出开漏模式,那么设置值为 GPIO_OType_OD。参数 GPIO_PuPd 用来设置 I/O 口的上下拉,实际上就是设置 GPIO 对应的 PUPDR 寄存器的值。在 MDK 中同样是通过以下一个枚举类型列出的。

```
typedef enum
{
    GPIO_PuPd_NOPULL = 0x00,
    GPIO_PuPd_UP     = 0x01,
    GPIO_PuPd_DOWN   = 0x02
} GPIOPuPd_TypeDef;
```

其中,GPIO_PuPd_NOPULL 为不使用上下拉,GPIO_PuPd_UP 为上拉,GPIO_PuPd_DOWN 为下拉,根据需要设置相应的值即可。

3.1.3 GPIO 输入输出电平控制相关的寄存器

3.1.3.1 ODR 寄存器
该寄存器用于控制 GPIOx 的输出,该寄存器各位描述如表 3.5 所示。

表 3.5 GPIOx ODR 寄存器各位描述

31	30	29	28	27	26	25	24	23	22	21	20	19	18	17	16
							Reserved								
15	14	13	12	11	10	9	8	7	6	5	4	3	2	1	0
ODR15	ODR14	ODR13	ODR12	ODR11	ODR10	ODR9	ODR8	ODR7	ODR6	ODR5	ODR4	ODR3	ODR2	ODR1	ODR0
rw	rw	rw	rw	rw	rw	rw	rw	rw	rw	rw	rw	rw	rw	rw	rw

位 31:16 保留,必须保持复位值

位 15:0   ODRy[15:0]:端口输出数据(y=0…15),这些位通过软件读取和写入

该寄存器用于设置某个 I/O 是输出低电平(ODRy = 0)还是高电平(ODRy = 1),该寄存器也仅在输出模式下有效,在输入模式(MODER[1:0] = 00/11 时)下不起作用。

在固件库中设置 ODR 寄存器的值来控制 I/O 口的输出状态是通过以下函数 GPIO_Write 来实现的。

void GPIO_Write(GPIO_TypeDef * GPIOx,uint16_t PortVal);

该函数一般用于一次性对一个 GPIO 的多个端口设值,如 GPIO_Write(GPIOA,0x0000);。大部分情况下,设置 I/O 口都不用这个函数,后面会介绍常用的设置 I/O 口电平的函数。同时读 ODR 寄存器还可以读出 I/O 口的输出状态,库函数如下。

uint16_t GPIO_ReadOutputData(GPIO_TypeDef * GPIOx);
uint8_t GPIO_ReadOutputDataBit(GPIO_TypeDef * GPIOx,uint16_t GPIO_Pin);

以上两个函数功能类似,前面的函数是用来一次读取一组 I/O 口所有 I/O 口的输出状态,后面的函数用来一次读取一组 I/O 口中一个或者几个 I/O 口的输出状态。

3.1.3.2 IDR 寄存器
该寄存器用于读取 GPIOx 的输入,该寄存器各位描述如表 3.6 所示。

表 3.6　GPIOx IDR 寄存器各位描述

31	30	29	28	27	26	25	24	23	22	21	20	19	18	17	16
Reserved															
15	14	13	12	11	10	9	8	7	6	5	4	3	2	1	0
IDR15	IDR14	IDR13	IDR12	IDR11	IDR10	IDR9	IDR8	IDR7	IDR6	IDR5	IDR4	IDR3	IDR2	IDR1	IDR0
r	r	r	r	r	r	r	r	r	r	r	r	r	r	r	r

位 31：16 保留，必须保持复位值

位 15：0　　IDRy[15：0]：端口输入数据(y=0…15)，这些位为只读形式，只能在字模式下访问。它们包含相应 I/O 端口的输入值

该寄存器用于读取某个 I/O 的电平，如果对应的位为 0(IDRy=0)，则说明该 I/O 输入的是低电平，如果对应的位为 1(IDRy=1)，则表示输入的是高电平。库函数相关函数如下。

uint8_t GPIO_ReadInputDataBit(GPIO_TypeDef * GPIOx,uint16_t GPIO_Pin);

uint16_t GPIO_ReadInputData(GPIO_TypeDef * GPIOx);

前面的函数用读取一组 I/O 口的一个或者几个 I/O 口输入的电平，后面的函数用来一次读取一组 I/O 口所有 I/O 口的输入电平。例如，要读取 GPIOF.5 的输入电平，方法如下。

GPIO_ReadInputDataBit(GPIOF,GPIO_Pin_5);

3.1.3.3　32 位置位/复位寄存器(BSRR)

这个寄存器用来置位或者复位 I/O 口，该寄存器和 ODR 寄存器具有类似的作用，都可以用来设置 GPIO 端口的输出位是 1 还是 0。寄存器描述如表 3.7 所示。

表 3.7　BSRR 寄存器各位描述

31	30	29	28	27	26	25	24	23	22	21	20	19	18	17	16
BR15	BR14	BR13	BR12	BR11	BR10	BR9	BR8	BR7	BR6	BR5	BR4	BR3	BR2	BR1	BR0
w	w	w	w	w	w	w	w	w	w	w	w	w	w	w	w
15	14	13	12	11	10	9	8	7	6	5	4	3	2	1	0
BS 15	BS 14	BS 13	BS 12	BS 11	BS 10	BS 9	BS 8	BS 7	BS 6	BS 5	BS 4	BS 3	BS 2	BS 1	BS 0
w	w	w	w	w	w	w	w	w	w	w	w	w	w	w	w

位 31：16　　Bry：端口 x，复位位 y(y=0…15)，这些位为只写形式，只能在字、半字或字节模式下访问。读取这些位可返回值 0x0000

　0：不会对相应的 ODRx 位执行任何操作

　1：对相应的 ODRx 位进行复位

　注意：如果同时对 BSx 和 BRx 置位，则 BSx 的优先级更高

位 15：0　　BSy：端口 x，置位位 y(y=0…15)，这些位为只写形式，只能在字、半字或字节模式下访问。读取这些位可返回值 0x0000

　0：不会对相应的 ODRx 位执行任何操作

　1：对相应的 ODRx 位进行置位

对于低 16 位(0~15),向相应的位写 1,那么对应的 I/O 口会输出高电平,向相应的位写 0,对 I/O 口没有任何影响。高 16 位(16~31)作用刚好相反,对相应的位写 1 会输出低电平,写 0 没有任何影响。也就是说,对于 BSRR 寄存器,如果写 0,对 I/O 口电平没有任何影响。要设置某个 I/O 口电平,只需要将相关位设置为 1 即可。而 ODR 寄存器,要设置某个 I/O 口电平,首先需要读出来 ODR 寄存器的值,然后对整个 ODR 寄存器重新赋值,而 BSRR 寄存器,不需要先读,而是直接设置。BSRR 寄存器使用方法如下。

GPIOA→BSRR = 1<<1;//设置 GPIOA. 1 为高电平
GPIOA→BSRR = 1<<(16+1);//设置 GPIOA. 1 为低电平

库函数操作 BSRR 寄存器来设置 I/O 电平的函数如下。

void GPIO_SetBits(GPIO_TypeDef * GPIOx,uint16_t GPIO_Pin);
void GPIO_ResetBits(GPIO_TypeDef * GPIOx,uint16_t GPIO_Pin);

函数 GPIO_SetBits 用来设置一组 I/O 口中的一个或者多个 I/O 口为高电平。函数 GPIO_ResetBits 用来设置一组 I/O 口中一个或者多个 I/O 口为低电平。例如,要设置 GPIOB. 5 输出为高电平,方法如下。

GPIO_SetBits(GPIOB,GPIO_Pin_5);//GPIOB. 5 输出为高电平

设置 GPIOB. 5 输出低电平,方法如下。

GPIO_ResetBits(GPIOB,GPIO_Pin_5);//GPIOB. 5 输出低电平

3. 1. 3. 4 两个 32 位复用功能选择寄存器(AFRH 和 AFRL)

这两个寄存器用来设置 I/O 口的复用功能。

综上所述,GPIO 相关的函数的 I/O 操作步骤如下。

第一,I/O 口时钟,调用函数为 RCC_AHB1PeriphClockCmd( )。

第二,初始化 I/O 参数,调用函数为 GPIO_Init( );

第三,操作 I/O,方法就是前面介绍的方法。

3. 2 硬件设计

本章用到的硬件有 DS0 和 DS1。电路原理如图 3.1 所示,DS0 接 PF9,DS1 接 PF10。

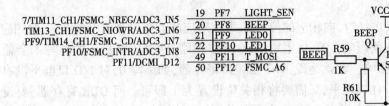

图 3.1   LED 与 STM32F4 连接原理图

3.3   软件设计

编写代码前需要用到相关的库文件,具体如下。

stm32f4xx_gpio. c /stm32f4xx_gpio. h

stm32f4xx_rcc. c/stm32f4xx_rcc. h

misc. c/ misc. h

stm32f4xx_usart . c/stm32f4xx_usart. h

stm32f4xx_syscfg. c/stm32f4xx_syscfg. h

其中,系统时钟配置函数以及相关的外设时钟使能函数都在源文件 stm32f4xx_rcc. c 中。头文件 stm32f4xx_usart. h、misc. h 和对应的源文件,以及 stm32f4xx_syscfg. h 和对应的源文件也是经常用到的。

#include " stm32f4xx_gpio. h"

#include " stm32f4xx_rcc. h"

#include " stm32f4xx_usart. h"

#include "stm32f4xx_syscfg. h"

#include " misc. h"

3.3.1   建立 led. h 头文件

新建 led. h 文件,输入如下代码并保存。

```
#ifndef__LED_H
#define__LED_H
#include " sys. h"
//LED 端口定义
#define LED0 PFout(9) // DS0
#define LED1 PFout(10)// DS1
void LED_Init( void) ;//初始化
#endif
```

这段代码里面最关键就是以下 2 个宏定义。

```
#define LED0 PFout(9) // DS0 PF9
#define LED1 PFout(10)// DS1 PF10
```

这里使用的是位带操作来实现操作某个 I/O 口的 1 个位的,也可以使用固件库操作来实现 I/O 口操作,具体如下。

```
GPIO_SetBits(GPIOF,GPIO_Pin_9);          //设置 GPIOF.9 输出 1,等同 LED0=1;
GPIO_ResetBits (GPIOF,GPIO_Pin_9);        //设置 GPIOF.9 输出 0,等同 LED0=0;
```

3.3.2 函数定义

建立 led. c 文件,部分函数代码如下。

```
#include "led. h"
//初始化 PF9 和 PF10 为输出口
//LED IO 初始化
void LED_Init(void)
{
    GPIO_InitTypeDef    GPIO_InitStructure;
    RCC_AHB1PeriphClockCmd(RCC_AHB1Periph_GPIOF,ENABLE);//使能 AHB1 总线上的 GPIOF 时钟
    //GPIOF9,F10 初始化设置
    GPIO_InitStructure. GPIO_Pin = GPIO_Pin_9 | GPIO_Pin_10;//LED0 和 LED1 对应 I/O 口
    GPIO_InitStructure. GPIO_Mode = GPIO_Mode_OUT;//普通输出模式
    GPIO_InitStructure. GPIO_OType = GPIO_OType_PP;//推挽输出
    GPIO_InitStructure. GPIO_Speed = GPIO_Speed_100MHz;//100MHz
    GPIO_InitStructure. GPIO_PuPd = GPIO_PuPd_UP;//上拉
    GPIO_Init(GPIOF,&GPIO_InitStructure);//初始化 GPIO
    GPIO_SetBits(GPIOF,GPIO_Pin_9 | GPIO_Pin_10);//GPIOF9,F10 设置高,灯灭
}
```

代码里包含了一个函数 void LED_Init(void),该函数的功能是用来实现配置 PF9 和 PF10 为推挽输出。需要注意的是:在配置 STM32 外设的时候,任何时候都要先使能该外设的时钟,GPIO 是挂载在 AHB1 总线上的外设,在固件库中对挂载在 AHB1 总线上的外设时钟使能是通过函数 RCC_AHB1PeriphClockCmd( )来实现的。

在设置完时钟之后,LED_Init 调用 GPIO_Init 函数完成对 PF9 和 PF10 的初始化配置,然

后调用函数 GPIO_SetBits 控制 LED0 和 LED1 输出 1(LED 灭)。至此,两个 LED 的初始化完毕,完成了对这两个 I/O 口的初始化。

3.3.3 建立主函数

在 main 函数里面编写如下代码。

```c
#include "sys. h"
#include "delay. h"
#include "usart. h"
#include "led. h"
int main(void)
{
    delay_init(168);       //初始化延时函数
    LED_Init();             //初始化 LED 端口
    /** 下面通过直接操作库函数的方式实现 I/O 控制 **/
    while(1)
    {
        GPIO_ResetBits(GPIOF, GPIO_Pin_9);   //LED0 对应引脚 GPIOF. 9 拉低,
亮。等同 LED0 = 0;
        GPIO_SetBits(GPIOF, GPIO_Pin_10);   //LED1 对应引脚 GPIOF. 10 拉高,
灭。等同 LED1 = 1;
        delay_ms(500);          //延时 500ms
        GPIO_SetBits(GPIOF, GPIO_Pin_9);     //LED0 对应引脚 GPIOF. 0 拉高,
灭。等同 LED0 = 1;
        GPIO_ResetBits(GPIOF, GPIO_Pin_10); //LED1 对应引脚 GPIOF. 10 拉低,
亮。等同 LED1 = 0;
        delay_ms(500);                  //延时 500ms
    }
}
```

代码包含了#include "led. h",使 LED0、LED1、LED_Init 等能在 main()函数里被调用。在固件库中,系统在启动的时候会调用 system_stm32f4xx. c 中的函数 SystemInit()对系统时钟进行初始化,在时钟初始化完毕之后会调用 main()函数,所以不需要再在 main()函数中调用 SystemInit()函数。如果有需要重新设置时钟系统,可以自己编写时钟设置代码,SystemInit()只是将时钟系统初始化为默认状态。

main()函数非常简单,先调用 delay_init()初始化延时,接着调用 LED_Init()来初始化 GPIOF. 9 和 GPIOF. 10 为输出。最后在死循环里面实现 LED0 和 LED1 交替闪烁,间隔为 500ms。

上面是通过库函数来实现的 I/O 操作,也可以修改 main( ) 函数,直接通过位带操作达到同样的效果,位带操作的代码如下。

```c
int main(void)
{
    delay_init(168);        //初始化延时函数
    LED_Init();              //初始化 LED 端口
    while(1)
    {
        LED0 = 0;      //LED0 亮
        LED1 = 1;      //LED1 灭
        delay_ms(500);
        LED0 = 1;      //LED0 灭
        LED1 = 0;      //LED1 亮
        delay_ms(500);
    }
}
```

也可以通过直接操作相关寄存器的方法来设置 I/O,只需要将主函数修改为如下内容。

```c
int main(void)
{
    delay_init(168);        //初始化延时函数
    LED_Init();              //初始化 LED 端口
    while(1)
    {
        GPIOF→BSRRH = GPIO_Pin_9;//LED0 亮
        GPIOF→BSRRL = GPIO_Pin_10;//LED1 灭
        delay_ms(500);
        GPIOF→BSRRL = GPIO_Pin_9;//LED0 灭
        GPIOF→BSRRH = GPIO_Pin_10;//LED1 亮
        delay_ms(500);
    }
}
```

程序通过编译后下载到开发板,运行程序,实现 LED0 和 LED1 循环闪烁。

4 蜂鸣器控制

本章利用一个 I/O 口来控制板载的有源蜂鸣器,实现蜂鸣器控制。

4.1 蜂鸣器简介

蜂鸣器是一种一体化结构的电子讯响器,采用直流电压供电,广泛应用于计算机、打印机、复印机、报警器、电子玩具、汽车电子设备、电话机、定时器等电子产品中,作为发声器件。蜂鸣器主要分为压电式蜂鸣器和电磁式蜂鸣器两种类型。

图 4.1 所示为电磁式的有源蜂鸣器。

图 4.1　有源蜂鸣器

这里的源不是指电源的"源",而是指自带的振荡电路,有源蜂鸣器自带了振荡电路,一通电就会发声;无源蜂鸣器则没有自带振荡电路,必须外部提供 2~5kHz 左右的方波驱动,才能发声。

利用 STM32 的 I/O 口可以直接驱动 LED 灯,但 STM32F4 的单个 I/O 最大可以提供 25mA 的电流,而蜂鸣器的驱动电流是 30mA 左右,STM32F4 整个芯片的电流最大是 150mA。如果用 I/O 口直接驱动蜂鸣器,占用的资源比较多。所以,一般不用 STM32F4 的 I/O 直接驱动蜂鸣器,而是通过三极管扩流后再驱动蜂鸣器,这样 STM32F4 的 I/O 只需要提供不到 1mA 的电流就足够了。

4.2 硬件设计

本章用到的硬件有:指示灯 DS0,蜂鸣器。电路连接如图 4.2 所示。

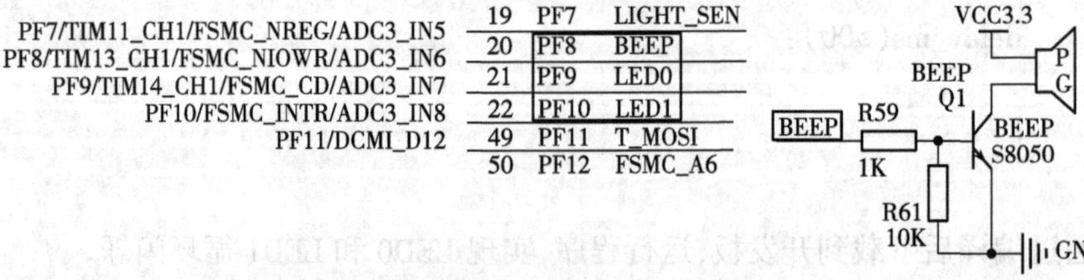

PF7/TIM11_CH1/FSMC_NREG/ADC3_IN5	19	PF7	LIGHT_SEN
PF8/TIM13_CH1/FSMC_NIOWR/ADC3_IN6	20	PF8	BEEP
PF9/TIM14_CH1/FSMC_CD/ADC3_IN7	21	PF9	LED0
PF10/FSMC_INTR/ADC3_IN8	22	PF10	LED1
PF11/DCMI_D12	49	PF11	T_MOSI
	50	PF12	FSMC_A6

BEEP　R59　Q1　BEEP S8050　VCC3.3　BEEP

R61 10K　GND

1K

图 4.2　蜂鸣器与 STM32F4 连接原理图

图 4.2 中用一个 NPN 三极管(S8050)来驱动蜂鸣器,R61 主要用于防止蜂鸣器的误发声。当 PF.8 输出高电平的时候,蜂鸣器将发声;当 PF.8 输出低电平的时候,蜂鸣器停止发声。

4.3 软件设计

4.3.1 建立 beep.h 头文件

新建 beep.h 文件,输入如下代码。

```
#ifndef__BEEP_H
#define__BEEP_H
#include "sys.h"
//LED 端口定义
#define BEEP PFout(8) // 蜂鸣器控制 I/O
void BEEP_Init(void);//初始化
#endif
```

这里是通过位带操作来实现某个 I/O 口的输出控制,BEEP 就直接代表了 PF8 的输出状态。只需要令 BEEP=1,就可以让蜂鸣器发声。

4.3.2 函数定义

新建文件 beep.c,编写如下代码。

```
#include "beep.h"
//初始化 PF8 为输出口
//BEEP I/O 初始化
void BEEP_Init(void)
{
    GPIO_InitTypeDef   GPIO_InitStructure;
    RCC_AHB1PeriphClockCmd(RCC_AHB1Periph_GPIOF, ENABLE);//使能 GPIOF 时钟
    //初始化蜂鸣器对应引脚 GPIOF8
    GPIO_InitStructure.GPIO_Pin = GPIO_Pin_8;
    GPIO_InitStructure.GPIO_Mode = GPIO_Mode_OUT;//普通输出模式
    GPIO_InitStructure.GPIO_OType = GPIO_OType_PP;//推挽输出
    GPIO_InitStructure.GPIO_Speed = GPIO_Speed_100MHz;//100MHz
    GPIO_InitStructure.GPIO_PuPd = GPIO_PuPd_DOWN;//下拉
```

```
GPIO_Init(GPIOF,&GPIO_InitStructure);//初始化 GPIO
GPIO_ResetBits(GPIOF,GPIO_Pin_8);   //蜂鸣器对应引脚 GPIOF8 拉低
}
```

这段代码仅包含一个函数:void BEEP_Init(void),该函数的作用就是使能 PORTF 的时钟,调用 GPIO_Init 函数,然后配置 PF8 为推挽输出。

4.3.3 建立主函数

在 main 函数里面编写如下代码。

```
#include "sys.h"
#include "delay.h"
#include "usart.h"
#include "led.h"
#include "beep.h"
int main(void)
{
    delay_init(168);      //初始化延时函数
    LED_Init();           //初始化 LED 端口
    BEEP_Init();          //初始化蜂鸣器端口
    while(1)
    {
        GPIO_ResetBits(GPIOF,GPIO_Pin_9);// DS0 拉低,亮。等同 LED0=0;
        GPIO_ResetBits(GPIOF,GPIO_Pin_8);//BEEP 引脚拉低。等同 BEEP=0;
        delay_ms(300);                    //延时 300ms
        GPIO_SetBits(GPIOF,GPIO_Pin_9);   // DS0 拉高,灭。等同 LED0=1;
        GPIO_SetBits(GPIOF,GPIO_Pin_8);   //BEEP 引脚拉高。等同 BEEP=1;
        delay_ms(300);             //延时 300ms
    }
}
```

执行程序,DS0 亮的时候蜂鸣器不叫,而 DS0 灭的时候,蜂鸣器响。间隔为 0.3 秒左右,符合预期设计。

5 按键控制

本章利用 STM32F4 的 I/O 口作为输入,通过调用函数 GPIO_ReadInputDataBit( )来读取 I/O 口的状态。

5.1 STM32F4 IO 口简介

STM32F4 的 I/O 口作输入使用的时候,是通过调用函数 GPIO_ReadInputDataBit( )来读取 I/O 口的状态的。

本章通过开发板上载有的 4 个按钮(KEY_UP、KEY0、KEY1 和 KEY2),来控制板上的 2 个 LED(DS0 和 DS1)和蜂鸣器。其中 KEY_UP 控制蜂鸣器,按一次叫,再按一次停;KEY2 控制 DS0,按一次亮,再按一次灭;KEY1 控制 DS1,效果同 KEY2;KEY0 则同时控制 DS0 和 DS1,按一次,它们的状态就翻转一次。

5.2 硬件设计

本章用到的硬件资源有:指示灯 DS0、DS1,蜂鸣器,4 个按键 KEY0、KEY1、KEY2 和 KEY_UP。

指示灯、蜂鸣器和 4 个按键同开发板的连接分别见图 5.1 至图 5.3。其中按键 KEY0 连接在 PE4 上、KEY1 连接在 PE3 上、KEY2 连接在 PE2 上、KEY_UP 连接在 PA0 上。

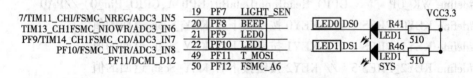

图 5.1 LED 与 STM32F4 连接原理图

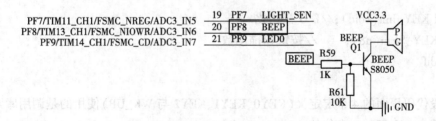

图 5.2 蜂鸣器与 STM32F4 连接原理图

需要注意的是:KEY0、KEY1 和 KEY2 是低电平有效的,而 KEY_UP 是高电平有效的,并且外部都没有上下拉电阻,所以,要在 STM32F4 内部设置上下拉电阻。

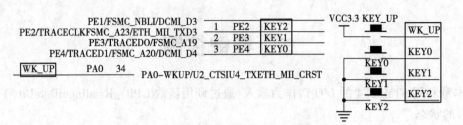

图 5.3　按键与 STM32F4 连接原理图

5.3　软件设计

5.3.1　建立 key.h 头文件

建立 key.h 文件,编写如下代码。

```
#ifndef__KEY_H
#define__KEY_H
#include " sys. h"
/* 下面的方式是通过直接操作库函数方式读取 I/O */
#define KEY0    GPIO_ReadInputDataBit( GPIOE,GPIO_Pin_4) //PE4
#define KEY1    GPIO_ReadInputDataBit( GPIOE,GPIO_Pin_3) //PE3
#define KEY2    GPIO_ReadInputDataBit( GPIOE,GPIO_Pin_2) //PE2
#define WK_UP        GPIO_ReadInputDataBit( GPIOA,GPIO_Pin_0) //PA0
#define KEY0_PRES 1   // KEY0 按键按下时 KEY_Scan 返回的值
#define KEY1_PRES 2   // KEY1 按键按下时 KEY_Scan 返回的值
#define KEY2_PRES 3   // KEY2 按键按下时 KEY_Scan 返回的值
#define WKUP_PRES 4 // KEY_UP 按键按下时 KEY_Scan 返回的值

void KEY_Init(void);//I/O 初始化
u8 KEY_Scan(u8);      //按键扫描函数
#endif
```

这段代码里面的 4 个宏定义(KEY0、KEY1、KEY2 与 WK_UP)使用的是调用库函数来实现读取某个 I/O 口的 1 个位的。

若通过位带操作来实现,则如下。

```
#define KEY0    PEin(4)      //PE4
#define KEY1    PEin(3)      //PE3
```

```
#define KEY2   PEin(2)    //P32
#define WK_UP PAin(0)    //PA0
```

5.3.2 函数定义

新建 key.c 文件,部分函数代码如下。

```
#include "key.h"
#include "delay.h"
//按键初始化函数
void KEY_Init(void)
{
    GPIO_InitTypeDef   GPIO_InitStructure;
    RCC_AHB1PeriphClockCmd(RCC_AHB1Periph_GPIOA|RCC_AHB1Periph_GPIOE,
ENABLE);//使能 GPIOA,GPIOE 时钟
    GPIO_InitStructure.GPIO_Pin = GPIO_Pin_2|GPIO_Pin_3|GPIO_Pin_4;
    //KEY0 KEY1 KEY2 对应引脚
    GPIO_InitStructure.GPIO_Mode = GPIO_Mode_IN;//普通输入模式
    GPIO_InitStructure.GPIO_Speed = GPIO_Speed_100MHz;//100M
    GPIO_InitStructure.GPIO_PuPd = GPIO_PuPd_UP;//上拉
    GPIO_Init(GPIOE,&GPIO_InitStructure);//初始化 GPIOE2,3,4
    GPIO_InitStructure.GPIO_Pin = GPIO_Pin_0;//WK_UP 对应引脚 PA0
    GPIO_InitStructure.GPIO_PuPd = GPIO_PuPd_DOWN;//下拉
    GPIO_Init(GPIOA,&GPIO_InitStructure);//初始化 GPIOA0
}
//按键处理函数
//返回按键值
//mode:0 不支持连续按,1 支持连续按
//0,没有任何按键按下
//1,KEY0 按下 2,KEY1 按下 3,KEY2 按下 4,WKUP 按下 WK_UP
//注意此函数有响应优先级,KEY0>KEY1>KEY2>WK_UP
u8 KEY_Scan(u8 mode)
{
    static u8 key_up=1;//按键按松开标志
    if(mode)key_up=1;   //支持连按
    if(key_up&&(KEY0==0||KEY1==0||KEY2==0||WK_UP==1))
    {
        delay_ms(10);//去抖动
        key_up=0;
```

```
        if( KEY0 = = 0) return 1;
        else if( KEY1 = = 0) return 2;
        else if( KEY2 = = 0) return 3;
        else if( WK_UP = = 1) return 4;
    } else if( KEY0 = = 1&&KEY1 = = 1&&KEY2 = = 1&&WK_UP = = 0) key_up = 1;
    return 0;// 无按键按下
}
```

这段代码包含 void KEY_Init(void) 和 u8 KEY_Scan(u8 mode) 两个函数,KEY_Init 是用来初始化按键输入的 I/O 口,实现 PA0、PE2~PE4 的输入设置。

KEY_Scan 函数,则是用来扫描这 4 个 I/O 口是否有按键按下。KEY_Scan 函数支持以下两种扫描方式,并通过 mode 参数来设置。

当 mode 为 0 的时候,KEY_Scan 函数将不支持连续按,扫描某个按键,该按键按下之后必须要松开,才能第二次触发,否则不会再响应这个按键,这样可以防止按一次多次触发。

当 mode 为 1 的时候,KEY_Scan 函数将支持连续按,如果某个按键一直按下,则会一直返回这个按键的键值,这样可以实现长按检测。

有了 mode 这个参数,就可以根据需要,选择不同的方式。因为该函数里面有 static 变量,所以该函数不是一个可重入函数。同时注意,该函数的按键扫描是有优先级的,最优先的是 KEY0,第二优先的是 KEY1,接着是 KEY2,最后是 KEY3(KEY3 对应 KEY_UP 按键)。该函数有返回值,如果有按键按下,则返回非 0 值,如果没有或者按键不正确,则返回 0 值。

5.3.3 建立主函数

在 main 函数里面编写如下代码。

```
#include " sys. h"
#include " delay. h"
#include " usart. h"
#include " led. h"
#include " beep. h"
#include " key. h"
int main( void)
{
    u8 key;            //保存键值
    delay_init( 168);  //初始化延时函数
    LED_Init( );       //初始化 LED 端口
    BEEP_Init( );      //初始化蜂鸣器端口
    KEY_Init( );       //初始化与按键连接的硬件接口
    LED0 = 0;          //先点亮红灯
```

```
        while(1)
        {
            key=KEY_Scan(0); //得到键值
            if(key)
            {
                switch(key)
                {
                    case WKUP_PRES: //控制蜂鸣器
                        BEEP =! BEEP;
                        break;
                    case KEY0_PRES: //控制 LED0 翻转
                        LED0 =! LED0;
                        break;
                    case KEY1_PRES: //控制 LED1 翻转
                        LED1 =! LED1;
                        break;
                    case KEY2_PRES: //同时控制 LED0,LED1 翻转
                        LED0 =! LED0;
                        LED1 =! LED1;
                        break;
                }
            } else delay_ms(10);
        }
    }
```

主函数首先进行一系列的初始化操作,然后在死循环中调用按键扫描函数 KEY_Scan( )
扫描按键值,最后根据按键值控制 LED 和蜂鸣器的翻转。

通过编译并下载代码,执行程序,按 KEY0、KEY1、KEY2 和 KEY_UP 查看 DS0 和 DS1 以
及蜂鸣器的变化。

6 串口通信控制

本章将实现 STM32F4 的串口发送和接收数据,STM32F4 通过串口和上位机对话,STM32F4 在收到上位机发过来的字符串后,原样返回给上位机。

6.1 STM32F4 串口简介

串口作为 MCU 的重要外部接口,同时也是软件开发的重要调试手段。STM32F4 的串口资源很丰富,STM32F407ZGT6 最多可提供 6 路串口,有分数波特率发生器,支持同步单线通信和半双工单线通信,支持 LIN,支持调制解调器操作、智能卡协议和 IrDA SIR ENDEC 规范,具有 DMA 等。

本章从库函数操作层面结合寄存器的描述,设置 USB 串口实现通信功能,利用串口 1 不停地打印信息到计算机上,同时接收从串口发过来的数据,把发送过来的数据直接送回给计算机。探索者 STM32F4 开发板板载了 1 个 USB 串口和 2 个 RS232 串口。

6.1.1 串口设置的一般步骤

对于复用功能的 I/O,首先要使能 GPIO 时钟,然后使能相应的外设时钟,同时要把 GPIO 模式设置为复用。设置好之后,要设置串口参数的初始化,包括波特率、停止位等参数。在设置完成使能后接下来就是使能串口。同时,如果开启了串口的中断,当然要初始化 NVIC 设置中断优先级别,最后编写中断服务函数。

串口设置的一般步骤如下。

(1)串口时钟使能,GPIO 时钟使能。

(2)设置引脚复用器映射:调用 GPIO_PinAFConfig 函数。

(3)GPIO 初始化设置:设置模式为复用功能。

(4)串口参数初始化:设置波特率、字长、奇偶校验等参数。

(5)开启中断并且初始化 NVIC,使能中断(如果需要开启中断才需要这个步骤)。

(6)使能串口。

(7)编写中断处理函数:函数名格式为 USARTxIRQHandler(x 对应串口号)。

这些函数和定义主要分布在 stm32f4xx_usart. h 和 stm32f4xx_usart. c 文件中。

6.1.2 串口设置的函数和定义

6.1.2.1 串口时钟和 GPIO 时钟使能

串口是挂载在 APB2 下面的外设,所以使能函数如下。

RCC_APB2PeriphClockCmd (RCC_APB2Periph_USART1, ENABLE);//使能 USART1 时钟

GPIO 时钟使能非常简单,因为使用的是串口 1,串口 1 对应着芯片引脚 PA9 和 PA10,所以只需要使能 GPIOA 时钟即可,具体如下。

RCC_AHB1PeriphClockCmd(RCC_AHB1Periph_GPIOA,ENABLE);//使能 GPIOA 时钟

6.1.2.2　设置引脚复用器映射

引脚复用器映射配置方法在本书的 4.4 节已经讲解过,调用函数如下。

GPIO_PinAFConfig(GPIOA,GPIO_PinSource9,GPIO_AF_USART1);//PA9 复用为 USART1
GPIO_PinAFConfig(GPIOA,GPIO_PinSource10,GPIO_AF_USART1);//PA10 复用为 USART1

因为串口使用到 PA9 和 PA10,要把 PA9 和 PA10 都映射到串口 1,所以要调用两次函数。

对于 GPIO_PinAFConfig 函数的第一个和第二个参数,是设置对应的 I/O 口,如果是 PA9,那么第一个参数是 GPIOA,第二个参数就是 GPIO_PinSource9。第二个参数去相应的配置文件,找到外设对应的 AF 配置宏定义标识符即可,串口 1 为 GPIO_AF_USART1。

6.1.2.3　GPIO 初始化设置

GPIO_InitStructure.GPIO_Pin = GPIO_Pin_9 | GPIO_Pin_10;//GPIOA9 与 GPIOA10
GPIO_InitStructure.GPIO_Mode = GPIO_Mode_AF;//复用功能
GPIO_InitStructure.GPIO_Speed = GPIO_Speed_50MHz;//速度 50MHz
GPIO_InitStructure.GPIO_OType = GPIO_OType_PP;//推挽复用输出
GPIO_InitStructure.GPIO_PuPd = GPIO_PuPd_UP;//上拉
GPIO_Init(GPIOA,&GPIO_InitStructure);//初始化 PA9,PA10

6.1.2.4　串口参数初始化

串口初始化是通过调用函数 USART_Init 来实现的,具体设置方法如下。

USART_InitStructure.USART_BaudRate = bound;//一般设置为 9 600
USART_InitStructure.USART_WordLength = USART_WordLength_8b;//字长为 8 位数据格式
USART_InitStructure.USART_StopBits = USART_StopBits_1;//一个停止位
USART_InitStructure.USART_Parity = USART_Parity_No;//无奇偶校验位
USART_InitStructure.USART_HardwareFlowControl = USART_HardwareFlowControl_None;
USART_InitStructure.USART_Mode = USART_Mode_Rx | USART_Mode_Tx;//收发模式
USART_Init(USART1,&USART_InitStructure);//初始化串口

6.1.2.5 使能串口

通过使能串口调用函数 USART_Cmd 来实现,具体使能串口 1 方法如下。

USART_Cmd(USART1,ENABLE) ; //使能串口

6.1.2.6 串口数据发送与接收

STM32F4 的发送与接收是通过数据寄存器 USART_DR 来实现的,这是一个双寄存器,包含了 TDR 和 RDR。当向该寄存器写数据的时候,串口就会自动发送,当收到数据的时候,也存在该寄存器内。STM32 库函数操作 USART_DR 寄存器发送数据的函数如下。

void USART_SendData(USART_TypeDef * USARTx,uint16_t Data) ;

通过该函数向串口寄存器 USART_DR 写入一个数据。STM32 库函数操作 USART_DR 寄存器读取串口接收到的数据的函数如下。

uint16_t USART_ReceiveData(USART_TypeDef * USARTx) ;

通过该函数可以读取串口接收到的数据。

6.1.2.7 串口状态

串口的状态可以通过状态寄存器 USART_SR 读取。USART_SR 的各位描述如表 6.1 所示。

表 6.1 USART_SR 寄存器各位描述

31	30	29	28	27	26	25	24	23	22	21	20	19	18	17	16
\multicolumn{16}{保留}														
15	14	13	12	11	10	9	8	7	6	5	4	3	2	1	0
保留						CTS	LBD	TXE	TC	RXNE	IDLE	ORE	NE	FE	PE
						rc_w0	rc_w0	R	rc_w0	rc_w0	R	R	R	R	R

其中,RXNE(读数据寄存器非空),当该位被置 1 的时候,提示已经有数据被接收到了,并且可以读出来了。这时要读取 USART_DR,通过读 USART_DR 可以将该位清零,也可以向该位写 0,直接清除。

TC(发送完成),当该位被置位的时候,表示 USART_DR 内的数据已经被发送完成了。如果设置了这个位的中断,则会产生中断。该位有以下两种清零方式:读 USART_SR,写 USART_DR;直接向该位写 0。

在固件库函数里面,读取串口状态的函数如下。

FlagStatus USART_GetFlagStatus(USART_TypeDef * USARTx,uint16_t USART_FLAG);

这个函数的第二个入口参数表示要查看串口的哪种状态,如 RXNE(读数据寄存器非空)以及 TC(发送完成)。

要判断读寄存器是否非空(RXNE),操作库函数的方法如下。

USART_GetFlagStatus(USART1,USART_FLAG_RXNE);

要判断发送是否完成(TC),操作库函数的方法如下。

USART_GetFlagStatus(USART1,USART_FLAG_TC);

这些标识号在 MDK 里面是通过宏定义定义的:
```
#define USART_IT_PE            ((uint16_t)0x0028)
#define USART_IT_TC            ((uint16_t)0x0626)
#define USART_IT_RXNE ((uint16_t)0x0525)
……//(省略部分代码)
#define USART_IT_NE            ((uint16_t)0x0260)
#define USART_IT_FE            ((uint16_t)0x0160)
```

6.1.2.8　开启中断并且初始化 NVIC,使能相应中断
如果要开启串口中断才需要配置 NVIC 中断优先级分组。通过调用函数 NVIC_Init 来设置。

```
NVIC_InitStructure. NVIC_IRQChannel = USART1_IRQn;
NVIC_InitStructure. NVIC_IRQChannelPreemptionPriority = 3;//抢占优先级 3
NVIC_InitStructure. NVIC_IRQChannelSubPriority = 3;　//响应优先级 3
NVIC_InitStructure. NVIC_IRQChannelCmd = ENABLE;　//IRQ 通道使能
NVIC_Init(&NVIC_InitStructure);//根据指定的参数初始化 VIC 寄存器
```

同时,还需要使能相应中断,使能串口中断的函数如下。

void USART_ITConfig(USART_TypeDef * USARTx,uint16_t USART_IT,FunctionalState NewState)

这个函数的第二个入口参数是表示使能串口的类型,在接收到数据的时候(RXNE 读数据寄存器非空)要产生中断,那么开启中断的方法如下。

USART_ITConfig(USART1,USART_IT_RXNE,ENABLE);//开启中断,接收到数据中断

在发送数据结束的时候(TC,发送完成)要产生中断,那么方法如下。

USART_ITConfig(USART1,USART_IT_TC,ENABLE);

特别提醒,因为开启了串口中断,所以在系统初始化的时候需要先设置系统的中断优先级分组,如下。

NVIC_PriorityGroupConfig(NVIC_PriorityGroup_2);//设置系统中断优先级分组为2

设置分组为2,也就是2位抢占优先级,2位响应优先级。

6.1.2.9 获取相应中断状态

当使能了某个中断的时候,该中断发生了,就会设置状态寄存器中的某个标志位。在中断处理函数中,要判断该中断是哪种中断,使用的函数如下。

ITStatus USART_GetITStatus(USART_TypeDef * USARTx,uint16_t USART_IT)

例如,使能了串口发送完成中断,那么当中断发生时,便可以在中断处理函数中调用这个函数来判断到底是否是串口发送完成中断,方法如下。

USART_GetITStatus(USART1,USART_IT_TC)

返回值是SET,说明是串口发送完成中断发生。

6.1.2.10 中断服务函数

串口1中断服务函数为:void USART1_IRQHandler(void);当发生中断的时候,程序就会执行中断服务函数。然后在中断服务函数中编写相应的逻辑代码即可。

6.2 硬件设计

本章需要用到的硬件资源有:指示灯DS0,串口1。

本章用到的串口1与USB串口并没有在PCB上连接在一起,需要通过跳线帽来连接。把P6的RXD和TXD用跳线帽同PA9和PA10连接起来。

6.3 软件设计

6.3.1 建立头文件

建立usart.h文件,编写如下代码。

```
#ifndef__USART_H
#define__USART_H
#include "stdio. h"
#include "stm32f4xx_conf. h"
#include "sys. h"
#define USART_REC_LEN    200//定义最大接收字节数 200
#define EN_USART1_RX 1//使能(1)/禁止(0)串口 1 接收
extern u8    USART_RX_BUF[ USART_REC_LEN];//接收缓冲,最大 USART_REC_LEN
个字节,末字节为换行符
extern u16 USART_RX_STA;//接收状态标记
void uart_init( u32 bound);
#endif
```

6.3.2　函数定义

新建 usart. c 文件,部分函数代码如下。

```
#include "sys. h"
#include "usart. h"
//初始化 I/O 串口 1
//bound:波特率
void uart_init( u32 bound)
{
    //GPIO 端口设置
    GPIO_InitTypeDef GPIO_InitStructure;
    USART_InitTypeDef USART_InitStructure;
    NVIC_InitTypeDef NVIC_InitStructure;

    RCC_AHB1PeriphClockCmd( RCC_AHB1Periph_GPIOA, ENABLE);//使能 GPIOA
时钟
    RCC_APB2PeriphClockCmd( RCC_APB2Periph_USART1, ENABLE);//使能 USART1
时钟

    //串口 1 对应引脚复用映射
    GPIO_PinAFConfig( GPIOA, GPIO_PinSource9, GPIO_AF_USART1);//GPIOA9 复用
为 USART1
    GPIO_PinAFConfig( GPIOA, GPIO_PinSource10, GPIO_AF_USART1);//GPIOA10 复
用为 USART1
```

```
//USART1 端口配置
GPIO_InitStructure.GPIO_Pin = GPIO_Pin_9 | GPIO_Pin_10;//GPIOA9 与 GPIOA10
GPIO_InitStructure.GPIO_Mode = GPIO_Mode_AF;//复用功能
GPIO_InitStructure.GPIO_Speed = GPIO_Speed_50MHz;//速度 50MHz
GPIO_InitStructure.GPIO_OType = GPIO_OType_PP;//推挽复用输出
GPIO_InitStructure.GPIO_PuPd = GPIO_PuPd_UP;//上拉
GPIO_Init(GPIOA,&GPIO_InitStructure);//初始化 PA9,PA10

//USART1 初始化设置
USART_InitStructure.USART_BaudRate = bound;//波特率设置
USART_InitStructure.USART_WordLength = USART_WordLength_8b;//字长为 8 位
数据格式
USART_InitStructure.USART_StopBits = USART_StopBits_1;//一个停止位
USART_InitStructure.USART_Parity = USART_Parity_No;//无奇偶校验位
USART_InitStructure.USART_HardwareFlowControl = USART_HardwareFlowControl_
None;//无硬件数据流控制
USART_InitStructure.USART_Mode = USART_Mode_Rx | USART_Mode_Tx;//收发
模式
USART_Init(USART1,&USART_InitStructure);//初始化串口 1

USART_Cmd(USART1,ENABLE);   //使能串口 1

//USART_ClearFlag(USART1,USART_FLAG_TC);

#if EN_USART1_RX
USART_ITConfig(USART1,USART_IT_RXNE,ENABLE);//开启相关中断

//Usart1 NVIC 配置
NVIC_InitStructure.NVIC_IRQChannel = USART1_IRQn;//串口 1 中断通道
NVIC_InitStructure.NVIC_IRQChannelPreemptionPriority=3;//抢占优先级 3
NVIC_InitStructure.NVIC_IRQChannelSubPriority =3;//子优先级 3
NVIC_InitStructure.NVIC_IRQChannelCmd = ENABLE;//IRQ 通道使能
NVIC_Init(&NVIC_InitStructure);//根据指定的参数初始化 VIC 寄存器
#endif
}
```

```
void USART1_IRQHandler(void) //串口 1 中断服务程序
{
    u8 Res;
#if SYSTEM_SUPPORT_OS//如果 SYSTEM_SUPPORT_OS 为真,则需要支持 OS
OSIntEnter();
#endif
    if(USART_GetITStatus(USART1,USART_IT_RXNE)! = RESET) //接收中断(接
收到的数据必须是以 0x0d 0x0a 结尾)
        {
            Res = USART_ReceiveData(USART1);//(USART1→DR);//读取接收到的
数据
            if((USART_RX_STA&0x8000) = =0)//接收未完成
            {
                if(USART_RX_STA&0x4000)//接收到了 0x0d
                {
                    if(Res! = 0x0a)USART_RX_STA = 0;//接收错误,重新开始
                    else USART_RX_STA | = 0x8000;//接收完成了
                }
                else //还没收到 0X0D
                {
                    if(Res = = 0x0d)USART_RX_STA | = 0x4000;
                    else
                    {
                        USART_RX_BUF[USART_RX_STA&0X3FFF] = Res;
                        USART_RX_STA++;
                        if(USART_RX_STA>(USART_REC_LEN−1))USART_RX_STA =
0;//接收数据错误,重新开始接收
                    }
                }
            }
        }
#if SYSTEM_SUPPORT_OS //如果 SYSTEM_SUPPORT_OS 为真,则需要支持 OS
OSIntExit();
#endif
}
```

注意,因为使用到了串口的中断接收,必须在 usart.h 里面设置 EN_USART1_RX 为 1(默

认设置为 1),该函数才会配置中断使能,以及开启串口 1 的 NVIC 中断。这里把串口 1 中断放在组 2,优先级设置为组 2 里面的最低。

6.3.3 建立主函数

在 main 函数里面编写如下代码。

```
int main(void)
{
    u8 t,len;u16 times=0;
    NVIC_PriorityGroupConfig(NVIC_PriorityGroup_2);//设置系统中断优先级分组 2
    delay_init(168);//延时初始化
    uart_init(115200);//串口初始化波特率为 115 200
    LED_Init();//初始化与 LED 连接的硬件接口
    LED0=0;//先点亮红灯
    while(1)
    {
        if(USART_RX_STA&0x8000)
        {
            len=USART_RX_STA&0x3fff;//得到此次接收到的数据长度
            printf("\r\n 您发送的消息为:\r\n");
            for(t=0;t<len;t++)
            {
                USART1→DR=USART_RX_BUF[t];
                while((USART1→SR&0X40)= =0);//等待发送结束
            }
            printf("\r\n\r\n");//插入换行
            USART_RX_STA=0;
        }else
        {
            times++;
            if(times%5000= =0)
                printf("\r\n 串口实验\r\n");
            if(times%200= =0)printf("请输入数据,以 Enter 键结束\r\n");
            if(times%30= =0)LED0=! LED0;//闪烁 LED,提示系统正在运行
            delay_ms(10);
        }
    }
}
```

主函数先调用 NVIC_PriorityGroupConfig 函数设置系统的中断优先级分组。然后调用 uart_init 函数,设置波特率为 115 200。其中:

USART_SendData(USART1,USART_RX_BUF[t]);//向串口 1 发送数据
while(USART_GetFlagStatus(USART1,USART_FLAG_TC)! =SET);

第一句是发送一个字节到串口。第二句是在发送一个数据到串口之后,要检测这个数据是否已经被发送完成了。USART_FLAG_TC 是宏定义的数据发送完成标识符。

编译通过后下载程序到开发板,板子上的 DS0 开始闪烁。使用串口调试助手 XCOM V2.0,设置串口为开发板的 USB 转串口(注意:波特率为 115 200),并在调试窗口勾选"发送新行",如图 6.1 所示,在发送区输入要发送的文字,单击发送,可以显示 STM32F4 的串口数据收发正常。

图 6.1　串口调试助手"发送新行"选项

7 外部中断控制

本章将利用 STM32F4 外部 I/O 口的中断功能,以中断的方式,通过 4 个按键,控制两个 LED 的亮灭以及蜂鸣器的发声。具体过程是:通过中断来检测按键,KEY_UP 控制蜂鸣器,按一次叫,再按一次停;KEY2 控制 DS0,按一次亮,再按一次灭;KEY1 控制 DS1,效果同 KEY2;KEY0 则同时控制 DS0 和 DS1,按一次,它们的状态就翻转一次。

7.1 STM32F4 外部中断简介

7.1.1 STM32F4 外部中断资源

STM32F4 的每个 I/O 都可以作为外部中断的中断输入口。STM32F407 的中断控制器支持 22 个外部中断/事件请求。每个中断设有状态位,每个中断/事件都有独立的触发和屏蔽设置。STM32F407 的 22 个外部中断如下。

(1)EXTI 线 0~15:对应外部 I/O 口的输入中断。

(2)EXTI 线 16:连接到 PVD 输出。

(3)EXTI 线 17:连接到 RTC 闹钟事件。

(4)EXTI 线 18:连接到 USB OTG FS 唤醒事件。

(5)EXTI 线 19:连接到以太网唤醒事件。

(6)EXTI 线 20:连接到 USB OTG HS(在 FS 中配置)唤醒事件。

(7)EXTI 线 21:连接到 RTC 入侵和时间戳事件。

(8)EXTI 线 22:连接到 RTC 唤醒事件。

STM32F4 供 I/O 口使用的中断线只有 16 个,但是 STM32F4 的 I/O 口远不止 16 个,STM32 的 GPIO 的管脚 GPIOx. 0~GPIOx. 15(x=A,B,C,D,E,F,G,H,I)分别对应中断线 0~15,这样每个中断线对应了最多 9 个 I/O 口。以线 0 为例,它对应了 GPIOA. 0、GPIOB. 0、GPIOC. 0、GPIOD. 0、GPIOE. 0、GPIOF. 0、GPIOG. 0、GPIOH. 0、GPIOI. 0。而中断线每次只能连接到 1 个 I/O 口上,这样就需要通过配置来决定对应的中断线配置到哪个 GPIO 上了。图 7.1 是 GPIO 与中断线的映射关系图。

7.1.2 库函数配置外部中断的步骤

(1)使能 I/O 口时钟,初始化 I/O 口为输入。首先,要使用 I/O 口作为中断输入,所以要使能相应的 I/O 口时钟,以及初始化相应的 I/O 口为输入模式。

(2)开启 SYSCFG 时钟,设置 I/O 口与中断线的映射关系。要配置 GPIO 与中断线的映射关系,打开 SYSCFG 时钟。

RCC_APB2PeriphClockCmd (RCC_APB2Periph_SYSCFG, ENABLE);//使能 SYSCFG 时钟

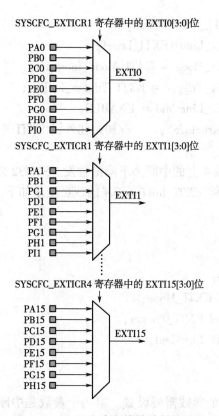

SYSCFC_EXTICR1 寄存器中的 EXTI0[3:0]位

PA0
PB0
PC0
PD0
PE0
PF0
PG0
PH0
PI0

EXTI0

SYSCFC_EXTICR1 寄存器中的 EXTI1[3:0]位

PA1
PB1
PC1
PD1
PE1
PF1
PG1
PH1
PI1

EXTI1

SYSCFC_EXTICR4 寄存器中的 EXTI15[3:0]位

PA15
PB15
PC15
PD15
PE15
PF15
PG15
PH15

EXTI15

图 7.1　GPIO 和中断线的映射关系图

　　接下来要配置 GPIO 与中断线的映射关系。在库函数中,GPIO 与中断线的映射关系的配置通过函数 SYSCFG_EXTILineConfig( )来实现。

void SYSCFG _ EXTILineConfig（uint8 _ t EXTI _ PortSourceGPIOx, uint8 _ t EXTI _ PinSourcex）;

　　该函数将 GPIO 端口与中断线映射起来,用函数将中断线 0 与 GPIOA 映射起来,具体如下。

SYSCFG_EXTILineConfig(EXTI_PortSourceGPIOA, EXTI_PinSource0);

　　(3)初始化线上中断,设置触发条件等。中断线上中断的初始化是通过函数 EXTI_Init( )来实现的。EXTI_Init( )函数的定义如下。

void EXTI_Init(EXTI_InitTypeDef ∗ EXTI_InitStruct);

　　用一个使用范例来说明这个函数的使用方法。

```
EXTI_InitTypeDef    EXTI_InitStructure;
EXTI_InitStructure. EXTI_Line = EXTI_Line4;
EXTI_InitStructure. EXTI_Mode = EXTI_Mode_Interrupt;
EXTI_InitStructure. EXTI_Trigger = EXTI_Trigger_Falling;
EXTI_InitStructure. EXTI_LineCmd = ENABLE;
EXTI_Init( &EXTI_InitStructure) ;        //初始化外设 EXTI 寄存器
```

上面的例子设置中断线4上的中断为下降沿触发。STM32 外设的初始化都是通过结构体来设置初始值的,其结构体 EXTI_InitTypeDef 的成员变量如下。

```
typedef struct
{
    uint32_t EXTI_Line;
    EXTIMode_TypeDef EXTI_Mode;
    EXTITrigger_TypeDef EXTI_Trigger;
    FunctionalState EXTI_LineCmd;
} EXTI_InitTypeDef;
```

从定义可以看出,有4个参数需要设置。第一个参数是中断线的标号,对于外部中断,取值范围为 EXTI_Line0 ~ EXTI_Line15。第二个参数是中断模式,可选值为中断 EXTI_Mode_Interrupt 和事件 EXTI_Mode_Event。第三个参数是触发方式,可以是下降沿触发 EXTI_Trigger_Falling,上升沿触发 EXTI_Trigger_Rising,或者任意电平(上升沿和下降沿)触发 EXTI_Trigger_Rising_Falling。最后一个参数是使能中断线。

(4)配置中断分组(NVIC),并使能中断。既然是外部中断,还要设置 NVIC 中断优先级。如以下设置中断线2的中断优先级。

```
NVIC_InitTypeDef NVIC_InitStructure;NVIC_InitStructure. NVIC_IRQChannel = EXTI2_IRQn;//使能按键外部中断通道
NVIC_InitStructure. NVIC_IRQChannelPreemptionPriority = 0x02;//抢占优先级 2
NVIC_InitStructure. NVIC_IRQChannelSubPriority = 0x02;//响应优先级 2
NVIC_InitStructure. NVIC_IRQChannelCmd = ENABLE;//使能外部中断通道
NVIC_Init( &NVIC_InitStructure) ;//中断优先级分组初始化
```

(5)编写中断服务函数。配置完中断优先级之后,就要编写中断服务函数。中断服务函数的名字在 MDK 中事先有定义。STM32F4 的 I/O 口外部中断函数有7个,分别如下。
```
EXPORT    EXTI0_IRQHandler
EXPORT    EXTI1_IRQHandler
EXPORT    EXTI2_IRQHandler
```

```
EXPORT    EXTI3_IRQHandler
EXPORT    EXTI4_IRQHandler
EXPORT    EXTI9_5_IRQHandler
EXPORT    EXTI15_10_IRQHandler
```

每个中断线 0~4 对应一个中断函数,中断线 5~9 共用一个中断函数 EXTI9_5_
IRQHandler,中断线 10~15 共用一个中断函数 EXTI15_10_IRQHandler。在编写中断服务函数的时候会经常使用到两个函数,第一个函数是判断某个中断线上的中断是否发生(标志位是否置位,如下)。

ITStatus EXTI_GetITStatus(uint32_t EXTI_Line) ;

这个函数一般使用在中断服务函数的开头。
另一个函数是清除某个中断线上的中断标志位,如下。

void EXTI_ClearITPendingBit(uint32_t EXTI_Line) ;

这个函数一般用在中断服务函数结束之前,清除中断标志位。常用的中断服务函数格式如下。

```
void EXTI3_IRQHandler( void)
{
    if( EXTI_GetITStatus( EXTI_Line3) ! =RESET)//判断某个线上的中断是否发生
    {
        EXTI_ClearITPendingBit( EXTI_Line3) ;   //清除 LINE 上的中断标志位
    }
}
```

固件库还提供了两个函数用来判断外部中断状态,以及清除外部状态标志位的函数 EXTI_GetFlagStatus 和 EXTI_ClearFlag,它们的作用和前面两个函数的作用类似。只是在 EXTI_GetITStatus 函数中会先判断这种中断是否使能,使能了才去判断中断标志位,而EXTI_GetFlagStatus 直接用来判断状态标志位。

7.2 硬件设计

本章用到的硬件资源有:指示灯 DS0、DS1,蜂鸣器,4 个按键(KEY0、KEY1、KEY2 和 KEY_UP)。
指示灯、蜂鸣器和 4 个按键同开发板的连接分别如图 7.2 至图 7.4 所示。其中按键 KEY0 连接在 PE4 上、KEY1 连接在 PE3 上、KEY2 连接在 PE2 上、KEY_UP 连接在 PA0 上。

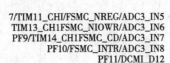
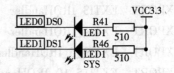

19	PF7	LIGHT_SEN
20	PF8	BEEP
21	PF9	LED0
22	PF10	LED1
49	PF11	T_MOSI
50	PF12	FSMC_A6

7/TIM11_CHI/FSMC_NREG/ADC3_IN5
TIM13_CH1FSMC_NIOWR/ADC3_IN6
PF9/TIM14_CH1FSMC_CD/ADC3_IN7
PF10/FSMC_INTR/ADC3_IN8
PF11/DCMI_D12

图 7.2　LED 与 STM32F4 连接原理图

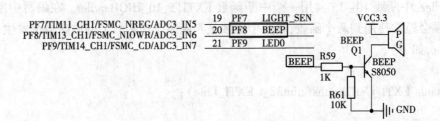

PF7/TIM11_CH1/FSMC_NREG/ADC3_IN5
PF8/TIM13_CH1FSMC_NIOWR/ADC3_IN6
PF9/TIM14_CH1/FSMC_CD/ADC3_IN7

19	PF7	LIGHT_SEN
20	PF8	BEEP
21	PF9	LED0

图 7.3　蜂鸣器与 STM32F4 连接原理图

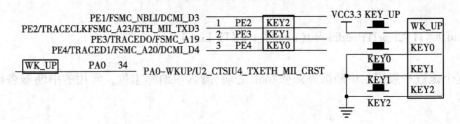

PE1/FSMC_NBLI/DCMI_D3
PE2/TRACECLKFSMC_A23/ETH_MII_TXD3
PE3/TRACEDO/FSMC_A19
PE4/TRACED1/FSMC_A20/DCMI_D4

1	PE2	KEY2
2	PE3	KEY1
3	PE4	KEY0

WK_UP　PA0　34　PA0–WKUP/U2_CTSIU4_TXETH_MII_CRST

图 7.4　按键与 STM32F4 连接原理图

7.3　软件设计

7.3.1　建立头文件

实验中涉及的 LED 灯、按键与蜂鸣器的头文件前面已经介绍了,这里只编写中断头文件 exti. h 的代码。

```
#ifndef__EXTI_H
#define__EXIT_H
#include "sys. h"
void EXTIX_Init( void) ;//外部中断初始化
#endif
```

7.3.2　函数定义

建立并保存 exti. c 文件,部分函数代码如下。

```c
//外部中断 0 服务程序
void EXTI0_IRQHandler(void)
{

    delay_ms(10);//消抖
    if(WK_UP==1)
    {   BEEP=! BEEP;//蜂鸣器翻转

    }
    EXTI_ClearITPendingBit(EXTI_Line0);//清除 LINE0 上的中断标志位

//外部中断 2 服务程序
void EXTI2_IRQHandler(void)
{

  delay_ms(10);//消抖
  if(KEY2==0)
  {  LED0=! LED0;

  }
    EXTI_ClearITPendingBit(EXTI_Line2);//清除 LINE2 上的中断标志位

}
//外部中断 3 服务程序
void EXTI3_IRQHandler(void)
{

    delay_ms(10);//消抖
    if(KEY1==0)
    { LED1=! LED1;

    }
    EXTI_ClearITPendingBit(EXTI_Line3);  //清除 LINE3 上的中断标志位

}
//外部中断 4 服务程序
void EXTI4_IRQHandler(void)
{

    delay_ms(10);//消抖
    if(KEY0==0)

    {

    LED0=! LED0;
        LED1=! LED1;

    }
    EXTI_ClearITPendingBit(EXTI_Line4);  //清除 LINE4 上的中断标志位

}
```

```
//外部中断初始化程序
//初始化 PE2~4,PA0 为中断输入
void EXTIX_Init(void)
{
    NVIC_InitTypeDef   NVIC_InitStructure;
    EXTI_InitTypeDef   EXTI_InitStructure;

    KEY_Init();//按键对应的 I/O 口初始化
    RCC_APB2PeriphClockCmd(RCC_APB2Periph_SYSCFG,ENABLE);//使能 SYSCFG
时钟

    SYSCFG_EXTILineConfig(EXTI_PortSourceGPIOE,EXTI_PinSource2);//PE2 连接线 2
    SYSCFG_EXTILineConfig(EXTI_PortSourceGPIOE,EXTI_PinSource3);//PE3 连接线 3
    SYSCFG_EXTILineConfig(EXTI_PortSourceGPIOE,EXTI_PinSource4);//PE4 连接线 4
    SYSCFG_EXTILineConfig(EXTI_PortSourceGPIOA,EXTI_PinSource0);//PA0 连接线 0

    /* 配置 EXTI_Line0 */
    EXTI_InitStructure.EXTI_Line = EXTI_Line0;//LINE0
    EXTI_InitStructure.EXTI_Mode = EXTI_Mode_Interrupt;//中断事件
    EXTI_InitStructure.EXTI_Trigger = EXTI_Trigger_Rising;//上升沿触发
    EXTI_InitStructure.EXTI_LineCmd = ENABLE;//使能 LINE0   EXTI_Init(&EXTI_
InitStructure);

    /* 配置 EXTI_Line2,3,4 */
    EXTI_InitStructure.EXTI_Line = EXTI_Line2 | EXTI_Line3 | EXTI_Line4;
    EXTI_InitStructure.EXTI_Mode = EXTI_Mode_Interrupt;//中断事件
    EXTI_InitStructure.EXTI_Trigger = EXTI_Trigger_Falling;   //下降沿触发
    EXTI_InitStructure.EXTI_LineCmd = ENABLE;//中断线使能
    EXTI_Init(&EXTI_InitStructure);//配置

    NVIC_InitStructure.NVIC_IRQChannel = EXTI0_IRQn;//外部中断 0
    NVIC_InitStructure.NVIC_IRQChannelPreemptionPriority = 0x00;//抢占优先级 0
    NVIC_InitStructure.NVIC_IRQChannelSubPriority = 0x02;//响应优先级 2
    NVIC_InitStructure.NVIC_IRQChannelCmd = ENABLE;//使能外部中断通道
    NVIC_Init(&NVIC_InitStructure);//配置 NVIC

    NVIC_InitStructure.NVIC_IRQChannel = EXTI2_IRQn;//外部中断 2
    NVIC_InitStructure.NVIC_IRQChannelPreemptionPriority = 0x03;//抢占优先级 3
```

NVIC_InitStructure. NVIC_IRQChannelSubPriority = 0x02;//响应优先级 2

NVIC_InitStructure. NVIC_IRQChannelCmd = ENABLE;//使能外部中断通道

NVIC_Init(&NVIC_InitStructure) ;//配置 NVIC

NVIC_InitStructure. NVIC_IRQChannel = EXTI3_IRQn;//外部中断 3

NVIC_InitStructure. NVIC_IRQChannelPreemptionPriority = 0x02;//抢占优先级 2

NVIC_InitStructure. NVIC_IRQChannelSubPriority = 0x02;//响应优先级 2

NVIC_InitStructure. NVIC_IRQChannelCmd = ENABLE;//使能外部中断通道

NVIC_Init(&NVIC_InitStructure) ;//配置 NVIC

NVIC_InitStructure. NVIC_IRQChannel = EXTI4_IRQn;//外部中断 4

NVIC_InitStructure. NVIC_IRQChannelPreemptionPriority = 0x01;//抢占优先级 1

NVIC_InitStructure. NVIC_IRQChannelSubPriority = 0x02;//响应优先级 2

NVIC_InitStructure. NVIC_IRQChannelCmd = ENABLE;//使能外部中断通道

NVIC_Init(&NVIC_InitStructure) ;//配置 NVIC

}

exti. c 文件共包含 5 个函数。1 个是外部中断初始化函数 void EXTIX_Init(void),另外 4 个是中断服务函数。

(1)外部中断初始化函数 void EXTIX_Init(void)。该函数严格按照步骤来初始化外部中断,首先调用 KEY_Init,利用按键初始化函数初始化外部中断输入的 I/O 口,接着调用 RCC_APB2PeriphClockCmd 函数来使能 SYSCFG 时钟。然后调用函数 SYSCFG_EXTILineConfig 配置中断线和 GPIO 的映射关系,最后初始化中断线和配置中断优先级。需要说明的是,因为 KEY_UP 按键是高电平有效的,而 KEY0、KEY1 和 KEY2 是低电平有效的,所以设置 KEY_UP 为上升沿触发中断,而 KEY0、KEY1 和 KEY2 则设置为下降沿触发。这里把按键的抢占优先级设置成一样,而响应优先级不同,这 4 个按键中 KEY0 的优先级最高。

(2)KEY_UP 的中断服务函数 void EXTI0_IRQHandler(void)。该函数先延时 10ms 以消抖,再检测 KEY_UP 是否为高电平,如果是,则执行此次操作(翻转蜂鸣器控制信号),如果不是,则直接跳过,在最后通过 EXTI_ClearITPendingBit(EXTI_Line0) ;语句清除已经发生的中断请求。

KEY0、KEY1 和 KEY2 的中断服务函数和 KEY_UP 按键的相似。

STM32F4 的外部中断 0~4 都有单独的中断服务函数,从 5 开始就没有单独的服务函数了,而是多个中断共用一个服务函数。例如,外部中断 5~9 的中断服务函数为:void EXTI9_5_IRQHandler(void),类似地,void EXTI15_10_IRQHandler(void)就是外部中断 10~15 的中断服务函数。

7.3.3 建立主函数

在 main 函数里面编写如下代码。

```
int main(void)
{
    NVIC_PriorityGroupConfig(NVIC_PriorityGroup_2);//设置系统中断优先级分组2
    delay_init(168);//初始化延时函数
    uart_init(115200);//串口初始化
    LED_Init();//初始化 LED 端口
    BEEP_Init();//初始化蜂鸣器端口
    EXTIX_Init();//初始化外部中断输入
    LED0=0;//先点亮红灯
    while(1)
    {
        printf("OK\r\n");//打印 OK 提示程序运行
        delay_ms(1000);//每隔 1s 打印一次
    }
}
```

主函数先设置系统优先级分组,延时函数以及串口等外设。然后在初始化完中断后,点亮 LED0,即可进入死循环等待,在死循环里通过 printf 函数告诉系统正在运行,在中断发生后,就执行相应的处理。

8 定时器中断控制

本章将使用 STM32F4 的通用定时器 TIM 的定时中断来控制 DS1 的翻转,用 DS0 的翻转来提示程序正在运行。

8.1 STM32F4 通用定时器简介

STM32F4 的定时器功能十分强大,有 TIME1 和 TIME8 等高级定时器,也有 TIME2~TIME5、TIM9~TIM14 等通用定时器,还有 TIME6 和 TIME7 等基本定时器,共 14 个定时器。

STM32F4 的通用定时器包含一个 16 位或 32 位自动重载计数器(CNT),该计数器由可编程预分频器(PSC)驱动。STM32F4 的通用定时器可以用于测量输入信号的脉冲长度(输入捕获)或者产生输出波形(输出比较和 PWM)等。使用定时器预分频器和 RCC 时钟控制器预分频器,脉冲长度和波形周期可以在几个微秒到几个毫秒间得到调整。STM32F4 的每个通用定时器都是完全独立的,没有互相共享的任何资源。

STM3 的通用 TIMx(TIM2~TIM5 和 TIM9~TIM14)定时器功能如下。

第一,16 位/32 位(仅 TIM2 和 TIM5)向上、向下、向上/向下自动装载计数器(TIMx_CNT)。注意:TIM9~TIM14 只支持向上(递增)计数方式。

第二,16 位可编程(可以实时修改)预分频器(TIMx_PSC),计数器时钟频率的分频系数为 1~65 535 之间的任意数值。

第三,4 个独立通道(TIMx_CH1~4,TIM9~TIM14 最多 2 个通道),这些通道可以用来作为:①输入捕获;②输出比较;③PWM 生成(边缘或中间对齐模式),注意:TIM9~TIM14 不支持中间对齐模式;④单脉冲模式输出。

第四,可使用外部信号(TIMx_ETR)控制定时器和定时器互连(可以用 1 个定时器控制另外一个定时器)的同步电路。

第五,如下事件发生时产生中断/DMA(TIM9~TIM14 不支持 DMA)。

(1)更新:计数器向上溢出/向下溢出,计数器初始化(通过软件或者内部/外部触发)。

(2)触发事件(计数器启动、停止、初始化或者由内部/外部触发计数)。

(3)输入捕获。

(4)输出比较。

(5)支持针对定位的增量(正交)编码器和霍尔传感器电路(TIM9~TIM14 不支持)。

(6)触发输入作为外部时钟或者按周期的电流管理(TIM9~TIM14 不支持)。

8.1.1 通用寄存器描述

8.1.1.1 控制寄存器 1(TIMx_CR1)

该寄存器的各位描述如表 8.1 所示。

表 8.1 TIMx_CR1 寄存器各位描述

15	14	13	12	11	10	9	8	7	6	5	4	3	2	1	0
						CKD[1:0]		ARPE	CMS		DIR	OPM	URS	UDIS	CEN
						RW	RW	RW	RW	RW	RW	RW	RW	RW	RW

位 0CEN:计数器使能

0:禁止计数器

1:使能计数器

注意:只有事先通过软件将 CEN 位置 1,才可以使用外部时钟、门控模式和编码器模式。而触发模式可通过硬件自动将 CEN 置 1

在单脉冲模式下,当发生更新事件时会自动将 CEN 位清零

8.1.1.2 DMA/中断使能寄存器(TIMx_DIER)

该寄存器是一个 16 位的寄存器,其各位描述如表 8.2 所示。

表 8.2 TIMx_DIER 寄存器各位描述

15	14	13	12	11	10	9	8	7	6	5	4	3	2	1	0
RES	TDE	RES	CC4DE	CC3DE	CC2DE	CC1DE	UDE	RES	TIE	RES	CC4IE	CC3IE	CC2IE	CC4IE	UIE
	RW		RW	RW	RW	RW	RW		RW		RW	RW	RW	RW	RW

位 0UIE:更新中断使能

0:禁止更新中断

1:使能更新中断

第 0 位是更新中断允许位,本章用到的是定时器的更新中断,所以该位要设置为 1,来允许由于更新事件所产生的中断。

8.1.1.3 预分频寄存器(TIMx_PSC)

该寄存器用于设置对时钟进行分频,然后提供给计数器,作为计数器的时钟。该寄存器的各位描述如表 8.3 所示。

表 8.3 TIMx_PSC 寄存器各位描述

15	14	13	12	11	10	9	8	7	6	5	4	3	2	1	0
						PSC[15:0]									
RW	RW	RW	RW	RW	RW	RW	RW	RW	RW	RW	RW	RW	RW	RW	RW

位 15:0 PSC[15:0]:预分频器值

计数器时钟频率 CK_CNT 等于 $f_{CK\_PSC}/(PSC[15:0]+1)$

PSC 包含在每次发生更新事件时要装载到实际预分频器寄存器的值

这里,定时器的时钟来源有如下 4 个。

(1)内部时钟(CK_INT)。

(2)外部时钟模式 1:外部输入脚(TIx)。

(3)外部时钟模式 2:外部触发输入(ETR),仅适用于 TIM2、TIM3、TIM4。

(4)内部触发输入(ITRx):使用 A 定时器作为 B 定时器的预分频器(A 为 B 提供时钟)。

这些时钟,具体选择哪个可以通过 TIMx_SMCR 寄存器的相关位来设置。这里的 CK_INT 时钟是从 APB1 倍频得来的,除非 APB1 的时钟分频数设置为 1(一般都不会是 1),否则通用定时器 TIMx 的时钟是 APB1 时钟的两倍,当 APB1 的时钟不分频的时候,通用定时器 TIMx 的时钟就等于 APB1 的时钟。这里还要注意的就是高级定时器以及 TIM9~TIM11 的时钟不是来自 APB1,而是来自 APB2 的。

8.1.1.4 自动重装载寄存器(TIMx_ARR)

该寄存器在物理上实际对应着两个寄存器。一个是程序员可以直接操作的,另外一个是程序员看不到的,这个看不到的寄存器叫作影子寄存器。事实上真正起作用的是影子寄存器。APRE=0 时,预装载寄存器的内容可以随时传送到影子寄存器,此时两者是连通的;而 APRE=1 时,在每一次更新事件(UEV)时,才把预装载寄存器(ARR)的内容传送到影子寄存器。

自动重装载寄存器的各位描述如表 8.4 所示。

表 8.4 TIMx_ARR 寄存器各位描述

15	14	13	12	11	10	9	8	7	6	5	4	3	2	1	0
ARR[15:0]															
RW	RW	RW	RW	RW	RW	RW	RW	RW	RW	RW	RW	RW	RW	RW	RW
位 15:0 ARR[15:0]:自动重载值 ARR 为要装载到实际自动重载寄存器的值,当自动重载值为空时,计数器不工作															

8.1.1.5 状态寄存器(TIMx_SR)

该寄存器用来标记当前与定时器相关的各种事件/中断是否发生。该寄存器的各位描述如表 8.5 所示。

表 8.5 TIMx_SR 寄存器各位描述

15	14	13	12	11	10	9	8	7	6	5	4	3	2	1	0
			CC4OF	CC3OF	CC2OF	CC1OF	Reserved		TIF	Res	CC4IF	CC3IF	CC2IF	CC4IF	UIF
			rc_w0	rc_w0	rc_w0	rc_w0			rc_w0		rc_w0	rc_w0	rc_w0	rc_w0	rc_w0
位 0UIF:更新中断标志 该位在发生更新事件时通过硬件置 1,但需要通过软件清零 0:未发生更新 1:更新中断挂起,该位在以下情况下更新寄存器时由硬件置 1 ①上溢或下溢(对于 TIM2 到 TIM5)以及当 TIMx_CR1 寄存器中 UDIS=0 时 ②TIMx_CR1 寄存器中的 URS=0 且 UDIS=0,并且由软件使用 TIMx_EGR 寄存器中的 UG 位重新初始化 CNT 时,TIMx_CR1 寄存器中的 URS=0 且 UDIS=0,并且 CNT 由触发事件重新初始化															

8.1.2　中断设置方法

本章将使用定时器产生中断,然后在中断服务函数里面翻转 DS1 上的电平来指示定时器中断的产生。以通用定时器 TIM3 为实例,通过库函数的实现方式说明产生中断的步骤。定时器配置步骤如下。

8.1.2.1　TIM3 时钟使能

TIM3 是挂载在 APB1 之下的,通过 APB1 总线下的时钟使能函数来使能 TIM3。调用的函数如下。

RCC_APB1PeriphClockCmd(RCC_APB1Periph_TIM3,ENABLE);　//使能 TIM3 时钟

8.1.2.2　初始化定时器参数

在库函数中,定时器的初始化参数是通过初始化函数 TIM_TimeBaseInit 实现的。

voidTIM_TimeBaseInit(TIM_TypeDef * TIMx, TIM_TimeBaseInitTypeDef * TIM_TimeBaseInitStruct);

第一个参数是确定是哪个定时器,第二个参数是定时器初始化参数结构体指针,结构体类型为 TIM_TimeBaseInitTypeDef,结构体的定义如下。

```
typedef struct
{
    uint16_t TIM_Prescaler;
    uint16_t TIM_CounterMode;
    uint16_t TIM_Period;
    uint16_t TIM_ClockDivision;
    uint8_t TIM_RepetitionCounter;
} TIM_TimeBaseInitTypeDef;
```

第一个参数 TIM_Prescaler 用来设置分频系数。第二个参数 TIM_CounterMode 用来设置计数方式,可以设置为向上计数、向下计数还有中央对齐计数方式,比较常用的是向上计数模式 TIM_CounterMode_Up 和向下计数模式 TIM_CounterMode_Down。第三个参数用来设置自动重载计数周期值。第四个参数用来设置时钟分频因子。

针对 TIM3 初始化范例代码格式如下。

```
TIM_TimeBaseInitTypeDef
TIM_TimeBaseStructure;
TIM_TimeBaseStructure. TIM_Period = 5000;
```

TIM_TimeBaseStructure. TIM_Prescaler = 7199;

TIM_TimeBaseStructure. TIM_ClockDivision = TIM_CKD_DIV1;

TIM_TimeBaseStructure. TIM_CounterMode = TIM_CounterMode_Up;

TIM_TimeBaseInit(TIM3 ,&TIM_TimeBaseStructure) ;

8.1.2.3 设置 TIM3_DIER 允许更新中断

因为要使用 TIM3 的更新中断,寄存器的相应位便可使能更新中断。在库函数里面定时器中断使能是通过 TIM_ITConfig 函数来实现的。

void TIM_ITConfig(TIM_TypeDef * TIMx ,uint16_t TIM_IT ,FunctionalState NewState) ;

第一个参数是选择定时器号,取值为 TIM1 ~ TIM17。第二个参数用来指明我们使能的定时器中断的类型,定时器中断的类型有很多种,包括:更新中断 TIM_IT_Update、触发中断 TIM_IT_Trigger、输入捕获中断,等等。第三个参数指明是失能还是使能,例如,要使能 TIM3 的更新中断,格式如下。

TIM_ITConfig(TIM3 ,TIM_IT_Update ,ENABLE) ;

8.1.2.4 TIM3 中断优先级设置

在定时器中断使能之后,因为要产生中断,必不可少地要设置 NVIC 相关寄存器,设置中断优先级。

8.1.2.5 允许 TIM3 工作

在配置完后要开启定时器,通过 TIM3_CR1 的 CEN 位来设置。在固件库里面使能定时器的函数是通过 TIM_Cmd 函数来实现的。

void TIM_Cmd(TIM_TypeDef * TIMx ,FunctionalState NewState)

如要使能定时器 3,则方法如下。

TIM_Cmd(TIM3 ,ENABLE) ; //使能 TIMx 外设

8.1.2.6 编写定时器中断服务函数

编写定时器中断服务函数,通过该函数来处理定时器产生的相关中断。在中断产生后,通过状态寄存器的值来判断此次产生的中断类型,然后执行相关的操作。如果使用更新(溢出)中断,则在处理完中断之后应该向 TIM3_SR 的最低位写 0 来清除该中断标志。在固件库函数里面,读取中断状态寄存器的值判断中断类型的函数如下。

ITStatus TIM_GetITStatus(TIM_TypeDef * TIMx,uint16_t)

该函数判断定时器 TIMx 的中断类型 TIM_IT 是否发生中断。如要判断定时器 3 是否发生更新(溢出)中断,方法如下。

if (TIM_GetITStatus(TIM3,TIM_IT_Update)! = RESET){}

固件库中清除中断标志位的函数如下。

void TIM_ClearITPendingBit(TIM_TypeDef * TIMx,uint16_t TIM_IT);

该函数清除定时器 TIMx 的中断 TIM_IT 标志位,如在 TIM3 的溢出中断发生后要清除中断标志位,方法如下。

TIM_ClearITPendingBit(TIM3,TIM_IT_Update);

固件库还提供了两个函数用来判断定时器状态以及清除定时器状态标志位的函数TIM_GetFlagStatus 和 TIM_ClearFlag,作用和前面两个函数的作用类似。只是在 TIM_GetITStatus 函数中会先判断这种中断是否使能,使能了才去判断中断标志位,而 TIM_GetFlagStatus 直接用来判断状态标志位。

8.2 硬件设计

本章用到的硬件资源有:指示灯 DS0 和 DS1,定时器 TIM3。

DS1 连接到 PF10 上,TIM3 属于 STM32F4 的内部资源,软件设置后即可正常工作。电路连接如图 8.1 所示。

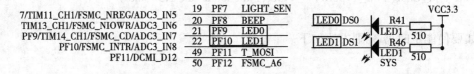

图 8.1 LED 与 STM32F4 连接原理图

8.3 软件设计

8.3.1 建立头文件

建立 timer.h 文件,编写如下代码。

```
#ifndef_TIMER_H
#define_TIMER_H
#include " sys. h"
void TIM3_Int_Init( u16 arr, u16 psc) ;
#endif
```

8.3.2 函数定义

建立 timer. c 文件,部分函数代码如下。

```
//通用定时器 3 中断初始化
//arr:自动重装值。psc:时钟预分频数
//定时器溢出时间计算方法:Tout=((arr+1)*(psc+1))/Ft μs
//Ft=定时器工作频率,单位:MHz
//这里使用的是定时器 3
void TIM3_Int_Init( u16 arr, u16 psc)
{
    TIM_TimeBaseInitTypeDef TIM_TimeBaseInitStructure;
    NVIC_InitTypeDef NVIC_InitStructure;

    RCC_APB1PeriphClockCmd( RCC_APB1Periph_TIM3, ENABLE) ;//①使能 TIM3 时钟

    TIM_TimeBaseInitStructure. TIM_Period = arr;   //自动重装载值
    TIM_TimeBaseInitStructure. TIM_Prescaler = psc;   //定时器分频
    TIM_TimeBaseInitStructure. TIM_CounterMode = TIM_CounterMode_Up;//向上计数模式
    TIM_TimeBaseInitStructure. TIM_ClockDivision = TIM_CKD_DIV1;

    TIM_TimeBaseInit( TIM3, &TIM_TimeBaseInitStructure) ;// ②初始化定时器 TIM3

    TIM_ITConfig( TIM3, TIM_IT_Update, ENABLE) ;//③允许定时器 3 更新中断

    NVIC_InitStructure. NVIC_IRQChannel = TIM3_IRQn;//定时器 3 中断
    NVIC_InitStructure. NVIC_IRQChannelPreemptionPriority = 0x01;//抢占优先级 1
    NVIC_InitStructure. NVIC_IRQChannelSubPriority = 0x03;//响应优先级 3
    NVIC_InitStructure. NVIC_IRQChannelCmd = ENABLE;
    NVIC_Init( &NVIC_InitStructure) ;// ④初始化 NVIC

    TIM_Cmd( TIM3, ENABLE) ;//⑤使能定时器 3
```

}
```

```c
//定时器 3 中断服务函数
void TIM3_IRQHandler(void)
{
    if(TIM_GetITStatus(TIM3,TIM_IT_Update)= =SET) //溢出中断
    {
        LED1=! LED1;
    }
    TIM_ClearITPendingBit(TIM3,TIM_IT_Update); //清除中断标志位
}
```

该文件下包含一个中断服务函数和一个定时器 3 中断初始化函数,在每次中断后,判断 TIM3 的中断类型,如果中断类型正确,则执行 LED1(DS1)的翻转。

TIM3_Int_Init 函数执行了①~⑤标注的定时器初始化的 5 个步骤,使得 TIM3 开始工作,并开启中断。该函数的两个参数用来设置 TIM3 的溢出时间,因为系统初始化 SystemInit 函数里面已经初始化 APB1 的时钟为 4 分频,所以 APB1 的时钟为 42M,而从 STM32F4 的内部时钟树图得知:当 APB1 的时钟分频数为 1 的时候,TIM2~7 以及 TIM12~14 的时钟为 APB1 的时钟,而如果 APB1 的时钟分频数不为 1,那么 TIM2~7 以及 TIM12~14 的时钟频率将为 APB1 时钟的两倍。因此,TIM3 的时钟为 84M,再根据 arr 和 psc 的值,即可计算中断时间。计算公式如下。

$$Tout = ((arr+1) * (psc+1))/Tclk$$

其中,Tclk 为 TIM3 的输入时钟频率(单位为 MHz);Tout 为 TIM3 溢出时间(单位为 μs)。

8.3.3 建立主函数

在 main 函数里面编写如下代码。

```c
int main(void)
{
    NVIC_PriorityGroupConfig(NVIC_PriorityGroup_2);//设置系统中断优先级分组 2
    elay_init(168); //初始化延时函数
    LED_Init(); //初始化 LED 端口
    TIM3_Int_Init(5000-1,8400-1);
    //定时器时钟 84M,分频系数 8 400,所以为 84M/8 400=10kHz 的计数频率,计数
    //5 000 次为 500ms
    while(1)
```

92
```

```
        {
            LED0 = ! LED0;
            delay_ms(200);//延时 200ms
        };
    }
```

此段代码对 TIM3 进行初始化之后,进入死循环等待 TIM3 溢出中断,当 TIM3_CNT 的值等于 TIM3_ARR 的值时,就会产生 TIM3 的更新中断,在中断里面取反 LED1,TIM3_CNT 再从 0 开始计数。

定时器定时时长计算方法是:定时器的时钟为 84MHz,分频系数为 8 400,所以分频后的计数频率为 84MHz/8 400=10kHz,然后计数到 5 000,所以时长为 5 000/10 000=0.5s,也就是 500ms。

运行程序,DS0 不停闪烁(每 400ms 闪烁一次),而 DS1 也是不停地闪烁,但是闪烁时间较 DS0 慢(每 1s 闪烁一次)。

9 PWM 控制

本章通过 TIM14_CH1 输出 PWM 来控制 DS0 的亮度。

9.1 PWM 简介

9.1.1 PWM 原理

脉冲宽度调制(PWM)是英文"Pulse Width Modulation"的缩写,简称脉宽调制,是利用微处理器的数字输出来对模拟电路进行控制的一种非常有效的技术,简单地说,就是对脉冲宽度的控制。PWM 原理如图 9.1 所示。

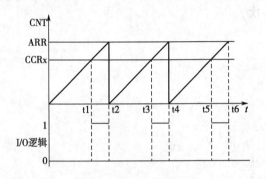

图 9.1　PWM 原理示意图

图中,假定定时器工作在向上计数 PWM 模式,且当 CNT<CCRx 时输出 0;当 CNT>=CCRx 时输出 1。那么可以得到如上的 PWM 示意图:当 CNT 值小于 CCRx 的时候,I/O 输出低电平(0),当 CNT 值大于等于 CCRx 的时候,I/O 输出高电平(1),当 CNT 达到 ARR 值的时候,重新归零,然后重新向上计数,依次循环。改变 CCRx 的值,就可以改变 PWM 输出的占空比,改变 ARR 的值,就可以改变 PWM 输出的频率。

9.1.2 PWM 相关寄存器

STM32F4 的定时器除了 TIM6 和 TIM7,其他的定时器都可以用来产生 PWM 输出。其中高级定时器 TIM1 和 TIM8 可以同时产生多达 7 路的 PWM 输出。而通用定时器也能同时产生多达 4 路的 PWM 输出,这里仅使用 TIM14 的 CH1 产生 1 路 PWM 输出。

要使 STM32F4 的通用定时器 TIMx 产生 PWM 输出,除了上一章介绍的寄存器外,还会用到 3 个寄存器来控制 PWM。这 3 个寄存器分别是:捕获/比较模式寄存器(TIMx_CCMR1/2)、捕获/比较使能寄存器(TIM14_CCER)、捕获/比较寄存器(TIMx_CCR1~4)。下面简单介绍这 3 个寄存器。

9.1.2.1　捕获/比较模式寄存器(TIMx_CCMR1/2)

该寄存器一般有两个:TIMx_CCMR1 和 TIMx_CCMR2,TIM14 只有一个。TIMx_CCMR1 控制 CH1 和 CH2,而 TIMx_CCMR2 控制 CH3 和 CH4。下面以 TIM14 为例,TIM14_CCMR1 寄存器的各位描述如表 9.1 所示。

表 9.1　TIM14_CCMR1 寄存器各位描述

15	14	13	12	11	10	9	8	7	6	5	4	3	2	1	0
Reserved									OC1M[2:0]			OC1PE	OC1FE	CC1S[1:0]	
Reserved								1C1F[3:0]				1C1PSC[1:0]			
								RW	RW	RW	RW	RW	RW	RW	RW

该寄存器的有些位在不同模式下,功能是不一样的,所以在上表中,把寄存器分了两层,上面一层对应输出而下面的则对应输入。这里需要说明的是模式设置位 OC1M,此部分由 3 位组成,可以配置成 7 种模式,这里使用的是 PWM 模式,所以这 3 位必须设置为 110/111。这两种 PWM 模式的区别就是输出电平的极性相反。另外 CC1S 用于设置通道的方向(输入/输出),默认设置为 0,就是设置通道作为输出使用。注意:因为 TIM14 只有一个通道,所以才只有低 8 位有效,高 8 位无效,其他有多个通道的定时器,高 8 位也是有效的。

9.1.2.2　捕获/比较使能寄存器(TIM14_CCER)

该寄存器用于控制各个输入输出通道的开关,寄存器的各位描述如表 9.2 所示。

表 9.2　TIM14_CCER 寄存器各位描述

15	14	13	12	11	10	9	8	7	6	5	4	3	2	1	0
Reserved												CC1NP	Res	CC1P	CC1E
												RW		RW	RW

该寄存器只用到了 CC1E 位,该位是输入/捕获 1 输出使能位,要想 PWM 从 I/O 口输出,这个位必须设置为 1,所以需要设置该位为 1。TIM14 只有一个通道,只有低 4 位有效,如果是其他定时器,该寄存器的其他位也可能有效。

9.1.2.3　捕获/比较寄存器(TIMx_CCR1~4)

该寄存器总共有 4 个,对应 4 个通道 CH1~CH4。TIM14 只有一个,即 TIM14_CCR1,该寄存器的各位描述如表 9.3 所示。

表 9.3　寄存器 TIM14_CCR1 各位描述

15	14	13	12	11	10	9	8	7	6	5	4	3	2	1	0
CCR1[15:0]															
RW	RW	RW	RW	RW	RW	RW	RW	RW	RW	RW	RW	RW	RW	RW	RW

位 15：0 CCR1[15：0]：捕获/比较 1 值

①如果通道 CC1 配置为输出：CCR1 为要装载到实际捕获/比较 1 寄存器的值(预装载值)

如果没有通过 TIMx_CCMR 寄存器中的 OC1PE 位来使能预装载功能，写入的数值会被直接传输出至当前寄存器中。否则只在发生更新事件时生效(拷贝到实际起作用的捕获/比较寄存器 1)。实际捕获/比较寄存器中包含要与计数器 TIMx_CNT 进行比较并在 OC1 输出上发出信号的值

②如果通道 CC1 配置为输入：CCR1 为上一个输入捕获 1 事件(IC1)发生时的计数器值

在输出模式下，该寄存器的值与 CNT 的值进行比较，根据比较结果产生相应动作，修改这个寄存器的值，就可以控制 PWM 的输出脉宽。

如果是通用定时器，则配置以上 3 个寄存器就够了，但是如果是高级定时器，则还需要配置刹车和死区寄存器(TIMx_BDTR)，该寄存器的各位描述如表 9.4 所示。

表 9.4　寄存器 TIMx_BDTR 各位描述

15	14	13	12	11	10	9	8	7	6	5	4	3	2	1	0
MOE	AOE	BKP	BKE	OSSR	OSSI	LOCK[1：0]				DTG[7：0]					
RW	RW	RW	RW	RW	RW	RW	RW	RW	RW	RW	RW	RW	RW	RW	RW

位 15 MOE：主输出使能

只要断路输入变为有效状态，这些位便由硬件异步清零。此位由软件置 1，也可根据 AOE 位状态自动置 1。此位仅对输出的通道有效

0：OC 和 OCN 输出禁止或被强制为空闲状态

1：如果 OC 和 OCN 相应使能位(TIMx_CCER 寄存器中的 CCxE 和 CCxNE 位)均置 1，则使能 OC 和 OCN 输出

对于 MOE 位，要想高级定时器的 PWM 正常输出，则必须设置 MOE 位为 1，否则不会有输出。注意：通用定时器不需要配置这个。本章使用 TIM14 的通道 1，所以需要修改 TIM14_CCR1 以实现脉宽控制 DS0 的亮度。

9.1.3　库函数配置 PWM 输出的步骤

PWM 相关的函数设置在库函数文件 stm32f4xx_tim. h 和 stm32f4xx_tim. c 文件中。

(1)开启 TIM14 和 GPIO 时钟，配置 PF9 选择复用功能 AF9(TIM14)输出。要使用 TIM14，必须先开启 TIM14 的时钟。还要配置 PF9 为复用(AF9)输出，才可以实现 TIM14_CH1 的 PWM 经过 PF9 输出。库函数使能 TIM14 时钟的方法如下。

RCC_APB1PeriphClockCmd(RCC_APB1Periph_TIM14,ENABLE);　//TIM14 时钟使能

还要使能 GPIOF 的时钟，然后要配置 PF9 引脚映射至 AF9，复用为定时器 14，调用的函数如下。

GPIO_PinAFConfig(GPIOF,GPIO_PinSource9,GPIO_AF_TIM14);//GPIOF9复用为定时器14

最后设置 PF9 为复用功能输出,具体如下。

GPIO_InitStructure. GPIO_Mode = GPIO_Mode_AF;//复用功能

(2)初始化 TIM14,设置 TIM14 的 ARR 和 PSC 等参数。开启了 TIM14 的时钟之后,要设置 ARR 和 PSC 两个寄存器的值来控制输出 PWM 的周期。当 PWM 周期太慢(低于50Hz)时,就会感觉到闪烁。因此,PWM 周期不宜设置太小。这在库函数中是通过 TIM_TimeBaseInit 函数来实现的,调用的格式如下。

TIM_TimeBaseStructure. TIM_Period = arr;//设置自动重装载值
TIM_TimeBaseStructure. TIM_Prescaler =psc;//设置预分频值
TIM_TimeBaseStructure. TIM_ClockDivision = 0;//设置时钟分割:TDTS = Tck_tim
TIM_TimeBaseStructure. TIM_CounterMode = TIM_CounterMode_Up;//向上计数模式
TIM_TimeBaseInit(TIM3,&TIM_TimeBaseStructure);//根据指定的参数初始化 TIMx

(3)设置 TIM14_CH1 的 PWM 模式,使能 TIM14 的 CH1 输出。接下来,要设置 TIM14_CH1 为 PWM 模式(默认是冻结的),因为 DS0 是低电平亮,当 CCR1 的值小时,DS0 暗,CCR1 的值大时,DS0 亮,要通过配置 TIM14_CCMR1 的相关位来控制 TIM14_CH1 的模式。在库函数中,PWM 通道设置是通过函数 TIM_OC1Init()~TIM_OC4Init()来设置的,不同通道的设置函数不一样,这里使用的是通道1,所以使用的函数是 TIM_OC1Init()。

void TIM_OC1Init(TIM_TypeDef * TIMx,TIM_OCInitTypeDef * TIM_OCInitStruct);

结构体 TIM_OCInitTypeDef 的定义如下。

typedef struct
{
    uint16_t TIM_OCMode;
    uint16_t TIM_OutputState;
    uint16_t TIM_OutputNState;
    uint16_t TIM_Pulse;
    uint16_t TIM_OCPolarity;
    uint16_t TIM_OCNPolarity;
    uint16_t TIM_OCIdleState;
    uint16_t TIM_OCNIdleState;

} TIM_OCInitTypeDef;

参数 TIM_OCMode 用来设置模式是 PWM 还是输出比较,这里是 PWM 模式。参数 TIM_OutputState 用来设置比较输出使能,也就是使能 PWM 输出到端口。参数 TIM_OCPolarity 用来设置极性是高还是低。其他的参数 TIM_OutputNState、TIM_OCNPolarity、TIM_OCIdleState 和 TIM_OCNIdleState 是高级定时器才会用到的。

要实现上面提到的目标,方法如下。

```
TIM_OCInitTypeDef    TIM_OCInitStructure;
TIM_OCInitStructure. TIM_OCMode = TIM_OCMode_PWM1;//选择模式 PWM
TIM_OCInitStructure. TIM_OutputState = TIM_OutputState_Enable;//比较输出使能
TIM_OCInitStructure. TIM_OCPolarity = TIM_OCPolarity_Low;//输出极性低
TIM_OC1Init ( TIM14, &TIM_OCInitStructure ) ;    //根据 T 指定的参数初始化外设
TIM1 4OC1
```

(4) 使能 TIM14。在完成以上设置后,需要使能 TIM14,方法如下。

```
TIM_Cmd( TIM14, ENABLE ) ;    //使能 TIM14
```

(5) 修改 TIM14_CCR1 来控制占空比。经过以上设置之后,PWM 其实已经开始输出了,只是其占空比和频率都是固定的,通过修改 TIM14_CCR1 则可以控制 CH1 的输出占空比,继而控制 DS0 的亮度。在库函数中,修改 TIM14_CCR1 占空比的函数如下。

```
void TIM_SetCompare1( TIM_TypeDef * TIMx, uint16_t Compare2 );
```

通过以上 5 个步骤,即可控制 TIM14 的 CH1 输出 PWM 波形。高级定时器虽然和通用定时器类似,但是高级定时器要想输出 PWM,必须要设置一个 MOE 位(TIMx_BDTR 的第 15 位),以使能主输出,否则不会输出 PWM。库函数设置的函数如下。

```
void TIM_CtrlPWMOutputs( TIM_TypeDef * TIMx, FunctionalState NewState );
```

9.2 硬件设计

本章用到的硬件资源有:指示灯 DS0,定时器 TIM14。
电路原理如图 9.2 所示,DS0 接 PF9,DS1 接 PF10,TIM14_CH1 可以通过 PF9 输出 PWM。

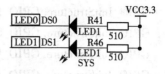

19	PF7	LIGHT_SEN
20	PF8	BEEP
21	PF9	LED0
22	PF10	LED1
49	PF11	T_MOSI
50	PF12	FSMC_A6

7/TIM11_CH1/FSMC_NREG/ADC3_IN5
TIM13_CH1/FSMC_NIOWR/ADC3_IN6
PF9/TIM14_CH1/FSMC_CD/ADC3_IN7
PF10/FSMC_INTR/ADC3_IN8
PF11/DCMI_D12

图 9.2　LED 与 STM32F4 连接原理图

9.3　软件设计

9.3.1　建立头文件

新建文件 pwm.h,编写代码如下。

```
#ifndef_TIMER_H
#define_TIMER_H
#include "sys.h"
void TIM14_PWM_Init(u32 arr,u32 psc);
#endif
```

9.3.2　函数定义

新建文件 pwm.c,部分函数代码如下。

```
//TIM14 PWM 部分初始化
//PWM 输出初始化
//arr:自动重装值    psc:时钟预分频数
void TIM14_PWM_Init(u32 arr,u32 psc)
{
    GPIO_InitTypeDef GPIO_InitStructure;
    TIM_TimeBaseInitTypeDef   TIM_TimeBaseStructure;
    TIM_OCInitTypeDef   TIM_OCInitStructure;

    RCC_APB1PeriphClockCmd(RCC_APB1Periph_TIM14,ENABLE);//TIM14 时钟使能
    RCC_AHB1PeriphClockCmd(RCC_AHB1Periph_GPIOF,ENABLE);//使能 PORTF 时钟

    GPIO_PinAFConfig(GPIOF,GPIO_PinSource9,GPIO_AF_TIM14);//GF9 复用
为 TIM14

    GPIO_InitStructure.GPIO_Pin = GPIO_Pin_9;//GPIOF9
```

```
GPIO_InitStructure. GPIO_Mode = GPIO_Mode_AF;//复用功能
GPIO_InitStructure. GPIO_Speed = GPIO_Speed_100MHz;//速度 50MHz
GPIO_InitStructure. GPIO_OType = GPIO_OType_PP;//推挽复用输出
GPIO_InitStructure. GPIO_PuPd = GPIO_PuPd_UP;//上拉
GPIO_Init(GPIOF,&GPIO_InitStructure);//初始化 PF9

TIM_TimeBaseStructure. TIM_Prescaler=psc;    //定时器分频
TIM_TimeBaseStructure. TIM_CounterMode=TIM_CounterMode_Up;//向上计数模式
TIM_TimeBaseStructure. TIM_Period=arr;    //自动重装载值
TIM_TimeBaseStructure. TIM_ClockDivision=TIM_CKD_DIV1;
TIM_TimeBaseInit(TIM14,&TIM_TimeBaseStructure);//初始化定时器 14

//初始化 TIM14 Channel1 PWM 模式
TIM_OCInitStructure. TIM_OCMode = TIM_OCMode_PWM1;//PWM 调制模式 1
TIM_OCInitStructure. TIM_OutputState = TIM_OutputState_Enable;//比较输出使能
TIM_OCInitStructure. TIM_OCPolarity = TIM_OCPolarity_Low;//输出极性低
TIM_OC1Init(TIM14,&TIM_OCInitStructure);    //初始化外设 TIM1 4OC1
TIM_OC1PreloadConfig(TIM14,TIM_OCPreload_Enable);    //使能预装载寄存器
TIM_ARRPreloadConfig(TIM14,ENABLE);//ARPE 使能
TIM_Cmd(TIM14,ENABLE);    //使能 TIM14
}
```

9.3.3 建立主函数

在 main 函数里面编写如下代码。

```
int main(void)
{
    u16 led0pwmval=0;
    u8 dir=1;
    NVIC_PriorityGroupConfig(NVIC_PriorityGroup_2);//设置系统中断优先级分组 2
    delay_init(168);    //初始化延时函数
    uart_init(115200);//初始化串口波特率为 115 200
    TIM14_PWM_Init(500-1,84-1);
    //定时器时钟为 84M,分频系数为 84,所以计数频率
    //为 84M/84=1MHz,重装载值 500,所以 PWM 频率为 1M/500=2kHz.
    while(1)
    {
        delay_ms(10);
```

```
            if( dir) led0pwmval++;//dir= =1,led0pwmval 递增
            else led0pwmval--;//dir= =0,led0pwmval 递减
            if( led0pwmval>300) dir=0;//led0pwmval 到达 300 后,方向为递减
            if( led0pwmval= =0) dir=1;//led0pwmval 递减到 0 后,方向改为递增

            TIM_SetCompare1(TIM14,led0pwmval);//修改比较值,修改占空比
        }
    }
```

　　程序中将 led0pwmval 这个值设置为 PWM 比较值,通过 led0pwmval 来控制 PWM 的占空比,然后控制 led0pwmval 的值从 0 变到 300,然后又从 300 变到 0,如此循环,因此 DS0 的亮度也会跟着信号的占空比变化而从暗变到亮,然后又从亮变到暗。

　　运行程序,DS0 不停地由暗变到亮,然后又从亮变到暗。每个过程持续时间大概为 3 秒钟左右。

10 OLED 显示控制

本章利用开发板上的 OLED 模块接口点亮 OLED,并实现 ASCII 字符的显示。

10.1 OLED 简介

OLED,即有机发光二极管(organic light-emitting diode),又称为有机电激光显示(organic electroluminesence display, OELD)。OLED 由于同时具备自发光,不需背光源、对比度高、厚度薄、视角广、反应速度快、可用于挠曲性面板、使用温度范围广、构造及制程较简单等优异之特性,被认为是下一代的平面显示器新兴应用技术。

LCD 都需要背光,而 OLED 不需要,因为它是自发光的。目前的技术,OLED 的尺寸还难以大型化,但是分辨率却可以做到很高。

10.1.1 SSD1306 的读写方式

开发板提供的 OLED 模块的控制器是 SSD1306,支持两种连接方式,一种是 8080 并行接口方式,另外一种是 4 线串行 SPI 方式。

10.1.1.1 8080 并行接口

8080 并行接口总线被广泛应用于各类液晶显示器,使得 MCU 可以快速地访问 OLED。8080 并口读/写的过程为:先根据要写入/读取的数据类型,设置 DC 为高(数据)/低(命令),然后拉低片选,选中 SSD1306,接着根据是读数据,还是要写数据置 RD/WR 为低,然后在 RD 的上升沿,使数据锁存到数据线(D[7 : 0])上,在 WR 的上升沿,使数据写入到SSD1306 里面。SSD1306 的 8080 并行接口写时序图如图 10.1 所示。

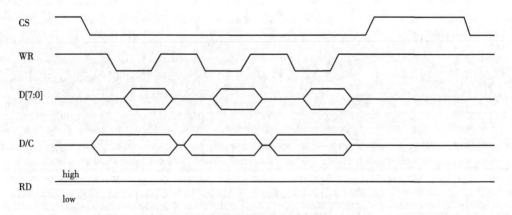

图 10.1 8080 并行接口写时序图

SSD1306 的 8080 并行接口读时序图如图 10.2 所示。

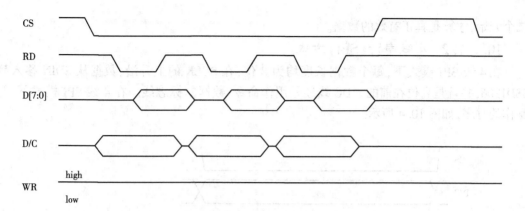

图 10.2　8080 并行接口读时序图

在 SSD1306 的 8080 接口方式下,控制脚的信号状态所对应的功能如表 10.1 所示。

表 10.1　控制脚信号状态功能表

功能	RD	WR	CS	DC
写命令	H	↑	L	L
读状态	↑	H	L	L
写数据	H	↑	L	H
读数据	↑	H	L	H

在 8080 方式下读数据操作时(如读显存时)需要一个假读命令(dummy read),以使得微控制器的操作频率和显存的操作频率相匹配。在读取真正的数据之前,有一个假读的过程。这里的假读,即第一个读到的字节丢弃不要,从第二个开始,才是真正要读的数据。一个典型的读显存的时序图,如图 10.3 所示。

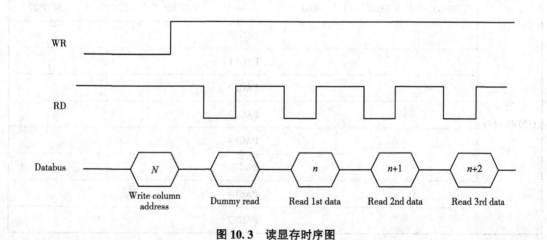

图 10.3　读显存时序图

可以看到,在发送了列地址之后,开始读数据,第一个是 dummy read,也就是假读,从第二个开始,才算是真正有效的数据。

10.1.1.2　4线串行(SPI)方式

在4线SPI模式下,每个数据长度均为8位,在SCLK的上升沿,数据从SDIN移入到SSD1306,并且是高位在前的。DC线还是用作命令/数据的标志线。在4线SPI模式下,写操作的时序,如图10.4所示。

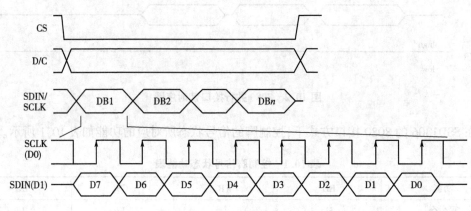

图10.4　4线SPI写操作时序图

10.1.2　SSD1306的显存

SSD1306的显存总共为128×64bit大小,SSD1306将这些显存分为了8页,每页包含128个字节,总共8页,刚好是128×64的点阵大小,其对应关系如表10.2所示。

表10.2　SSD1306显存与屏幕对应关系表

	列(COL0~127)						
行（COM0~63）	SEG0	SEG1	SEG2	……	SEG125	SEG126	SEG127
	PAGE0						
	PAGE1						
	PAGE2						
	PAGE3						
	PAGE4						
	PAGE5						
	PAGE6						
	PAGE7						

SSD1306的常用命令如表10.3所示。

表 10.3 SSD1306 常用命令表

序号	指令 HEX	D7	D6	D5	D4	D3	D2	D1	D0	命令	说明
0	81	1	0	0	0	0	0	0	1	设置对比度	A 的值越大屏幕越亮,A 的范围从 0X00~0XFF
	A[7:0]	A7	A6	A5	A4	A3	A2	A1	A0		
1	AE/AF	1	0	1	0	1	1	1	X0	设置显示开关	X0=0/1,关闭/开启显示
2	8D	1	0	0	0	1	1	0	1	电荷泵设置	A2 = 0/1,关闭/开启电荷泵
	A[7:0]	×	×	0	1	0	A2	0	0		
3	B0~B7	1	0	1	1	0	X2	X1	X0	设置页地址	X[2:0]=0~7 对应页 0~7
4	00~0F	0	0	0	0	X3	X2	X1	X0	设置列地址低四位	设置 8 位起始列地址的低四位
5	10~1F	0	0	0	1	X3	X2	X1	X0	设置列地址高四位	设置 8 位起始列地址的高四位

10.1.3 SSD1306 的初始化

SSD1306 的典型初始化框图如图 10.5 所示。

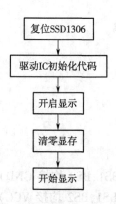

复位SSD1306

驱动IC初始化代码

开启显示

清零显存

开始显示

图 10.5 SSD1306 初始化框图

10.1.4 OLED 的显示设置

OLED 要显示字符和数字,需要的相关设置步骤如下。

(1)设置 STM32F4 与 OLED 模块相连接的 I/O。先将与 OLED 模块相连的 I/O 口设置为输出,具体使用哪些 I/O 口,这里需要根据连接电路以及 OLED 模块所设置的通信模式来确定。这些将在硬件设计部分介绍。

(2)初始化 OLED 模块。这里是上面的初始化框图的内容,通过对 OLED 相关寄存器的

105

初始化,来启动 OLED 的显示,为后续显示字符和数字做准备。

(3)通过函数将字符和数字显示到 OLED 模块上。

10.2　硬件设计

本章用到的硬件资源有:指示灯 DS0,OLED 模块。

OLED 模块与开发板的连接是将开发板底板的 OLED/CAMERA 接口(P8 接口)和 ALIENTEK OLED 模块直接对插(靠左插)。

在硬件上,OLED 与探索者 STM32F4 开发板的 I/O 口对应关系如下。

(1)OLED_CS 对应 DCMI_VSYNC,即 PB7。

(2)OLED_RS 对应 DCMI_SCL,即 PD6。

(3)OLED_WR 对应 DCMI_HREF,即 PA4。

(4)OLED_RD 对应 DCMI_SDA,即 PD7。

(5)OLED_RST 对应 DCMI_RESET,即 PG15。

(6)OLED_D[7:0]对应 DCMI_D[7:0],即 PE6/PE5/PB6/PC11/PC9/PC8/PC7/PC6。

10.3　软件设计

10.3.1　建立头文件

建立 oled.h 文件,编写如下代码。

```
#ifndef__OLED_H
#define__OLED_H
#include " sys. h"
#include " stdlib. h"
//OLED 模式设置
//0: 4 线串行模式  (模块的 BS1,BS2 均接 GND)
//1: 并行 8080 模式 (模块的 BS1,BS2 均接 VCC)
#define OLED_MODE   1
//-----------------OLED 端口定义-----------------
#define OLED_CS   PBout(7)
#define OLED_RST    PGout(15)
#define OLED_RS    PDout(6)
#define OLED_WR PAout(4)
#define OLED_RD PDout(7)
//使用 4 线串行接口时使用
#define OLED_SCLK   PCout(6)
```

```
#define OLED_SDIN    PCout(7)
#define OLED_CMD    0    //写命令
#define OLED_DATA   1    //写数据
//OLED 控制用函数
void OLED_WR_Byte(u8 dat,u8 cmd);
……      //忽略部分函数声明
void OLED_ShowString(u8 x,u8 y,const u8 * p);
#endif
```

10.3.2　函数定义

建立 oled.c 文件,部分函数代码如下。

```
#include "oled.h"
#include "stdlib.h"
#include "oledfont.h"
#include "delay.h"
//OLED 的显存
//存放格式如下
//[0]0 1 2 3…127
//[1]0 1 2 3…127
//[2]0 1 2 3…127
//[3]0 1 2 3…127
//[4]0 1 2 3…127
//[5]0 1 2 3…127
//[6]0 1 2 3…127
//[7]0 1 2 3…127
u8 OLED_GRAM[128][8];

//更新显存到 LCD
void OLED_Refresh_Gram(void)
{
    u8 i,n;
    for(i=0;i<8;i++)
    {
        OLED_WR_Byte(0xb0+i,OLED_CMD);      //设置页地址(0~7)
        OLED_WR_Byte(0x00,OLED_CMD);         //设置显示位置:列低地址
        OLED_WR_Byte(0x10,OLED_CMD);         //设置显示位置:列高地址
        for(n=0;n<128;n++)OLED_WR_Byte(OLED_GRAM[n][i],OLED_DATA);
```

```
        }
}
#if OLED_MODE = = 1//8080 并行接口
//通过拼凑的方法向 OLED 输出一个 8 位数据
//data:要输出的数据
void OLED_Data_Out(u8 data)
{
    u16 dat=data&0X0F;
    GPIOC→ODR& = ~(0XF<<6);//清空 6~9
    GPIOC→ODR| =dat<<6;//D[3:0]→PC[9:6]
    GPIO_Write(GPIOC,dat<<6);
    PCout(11)=(data>>4)&0X01;//D4
    PBout(6)=(data>>5)&0X01;//D5
    PEout(5)=(data>>6)&0X01;//D6
    PEout(6)=(data>>7)&0X01;//D7
}
//向 SSD1306 写入一个字节
//dat:要写入的数据/命令
//cmd:数据/命令标志    0 表示命令,1 表示数据
void OLED_WR_Byte(u8 dat,u8 cmd)
{
    OLED_Data_Out(dat);
    OLED_RS=cmd;
    OLED_CS=0;
    OLED_WR=0;
    OLED_WR=1;
    OLED_CS=1;
    OLED_RS=1;
}
#else
//向 SSD1306 写入一个字节
//dat:要写入的数据/命令
//cmd:数据/命令标志    0 表示命令,1 表示数据
void OLED_WR_Byte(u8 dat,u8 cmd)
{
    u8 i;
    OLED_RS=cmd;//写命令
    OLED_CS=0;
```

```
    for(i=0;i<8;i++)
    {
        OLED_SCLK=0;
        if(dat&0x80)OLED_SDIN=1;
        else OLED_SDIN=0;
        OLED_SCLK=1;
        dat<<=1;
    }
    OLED_CS=1;
    OLED_RS=1;
}
#endif

//开启 OLED 显示
void OLED_Display_On(void)
{
    OLED_WR_Byte(0X8D,OLED_CMD);    //SET DCDC 命令
    OLED_WR_Byte(0X14,OLED_CMD);    //DCDC ON
    OLED_WR_Byte(0XAF,OLED_CMD);    //DISPLAY ON
}
//关闭 OLED 显示
void OLED_Display_Off(void)
{
    OLED_WR_Byte(0X8D,OLED_CMD);    //SET DCDC 命令
    OLED_WR_Byte(0X10,OLED_CMD);    //DCDC OFF
    OLED_WR_Byte(0XAE,OLED_CMD);    //DISPLAY OFF
}
//清屏函数,清完屏,整个屏幕是黑色的
void OLED_Clear(void)
{
    u8 i,n;
    for(i=0;i<8;i++)for(n=0;n<128;n++)OLED_GRAM[n][i]=0X00;
    OLED_Refresh_Gram();//更新显示
}
//画点
//x:0~127
//y:0~63
//t:1 为填充,0 为清空
```

```
void OLED_DrawPoint(u8 x,u8 y,u8 t)
{
    u8 pos,bx,temp=0;
    if(x>127||y>63)return;//超出范围
    pos=7-y/8;
    bx=y%8;
    temp=1<<(7-bx);
    if(t)OLED_GRAM[x][pos]|=temp;
    else OLED_GRAM[x][pos]&=~temp;
}
//x1,y1,x2,y2 填充区域的对角坐标
//确保 x1<=x2;y1<=y2    0<=x1<=127    0<=y1<=63
//dot:0 为清空,1 为填充
void OLED_Fill(u8 x1,u8 y1,u8 x2,u8 y2,u8 dot)
{
    u8 x,y;
    for(x=x1;x<=x2;x++)
    {
        for(y=y1;y<=y2;y++)OLED_DrawPoint(x,y,dot);
    }
    OLED_Refresh_Gram();//更新显示
}
//在指定位置显示一个字符,包括部分字符
//x:0~127
//y:0~63
//mode:0 为反白显示,1 为正常显示
//size:选择字体 12/16/24
void OLED_ShowChar(u8 x,u8 y,u8 chr,u8 size,u8 mode)
{
    u8 temp,t,t1;
    u8 y0=y;
    u8 csize=(size/8+((size%8)? 1:0))*(size/2);//得到一个字符对应点阵集所占
的字节数
    chr=chr-' ';//得到偏移后的值
    for(t=0;t<csize;t++)
    {
        if(size==12)temp=asc2_1206[chr][t]; //调用 1206 字体
        else if(size==16)temp=asc2_1608[chr][t];//调用 1608 字体
```

```
        else if(size= =24)temp=asc2_2412[chr][t];//调用2412字体
        else return;                              //没有字库
        for(t1=0;t1<8;t1++)
        {
                if(temp&0x80)OLED_DrawPoint(x,y,mode);
                else OLED_DrawPoint(x,y,! mode);
                temp<<=1;
                y++;
                if((y-y0)= =size)
                {
                        y=y0;
                        x++;
                        break;
                }
        }
    }
}
//m^n 函数
u32 mypow(u8 m,u8 n)
{
    u32 result=1;
    while(n--)result * =m;
    return result;
}
//显示2个数字
//x,y:起点坐标
//len:数字的位数
//size:字体大小
//mode:模式     0为填充模式,1为叠加模式
//num:数值(0~4294967295)
void OLED_ShowNum(u8 x,u8 y,u32 num,u8 len,u8 size)
{
    u8 t,temp;
    u8 enshow=0;
    for(t=0;t<len;t++)
    {
        temp=(num/mypow(10,len-t-1))%10;
        if(enshow= =0&&t<(len-1))
```

```
            if(temp==0)
            {
                OLED_ShowChar(x+(size/2)*t,y,'',size,1);
                continue;
            } else enshow=1;

        }
        OLED_ShowChar(x+(size/2)*t,y,temp+'0',size,1);
    }
}
//显示字符串
//x,y:起点坐标
//size:字体大小
//*p:字符串起始地址
void OLED_ShowString(u8 x,u8 y,const u8 *p,u8 size)
{
    while((*p<='~')&&(*p>=''))//判断是不是非法字符!
    {
        if(x>(128-(size/2))){x=0;y+=size;}
        if(y>(64-size)){y=x=0;OLED_Clear();}
        OLED_ShowChar(x,y,*p,size,1);
        x+=size/2;
        p++;
    }

}
//初始化 SSD1306
void OLED_Init(void)
{
    GPIO_InitTypeDef   GPIO_InitStructure;

    RCC_AHB1PeriphClockCmd(RCC_AHB1Periph_GPIOA|RCC_AHB1Periph_GPIOB|
RCC_AHB1Periph_GPIOC|RCC_AHB1Periph_GPIOD|RCC_AHB1Periph_GPIOE|RCC_
AHB1Periph_GPIOG,ENABLE);//使能 PORTA~E,PORTG 时钟

    #if OLED_MODE==1//使用 8080 并口行接模式
```

```
//GPIO 初始化设置
GPIO_InitStructure. GPIO_Pin = GPIO_Pin_4;
GPIO_InitStructure. GPIO_Mode = GPIO_Mode_OUT;//普通输出模式
GPIO_InitStructure. GPIO_OType = GPIO_OType_PP;//推挽输出
GPIO_InitStructure. GPIO_Speed = GPIO_Speed_100MHz;//100MHz
GPIO_InitStructure. GPIO_PuPd = GPIO_PuPd_UP;//上拉
GPIO_Init( GPIOA ,&GPIO_InitStructure) ;//初始化

GPIO_InitStructure. GPIO_Pin = GPIO_Pin_6 | GPIO_Pin_7;
GPIO_Init( GPIOB ,&GPIO_InitStructure) ;//初始化

GPIO_InitStructure. GPIO_Pin = GPIO_Pin_6 | GPIO_Pin_7 | GPIO_Pin_8 | GPIO_Pin_9
| GPIO_Pin_11;
GPIO_Init( GPIOC ,&GPIO_InitStructure) ;//初始化

GPIO_InitStructure. GPIO_Pin = GPIO_Pin_6 | GPIO_Pin_7;
GPIO_Init( GPIOD ,&GPIO_InitStructure) ;//初始化

GPIO_InitStructure. GPIO_Pin = GPIO_Pin_6 | GPIO_Pin_5;
GPIO_Init( GPIOE ,&GPIO_InitStructure) ;//初始化

GPIO_InitStructure. GPIO_Pin = GPIO_Pin_15;
GPIO_Init( GPIOG ,&GPIO_InitStructure) ;//初始化

OLED_WR = 1;
OLED_RD = 1;
#else

//使用 4 线 SPI 串口模式
GPIO_InitStructure. GPIO_Pin = GPIO_Pin_7;
GPIO_InitStructure. GPIO_Mode = GPIO_Mode_OUT;//普通输出模式
GPIO_InitStructure. GPIO_OType = GPIO_OType_PP;//推挽输出
GPIO_InitStructure. GPIO_Speed = GPIO_Speed_100MHz;//100MHz
GPIO_InitStructure. GPIO_PuPd = GPIO_PuPd_UP;//上拉
GPIO_Init( GPIOB ,&GPIO_InitStructure) ;//初始化

GPIO_InitStructure. GPIO_Pin = GPIO_Pin_6 | GPIO_Pin_7;
GPIO_Init( GPIOC ,&GPIO_InitStructure) ;//初始化
```

```
GPIO_InitStructure. GPIO_Pin = GPIO_Pin_6;
GPIO_Init(GPIOD,&GPIO_InitStructure);//初始化

GPIO_InitStructure. GPIO_Pin = GPIO_Pin_15;
GPIO_Init(GPIOG,&GPIO_InitStructure);//初始化

OLED_SDIN=1;
OLED_SCLK=1;
#endif
OLED_CS=1;
OLED_RS=1;

OLED_RST=0;
delay_ms(100);
OLED_RST=1;

OLED_WR_Byte(0xAE,OLED_CMD);//关闭显示
OLED_WR_Byte(0xD5,OLED_CMD);//设置时钟分频因子,振荡频率
OLED_WR_Byte(80,OLED_CMD);   //[3:0]分频因子,[7:4],振荡频率
OLED_WR_Byte(0xA8,OLED_CMD);//设置驱动路数
OLED_WR_Byte(0X3F,OLED_CMD);//默认0X3F(1/64)
OLED_WR_Byte(0xD3,OLED_CMD);//设置显示偏移
OLED_WR_Byte(0X00,OLED_CMD);//默认为0

OLED_WR_Byte(0x40,OLED_CMD);//设置显示开始行[5:0],行数

OLED_WR_Byte(0x8D,OLED_CMD);//电荷泵设置
OLED_WR_Byte(0x14,OLED_CMD);//bit2,开启/关闭
OLED_WR_Byte(0x20,OLED_CMD);//设置内存地址模式
OLED_WR_Byte(0x02,OLED_CMD);//[1:0],00为列地址模式;01为行地址模
式;10为页地址模式;默认10
OLED_WR_Byte(0xA1,OLED_CMD);//段重定义设置,bit0:0,0→0;1,0→127;
OLED_WR_Byte(0xC0,OLED_CMD);//设置COM扫描方向;bit3:0为普通模式;1
为重定义模式COM[N-1]→COM0;N:驱动路数
OLED_WR_Byte(0xDA,OLED_CMD);//设置COM硬件引脚配置
OLED_WR_Byte(0x12,OLED_CMD);//[5:4]配置
```

```
OLED_WR_Byte(0x81,OLED_CMD);//对比度设置
OLED_WR_Byte(0xEF,OLED_CMD);//1~255;默认 0X7F（亮度设置,越大越亮）
OLED_WR_Byte(0xD9,OLED_CMD);//设置预充电周期
OLED_WR_Byte(0xf1,OLED_CMD);//[3:0]为 PHASE 1,[7:4]为 PHASE 2
OLED_WR_Byte(0xDB,OLED_CMD);//设置 VCOMH 电压倍率
OLED_WR_Byte(0x30,OLED_CMD);//[6:4]000,0.65 * vcc;001,0.77 * vcc;
011,0.83 * vcc;

OLED_WR_Byte(0xA4,OLED_CMD);//全局显示开启;bit0:1 为开启,0 为关闭(白
屏/黑屏)
OLED_WR_Byte(0xA6,OLED_CMD);//设置显示方式;bit0:1 为反相显示,0 为正
常显示
OLED_WR_Byte(0xAF,OLED_CMD);//开启显示
OLED_Clear();
}
```

10.3.3 建立主函数

在 main 函数里面编写如下代码。

```
int main(void)
{
    u8 t=0;
    NVIC_PriorityGroupConfig(NVIC_PriorityGroup_2);//设置系统中断优先级分组 2
    delay_init(168);   //初始化延时函数
    uart_init(115200);   //初始化串口波特率为 115 200
    LED_Init();      //初始化 LED
    OLED_Init();      //初始化 OLED
    OLED_ShowString(0,0,"ALIENTEK",24);
    OLED_ShowString(0,24,"0.96′ OLED TEST",16);
    OLED_ShowString(0,40,"ATOM 2014/5/4",12);
    OLED_ShowString(0,52,"ASCII:",12);
    OLED_ShowString(64,52,"CODE:",12);
    OLED_Refresh_Gram();//更新显示到 OLED
    t=' ';
    while(1)
    {
        OLED_ShowChar(36,52,t,12,1);//显示 ASCII 字符
        OLED_ShowNum(94,52,t,3,12);//显示 ASCII 字符的码值
```

```
        OLED_Refresh_Gram();//更新显示到OLED
        t++;
        if(t>'~')t=' ';
        delay_ms(500);LED0=! LED0;
    }
}
```

该部分代码用于在 OLED 上显示一些字符,然后从空格键开始不停地循环显示 ASCII 字符集,并显示该字符的 ASCII 值。编译此工程,直到编译成功为止。

程序编译通过后下载代码到开发板,运行后可以看到 DS0 不停地闪烁,并显示了 3 种尺寸的字符:24×12(ALIENTEK)、16×8(0.96' OLED TEST)和 12×6(剩下的内容)。说明实验实现了 3 种不同尺寸 ASCII 字符的显示,在最后一行不停地显示 ASCII 字符以及其码值。

11　LCD 显示控制

本章将利用开发板的 2.8 寸 TFTLCD 模块显示 16 位色的真彩图片。通过 LCD 接口点亮 TFTLCD,并实现 ASCII 字符和彩色的显示等功能,并在串口打印 LCD 控制器 ID,同时在 LCD 上面显示。

实验通过 STM32F4 的 FSMC 接口来控制 TFTLCD 的显示。

11.1　TFTLCD & FSMC 简介

11.1.1　TFTLCD 简介

TFTLCD(thin film transistor-liquid crystal display),即薄膜晶体管液晶显示器。TFTLCD 与无源 TN-LCD、STN-LCD 的简单矩阵不同,它在液晶显示屏的每一个像素上都设置有一个薄膜晶体管(TFT),可有效地克服非选通时的串扰,使显示液晶屏的静态特性与扫描线数无关,从而大大提高了图像的质量。TFTLCD 也被叫作真彩液晶显示器。

由于彩屏的数据量比较大,实验平台在硬件上采用 16 位的并方式与外部连接。16 位的 80 并口有如下一些信号线。

CS:TFTLCD 片选信号。

WR:向 TFTLCD 写入数据。

RD:从 TFTLCD 读取数据。

D[15:0]:16 位双向数据线。

RST:硬复位 TFTLCD。

RS:命令/数据标志(0 为读写命令;1 为读写数据)。

ILI9341 液晶控制器是 TFTLCD 模块的驱动芯片,它自带显存,其显存总大小为 172 800 (240×320×18/8),即 18 位模式(26 万色)下的显存量。在 16 位模式下,ILI9341 采用 RGB565 格式存储颜色数据,此时 ILI9341 的 18 位数据线与 MCU 的 16 位数据线以及 LCD GRAM 的对应关系如表 11.1 所示。

表 11.1　16 位数据与显存对应关系表

9341 总线	D17	D16	D15	D14	D13	D12	D11	D10	D9	D8	D7	D6	D5	D4	D3	D2	D1	D0
MCU 数据 (16位)	D15	D14	D13	D12	D11	NC	D10	D9	D8	D7	D6	D5	D4	D3	D2	D1	D0	NC
LCD GRAM (16位)	R[4]	R[3]	R[2]	R[1]	R[0]	NC	G[5]	G[4]	G[3]	G[2]	G[1]	G[0]	B[4]	B[3]	B[2]	B[1]	B[0]	NC

从表中可以看出,ILI9341 在 16 位模式下面,有用的数据线是:D13~D17 和 D1~D11,D0和 D12 没有用到,实际上在 LCD 模块里面,ILI9341 的 D0 和 D12 没有引出来,这样,ILI9341的 D13~D17 和 D1~D11 对应 MCU 的 D0~D15。

MCU 的 16 位数据,最低 5 位为蓝色,中间 6 位为绿色,最高 5 位为红色。数值越大,表示该颜色越深。另外,特别注意 ILI9341 所有的指令都是 8 位的(高 8 位无效),且参数除了读写 GRAM 的时候是 16 位,其他操作参数都是 8 位。

ILI9341 的几个重要命令如下。

(1)0XD3 指令:用于读取 LCD 控制器的 ID。

(2)0X36 指令:这是存储访问控制指令,可以控制 ILI9341 存储器的读写方向,在连续写GRAM 的时候,可以控制 GRAM 指针的增长方向,从而控制显示方式(读 GRAM 也是一样)。

(3)0X2A 指令:这是列地址设置指令,在从左到右、从上到下的扫描方式(默认)下,该指令用于设置横坐标(x 坐标)。

(4)0X2C 指令:该指令是写 GRAM 指令,在发送该指令之后,可以往 LCD 的 GRAM 里面写入颜色数据,该指令支持连续写。

(5)0X2E 指令:该指令是读 GRAM 指令,用于读取 ILI9341 的显存(GRAM)。

11.1.2　TFTLCD 的显示设置

TFTLCD 模块的使用流程如图 11.1 所示。

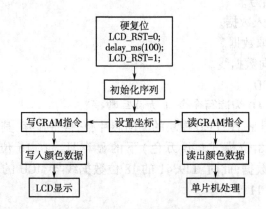

图 11.1　TFTLCD 使用流程

TFTLCD 显示需要的相关设置步骤如下。

(1)设置 STM32F4 与 TFTLCD 模块相连接的 I/O 口。这一步,先将与 TFTLCD 模块相连的 I/O 口进行初始化,以便驱动 LCD。

(2)初始化 TFTLCD 模块。初始化序列,就是向 LCD 控制器写入一系列的设置值(如伽马校准),这些初始化序列一般 LCD 供应商会提供给客户,直接使用这些序列即可。在初始化之后,LCD 才可以正常使用。

(3)通过函数将字符和数字显示到 TFTLCD 模块上。这一步则通过"设置坐标→写

GRAM 指令→写 GRAM"来实现,这只是一个点的处理,要显示字符/数字,就必须要多次重复这个步骤,从而达到显示字符/数字的目的。

11.1.3 FSMC 简介

STM32F407 系列芯片都带有 FSMC 接口。FSMC,即灵活的静态存储控制器,能够与同步或异步存储器,以及 16 位 PC 存储器卡连接,STM32F4 的 FSMC 接口支持包括 SRAM、NAND FLASH、NOR FLASH 和 PSRAM 等存储器。FSMC 的框图如图 11.2 所示。

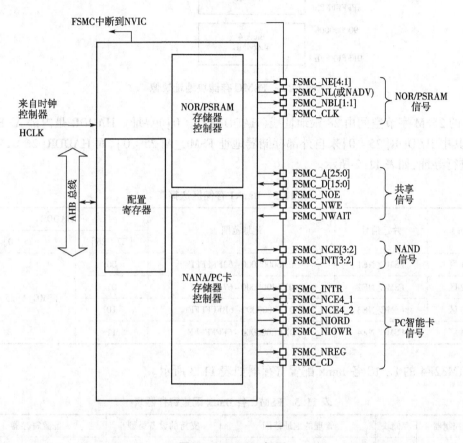

图 11.2　FSMC 框图

从上图可以看出,STM32F4 的 FSMC 将外部设备分为 NOR/PSRAM 设备、NAND/PC 卡设备两类。它们共用地址数据总线等信号,具有不同的 CS 以区分不同的设备,如 TFTLCD 就是用的 FSMC_NE4 做片选,其实就是将 TFTLCD 当成 SRAM 来控制。STM32F4 的 FSMC 支持 8/16/32 位数据宽度。

STM32F4 的 FSMC 将外部存储器划分为固定大小(256M)字节的 4 个存储块,FSMC 的外部设备地址映像如图 11.3 所示。

FSMC 总共管理 1GB 空间,拥有 4 个存储块(Bank)。其中存储块 1(Bank1)被分为 4 个区,每个区管理 64M 字节空间,每个区都有独立的寄存器对所连接的存储器进行配置。

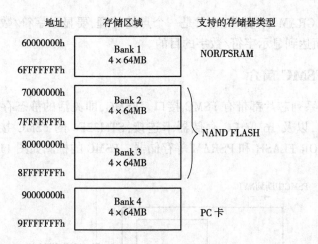

图 11.3　FSMC 存储块地址映像

Bank1 的 256M 字节空间由 28 根地址线（HADDR[27：0]）寻址。HADDR 是内部 AHB 地址总线，其中 HADDR[25：0]来自外部存储器地址 FSMC_A[25：0]，而 HADDR[26：27]对 4 个区进行寻址，如表 11.2 所示。

表 11.2　Bank1 存储区选择表

Bank1	片选信号	地址范围	HADDR [27：26]	HADDR [25：0]
第 1 区	FSMC_NE1	0X60000000~63FFFFFF	00	
第 2 区	FSMC_NE2	0X64000000~67FFFFFF	01	
第 3 区	FSMC_NE3	0X68000000~6BFFFFFF	10	FSMC_A[25：0]
第 4 区	FSMC_NE4	0X6C000000~6FFFFFFF	11	

STM32F4 的 FSMC 各 Bank 配置寄存器如表 11.3 所示。

表 11.3　FSMC 各 Bank 配置寄存器表

内部控制器	存储块	管理的地址范围	支持的设备类型	配置寄存器
NOR FALSH 控制器	Bank1	0X60000000~0X6FFFFFFF	SRAM/ROM NOR FLASH PSRAM	FSMC_BCR1/2/3/4 FSMC_BTR1/2/3/4 FSMC_BWTR1/2/3/4
NAND FALSH /PC CARD 控制器	Bank2	0X70000000~0X7FFFFFFF	NAND FLASH	FSMC_PCR2/3/4 FSMC_SR2/3/4 FSMC_PMEM2/3/4 FSMC_PATT2/3/4 FSMC_PIO4 FSMC_ECCR2/3
	Bank3	0X80000000~0X8FFFFFFF		
	Bank4	0X90000000~0X9FFFFFFF	PC Card	

对于 NOR FLASH 控制器,主要是通过 FSMC_BCRx、FSMC_BTRx 和 FSMC_BWTRx 寄存器设置(其中 x=1~4,对应 4 个区)。FSMC 的 NOR FLASH 控制器支持同步和异步突发两种访问方式。选用同步突发访问方式时,FSMC 将 HCLK(系统时钟)分频后,发送给外部存储器作为同步时钟信号 FSMC_CLK。此时需要设置的时间参数有以下两个:①HCLK 与 FSMC_CLK 的分频系数(CLKDIV),可以为 2~16 分频。②同步突发访问中获得第 1 个数据所需要的等待延迟(DATLAT)。

对于异步突发访问方式,FSMC 主要设置 3 个时间参数:地址建立时间(ADDSET)、数据建立时间(DATAST)和地址保持时间(ADDHLD)。FSMC 定义了 4 种不同的异步时序模型。选用不同的时序模型需要设置不同的时序参数,如表 11.4 所示。

表 11.4　NOR FLASH 控制器支持的时序模型

时序模型		简单描述	时间参数
异步	Mode1	SRAM/CRAM 时序	DATAST、ADDSET
	ModeA	SRAM/CRAM OE 选通型时序	DATAST、ADDSET
	Mode2/B	NOR FLASH 时序	DATAST、ADDSET
	ModeC	NOR FLASH OE 选通型时序	DATAST、ADDSET
	ModeD	延长地址保持时间的异步时序	DATAST、ADDSET、ADDHLK
同步突发		根据同步时钟 FSMC_CK 读取多个顺序单元的数据	CLKDIV、DATLAT

模式 A 的读操作时序如图 11.4 所示。

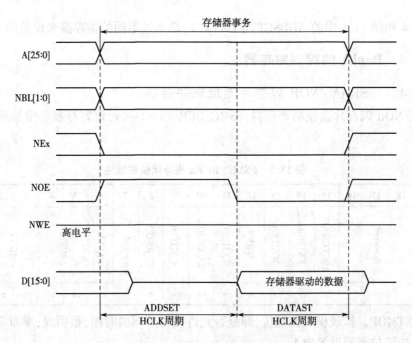

图 11.4　模式 A 读操作时序图

模式 A 支持独立的读写时序控制,初始化时一次配置好即可,既可以满足对速度要求,又不需要频繁更改配置。

模式 A 的写操作时序如图 11.5 所示。

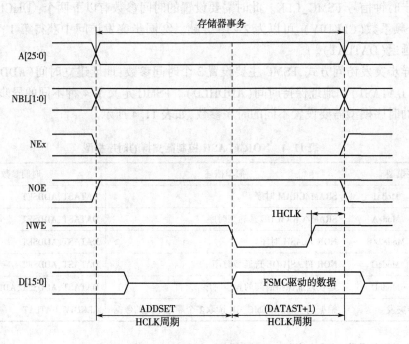

图 11.5 模式 A 写操作时序

图 11.4 和图 11.5 中的 ADDSET 与 DATAST,是通过不同的寄存器来设置的。

11.1.4 Bank1 的控制寄存器

11.1.4.1 SRAM/NOR 闪存片选控制寄存器

SRAM/NOR 闪存片选控制寄存器:FSMC_BCRx(x=1~4),该寄存器各位描述如表 11.5 所示。

表 11.5 FSMC_BCRx 寄存器各位描述

31~20	19	18	17	16	15	14	13	12	11	10	9	8	7	6	5	4	3	2	1	0
Reserved	CBURSTRW	Reserved			ASCYCWAIT	EXTMOD	WAITEN	WREN	WAITEFG	WRAPMOD	WAITPOL	BURSTEN	Reserved	FACCEN	MWID		MTYP		MUXEN	MBKEN
	rw				rw	rw	rw	rw	rw	rw	rw	rw		rw	rw	rw	rw	rw	rw	rw

(1)EXTMOD。扩展模式使能位,即是否允许读写不同的时序,很明显,本章需要读写不同的时序,故该位需要设置为 1。

(2)WREN。写使能位。需要向 TFTLCD 写数据,故该位必须设置为 1。

（3）MWID［1：0］。存储器数据总线宽度。00 表示 8 位数据模式；01 表示 16 位数据模式；10 和 11 保留。TFTLCD 是 16 位数据线，所以设置 WMID［1：0］=01。

（4）MTYP［1：0］。存储器类型。00 表示 SRAM、ROM；01 表示 PSRAM；10 表示 NOR FLASH；11 保留。TFTLCD 当成 SRAM 用，所以需要设置 MTYP［1：0］=00。

（5）MBKEN。存储块使能位。用到该存储块控制 TFTLCD，要使能这个存储块。

11.1.4.2 SRAM/NOR 闪存片选时序寄存器

SRAM/NOR 闪存片选时序寄存器：FSMC_BTRx（x=1~4），包含了每个存储器块的控制信息，该寄存器各位描述如表 11.6 所示。

表 11.6 FSMC_BTRx 寄存器各位描述

31	30	29	28	27	26	25	24	23	22	21	20	19	18	17	16	15	14	13	12	11	10	9	8	7	6	5	4	3	2	1	0
Reserved		ACCMOD		DATLAT				CLKDIV				BUSTURN				DATAST								ADDHLD				ADDSET			
		rw	rw	rw	rw	rw	rw	rw	rw	rw	rw	rw	rw	rw	rw	rw	rw	rw	rw	rw	rw	rw	rw	rw	rw	rw	rw	rw	rw	rw	rw

（1）ACCMOD［1：0］。访问模式。00 表示访问模式 A；01 表示访问模式 B；10 表示访问模式 C；11 表示访问模式 D。本章用到模式 A，故设置为 00。

（2）DATAST［7：0］。数据保持时间。0 为保留设置，其他设置则代表保持时间为：DATAST 个 HCLK 时钟周期，最大为 255 个 HCLK 周期。对 ILI9341 来说，是 RD 低电平持续时间，一般为 355ns。而一个 HCLK 时钟周期为 6ns 左右（1/168MHz），为了兼容其他屏，这里设置 DATAST 为 60，也就是 60 个 HCLK 周期，时间大约是 360ns。

（3）ADDSET［3：0］。地址建立时间。建立时间为：ADDSET 个 HCLK 周期，最大为 15 个 HCLK 周期。对 ILI9341 来说，这里相当于 RD 高电平持续时间，为 90ns，设置 ADDSET 为 15，即 15×6=90ns。

11.1.4.3 SRAM/NOR 闪写时序寄存器

SRAM/NOR 闪写时序寄存器：FSMC_BWTRx（x=1~4），该寄存器用作写操作时序控制寄存器，各位描述如表 11.7 所示。

表 11.7 FSMC_BWTRx 寄存器各位描述

31	30	29	28	27	26	25	24	23	22	21	20	19	18	17	16	15	14	13	12	11	10	9	8	7	6	5	4	3	2	1	0
Reserved		ACCMOD		DATLAT				CLKDIV				BUSTURN				DATAST								ADDHLD				ADDSET			
		rw	rw	rw	rw	rw	rw	rw	rw	rw	rw	rw	rw	rw	rw	rw	rw	rw	rw	rw	rw	rw	rw	rw	rw	rw	rw	rw	rw	rw	rw

其中 ACCMOD、DATAST 和 ADDSET3 个设置的方法同 FSMC_BTRx 一样，只是对应的是

写操作的时序,ACCMOD 设置模式 A;设置 DATAST 为 2,即 3 个 HCLK 周期,时间约为 18ns;ADDSET 设置为 3,即 3 个 HCLK 周期,时间为 18ns。

11.1.5 FSMC 库函数

11.1.5.1 FSMC 初始化函数

固件库提供了 3 个 FSMC 初始化函数分别为:

FSMC_NORSRAMInit();
FSMC_NANDInit();
FSMC_PCCARDInit();

这 3 个函数分别用来初始化 4 种类型存储器。用来初始化 NOR 和 SRAM 使用同一个函数 FSMC_NORSRAMInit()。函数定义如下:

void FSMC_NORSRAMInit(FSMC_NORSRAMInitTypeDef * FSMC_NORSRAMInitStruct);

这个函数只有一个人口参数,也就是 FSMC_NORSRAMInitTypeDef 类型指针变量,结构体定义如下:

```
typedef struct
{
    uint32_t FSMC_Bank;
    uint32_t FSMC_DataAddressMux;
    uint32_t FSMC_MemoryType;
    uint32_t FSMC_MemoryDataWidth;
    uint32_t FSMC_BurstAccessMode;
    uint32_t FSMC_AsynchronousWait;
    uint32_t FSMC_WaitSignalPolarity;
    uint32_t FSMC_WrapMode;
    uint32_t FSMC_WaitSignalActive;
    uint32_t FSMC_WriteOperation;
    uint32_t FSMC_WaitSignal;
    uint32_t FSMC_ExtendedMode;
    uint32_t FSMC_WriteBurst;
    FSMC_NORSRAMTimingInitTypeDef * FSMC_ReadWriteTimingStruct;
    FSMC_NORSRAMTimingInitTypeDef * FSMC_WriteTimingStruct;
} FSMC_NORSRAMInitTypeDef;
```

模式 A 下的相关配置参数如下。

（1）参数 FSMC_Bank 用来设置使用到的存储块标号和区号，由于使用的存储块 1 区号 4，所以选择值为 FSMC_Bank1_NORSRAM4。

（2）参数 FSMC_MemoryType 用来设置存储器类型，由于是 SRAM，所以选择值为 FSMC_ MemoryType_SRAM。

（3）参数 FSMC_MemoryDataWidth 用来设置数据宽度，可选 8 位还是 16 位，16 位数据宽度，选择值为 FSMC_MemoryDataWidth_16b。

（4）参数 FSMC_WriteOperation 用来设置写使能，要向 TFT 写数据，所以要写使能，选择 FSMC_WriteOperation_Enable。

（5）参数 FSMC_ExtendedMode 是设置扩展模式使能位，即是否允许读写不同的时序，由于采取的读写不同时序，所以设置值为 FSMC_ExtendedMode_Enable。

（6）参数 FSMC_DataAddressMux 用来设置地址/数据复用使能，若设置为使能，那么地址的低 16 位和数据将共用数据总线，仅对 NOR 和 PSRAM 有效，这里设置为默认值不复用，值 FSMC_DataAddressMux_Disable。

（7）参数 FSMC_BurstAccessMode、FSMC_AsynchronousWait、FSMC_WaitSignalPolarity、FSMC_WaitSignalActive、FSMC_WrapMode、FSMC_WaitSignal FSMC_WriteBurst 和 FSMC_ WaitSignal 在成组模式、同步模式下才需要设置。

（8）参数 FSMC_ReadWriteTimingStruct 和 FSMC_WriteTimingStruct 分别用来初始化片选控制寄存器 FSMC_BTRx 和写操作时序控制寄存器 FSMC_BWTRx。

FSMC_NORSRAMTimingInitTypeDef 类型的定义如下：

```
typedef struct
{
    uint32_t FSMC_AddressSetupTime;
    uint32_t FSMC_AddressHoldTime;
    uint32_t FSMC_DataSetupTime;
    uint32_t FSMC_BusTurnAroundDuration;
    uint32_t FSMC_CLKDivision;
    uint32_t FSMC_DataLatency;
    uint32_t FSMC_AccessMode;
} FSMC_NORSRAMTimingInitTypeDef;
```

这个结构体的 7 个参数设置 FSMC 读写时序，这些参数主要是设计地址建立保持时间、数据建立时间等配置，由于实验中读写时序不一样，读写速度要求不一样，所以对于参数 FSMC_DataSetupTime 设置了不同的值。

11.1.5.2　FSMC 使能函数

FSMC 对不同的存储器类型同样提供了不同的使能函数，本章使用的是第一个函数。

```
void FSMC_NORSRAMCmd(uint32_t FSMC_Bank,FunctionalState NewState);
void FSMC_NANDCmd(uint32_t FSMC_Bank,FunctionalState NewState);
void FSMC_PCCARDCmd(FunctionalState NewState);
```

11.2　硬件设计

本章用到的硬件资源有:指示灯 DS0,TFTLCD 模块。

TFTLCD 模块与开发板底板的 LCD 接口直接对插即可。在硬件上,TFTLCD 模块与探索者 STM32F4 开发板的 I/O 口对应关系如下。

(1)LCD_BL(背光控制)对应 PB0。

(2)LCD_CS 对应 PG12 即 FSMC_NE4。

(3)LCD_RS 对应 PF12 即 FSMC_A6。

(4)LCD_WR 对应 PD5 即 FSMC_NWE。

(5)LCD_RD 对应 PD4 即 FSMC_NOE。

(6)LCD_D[15:0]则直接连接在 FSMC_D15~FSMC_D0。

11.3　软件设计

FSMC 相关的库函数分布在 stm32f4xx_fsmc.c 文件和头文件 stm32f4xx_fsmc.h 中。

11.3.1　建立头文件

建立 usart.h 文件,编写如下代码。

```
#ifndef__LCD_H
#define__LCD_H
#include "sys.h"
#include "stdlib.h"
typedef struct
{
    u16 width;//LCD 宽度
    u16 height;//LCD 高度
    u16 id;//LCD ID
    u8   dir;//横屏还是竖屏控制:0 为竖屏;1 为横屏
    u16wramcmd;//开始写 gram 指令
    u16   setxcmd;//设置 x 坐标指令
    u16   setycmd;//设置 y 坐标指令
}_lcd_dev;
```

//LCD 参数

extern_lcd_dev lcddev;//管理 LCD 重要参数

//LCD 的画笔颜色和背景色

extern u16   POINT_COLOR;//默认红色

extern u16   BACK_COLOR;//背景颜色默认为白色

//-----------------LCD 端口定义-----------------

#defineLCD_LED PBout(15)   //LCD 背光   PB15

//LCD 地址结构体

typedef struct
{
    vu16 LCD_REG;
    vu16 LCD_RAM;
} LCD_TypeDef;

//使用 NOR/SRAM 的 Bank1.sector4,地址位 HADDR[27,26]＝11 A6 作为数据命令区分线

//注意设置时,STM32 内部会右移一位对齐 111 1110＝0X7E

#define LCD_BASE   ((u32)(0x6C000000 | 0x0000007E))

#define LCD   ((LCD_TypeDef *) LCD_BASE)

//扫描方向定义

#define L2R_U2D   0 //从左到右,从上到下

#define L2R_D2U   1 //从左到右,从下到上

#define R2L_U2D   2 //从右到左,从上到下

#define R2L_D2U   3 //从右到左,从下到上

#define U2D_L2R   4 //从上到下,从左到右

#define U2D_R2L   5 //从上到下,从右到左

#define D2U_L2R   6 //从下到上,从左到右

#define D2U_R2L   7 //从下到上,从右到左

#define DFT_SCAN_DIR   L2R_U2D   //默认的扫描方向

//画笔颜色

#define WHITE   0xFFFF

#define BLACK   0x0000

#define BLUE   0x001F

#define BRED   0XF81F

```
#define GRED            0XFFE0
#define GBLUE           0X07FF
#define RED             0xF800
#define MAGENTA         0xF81F
#define GREEN           0x07E0
#define CYAN            0x7FFF
#define YELLOW          0xFFE0
#define BROWN           0XBC40 //棕色
#define BRRED           0XFC07 //棕红色
#define GRAY            0X8430 //灰色
//GUI 颜色

#define DARKBLUE        0X01CF//深蓝色
#define LIGHTBLUE       0X7D7C//浅蓝色
#define GRAYBLUE        0X5458 //灰蓝色
//以上三色为 PANEL 的颜色

#define LIGHTGREEN      0X841F //浅绿色
//#define LIGHTGRAY     0XEF5B //浅灰色(PANNEL)
#define LGRAY           0XC618 //浅灰色(PANNEL),窗体背景色

#define LGRAYBLUE       0XA651 //浅灰蓝色(中间层颜色)
#define LBBLUE          0X2B12 //浅棕蓝色(选择条目的反色)

void LCD_Init(void);//初始化
void LCD_DisplayOn(void);//开显示
void LCD_DisplayOff(void);//关显示
void LCD_Clear(u16 Color);//清屏
void LCD_SetCursor(u16 Xpos,u16 Ypos);//设置光标
void LCD_DrawPoint(u16 x,u16 y);//画点
void LCD_Fast_DrawPoint(u16 x,u16 y,u16 color);//快速画点
u16    LCD_ReadPoint(u16 x,u16 y);//读点
void LCD_Draw_Circle(u16 x0,u16 y0,u8 r);//画圆
void LCD_DrawLine(u16 x1,u16 y1,u16 x2,u16 y2);//画线
void LCD_DrawRectangle(u16 x1,u16 y1,u16 x2,u16 y2);//画矩形
void LCD_Fill(u16 sx,u16 sy,u16 ex,u16 ey,u16 color);//填充单色
void LCD_Color_Fill(u16 sx,u16 sy,u16 ex,u16 ey,u16 *color);//填充指定颜色
void LCD_ShowChar(u16 x,u16 y,u8 num,u8 size,u8 mode);//显示一个字符
```

void LCD_ShowNum(u16 x,u16 y,u32 num,u8 len,u8 size);//显示一个数字

void LCD_ShowxNum(u16 x,u16 y,u32 num,u8 len,u8 size,u8 mode);//显示数字

void LCD_ShowString(u16 x,u16 y,u16 width,u16 height,u8 size,u8 * p);//显示一个字符串,12/16 字体

void LCD_WriteReg(u16 LCD_Reg,u16 LCD_RegValue);

u16 LCD_ReadReg(u16 LCD_Reg);

void LCD_WriteRAM_Prepare(void);

void LCD_WriteRAM(u16 RGB_Code);

void LCD_SSD_BackLightSet(u8 pwm);//SSD1963 背光控制

void LCD_Scan_Dir(u8 dir);//设置屏幕扫描方向

void LCD_Display_Dir(u8 dir);//设置屏幕显示方向

void LCD_Set_Window(u16 sx,u16 sy,u16 width,u16 height);//设置窗口

//LCD 分辨率设置

#define SSD_HOR_RESOLUTION	800	//LCD 水平分辨率
#define SSD_VER_RESOLUTION	480	//LCD 垂直分辨率

//LCD 驱动参数设置

#define SSD_HOR_PULSE_WIDTH	1	//水平脉宽
#define SSD_HOR_BACK_PORCH	46	//水平前廊
#define SSD_HOR_FRONT_PORCH	210	//水平后廊
#define SSD_VER_PULSE_WIDTH	1	//垂直脉宽
#define SSD_VER_BACK_PORCH	23	//垂直前廊
#define SSD_VER_FRONT_PORCH	22	//垂直前廊

//如下几个参数,自动计算

#define SSD_HT
(SSD_HOR_RESOLUTION+SSD_HOR_BACK_PORCH+SSD_HOR_FRONT_PORCH)

#define SSD_HPS(SSD_HOR_BACK_PORCH)

#define SSD_VT
(SSD_VER_RESOLUTION+SSD_VER_BACK_PORCH+SSD_VER_FRONT_PORCH)

#define SSD_VPS (SSD_VER_BACK_PORCH)

#endif

11.3.2 函数定义

新建文件,保存为 lcd.c。部分函数代码如下。

//写寄存器函数

```
//regval:寄存器值
void LCD_WR_REG( vu16 regval)
{
    regval=regval;  //使用-O2 优化时,必须插入的延时
    LCD→LCD_REG=regval;//写入要写的寄存器序号
}
//写 LCD 数据
//data:要写入的值
void LCD_WR_DATA( vu16 data)
{
    data=data;  //使用-O2 优化时,必须插入的延时
    LCD→LCD_RAM=data;
}
//读 LCD 数据
//返回值:读到的值
u16 LCD_RD_DATA( void)
{
    vu16;  //防止被优化
    ram=LCD→LCD_RAM;
    return ram;
}
//写寄存器
//LCD_Reg:寄存器地址
//LCD_RegValue:要写入的数据
void LCD_WriteReg( vu16 LCD_Reg,vu16 LCD_RegValue)
{
    LCD→LCD_REG = LCD_Reg;  //写入要写的寄存器序号
    LCD→LCD_RAM = LCD_RegValue;//写入数据
}
//读寄存器
//LCD_Reg:寄存器地址
//返回值:读到的数据
u16 LCD_ReadReg( vu16 LCD_Reg)
{
    LCD_WR_REG(LCD_Reg);  //写入要读的寄存器序号
    delay_us(5);
    return LCD_RD_DATA();  //返回读到的值
}
```

```c
//开始写 GRAM
void LCD_WriteRAM_Prepare(void)
{
    LCD→LCD_REG = lcddev.wramcmd;
}
//LCD 写 GRAM
//RGB_Code:颜色值
void LCD_WriteRAM(u16 RGB_Code)
{
    LCD→LCD_RAM = RGB_Code;//写16位 GRAM
}


//设置光标位置
//Xpos:横坐标
//Ypos:纵坐标
void LCD_SetCursor(u16 Xpos,u16 Ypos)
{
    if(lcddev.id == 0X9341||lcddev.id == 0X5310)
    {
        LCD_WR_REG(lcddev.setxcmd);
        LCD_WR_DATA(Xpos>>8);
        LCD_WR_DATA(Xpos&0XFF);
        LCD_WR_REG(lcddev.setycmd);
        LCD_WR_DATA(Ypos>>8);
        LCD_WR_DATA(Ypos&0XFF);
    } else if(lcddev.id == 0X6804)
    {
        if(lcddev.dir == 1)Xpos=lcddev.width-1-Xpos;//横屏时处理
        LCD_WR_REG(lcddev.setxcmd);
        LCD_WR_DATA(Xpos>>8);
        LCD_WR_DATA(Xpos&0XFF);
        LCD_WR_REG(lcddev.setycmd);
        LCD_WR_DATA(Ypos>>8);
        LCD_WR_DATA(Ypos&0XFF);
    } else if(lcddev.id == 0X5510)
    {
        LCD_WR_REG(lcddev.setxcmd);
        LCD_WR_DATA(Xpos>>8);
```

```
            LCD_WR_REG(lcddev.setxcmd+1);
            LCD_WR_DATA(Xpos&0XFF);
            LCD_WR_REG(lcddev.setycmd);
            LCD_WR_DATA(Ypos>>8);
            LCD_WR_REG(lcddev.setycmd+1);
            LCD_WR_DATA(Ypos&0XFF);
        }else
        {
            if(lcddev.dir==1)Xpos=lcddev.width-1-Xpos;//横屏其实就是调转 x,y 坐标
            LCD_WriteReg(lcddev.setxcmd,Xpos);
            LCD_WriteReg(lcddev.setycmd,Ypos);
        }
    }


//画点
//x,y:坐标
//POINT_COLOR:此点的颜色
void LCD_DrawPoint(u16 x,u16 y)
{
    LCD_SetCursor(x,y);    //设置光标位置
    LCD_WriteRAM_Prepare();//开始写入 GRAM
    LCD->LCD_RAM=POINT_COLOR;
}


//读取某个点的颜色值
//x,y:坐标
//返回值:此点的颜色
u16 LCD_ReadPoint(u16 x,u16 y)
{
    u16 r=0,g=0,b=0;
    if(x>=lcddev.width||y>=lcddev.height)return 0;    //超过了范围,直接返回
    LCD_SetCursor(x,y);
    if(lcddev.id==0X9341||lcddev.id==0X6804||lcddev.id==0X5310)LCD_WR_
REG(0X2E);
    //9341/6804/3510 发送读 GRAM 指令
    else if(lcddev.id==0X5510)LCD_WR_REG(0X2E00);//5510 发送读 GRAM 指令
    else LCD_WR_REG(R34);                //其他 IC 发送读 GRAM 指令
```

```
    if(lcddev.id==0X9320)opt_delay(2);        //FOR 9320,延时2μs
    LCD_RD_DATA();              //dummy Read
    opt_delay(2);
    r=LCD_RD_DATA();                //实际坐标颜色
    if(lcddev.id==0X9341||lcddev.id==0X5310||lcddev.id==0X5510)
    {
        //9341/NT35310/NT35510要分两次读出
        opt_delay(2);
        b=LCD_RD_DATA();
        g=r&0XFF;//9341/5310/5510等,第一次读的是RG的值,R在前,G在后,各
占8位
        g<<=8;
    }
    if( lcddev.id == 0X9325 || lcddev.id == 0X4535 || lcddev.id == 0X4531 ||
lcddev.id==0XB505||
                            lcddev.id==0XC505)return r;//这几种IC直接返回颜色值
    else if(lcddev.id==0X9341||lcddev.id==0X5310||lcddev.id==0X5510)return
(((r>>11)<<11)
            |((g>>10)<<5)|(b>>11));//ILI9341/NT35310/NT35510需要公式转换一下
    else return LCD_BGR2RGB(r);//其他IC
}


//在指定位置显示一个字符
//x,y:起始坐标
//num:要显示的字符:" "---►"~"
//size:字体大小 12/16/24
//mode:叠加方式(1)还是非叠加方式(0)
void LCD_ShowChar(u16 x,u16 y,u8 num,u8 size,u8 mode)
{
    u8 temp,t1,t;u16 y0=y;
    u8 csize=(size/8+((size%8)? 1:0)) * (size/2);
    //得到字体一个字符对应点阵集所占的字节数
    //设置窗口
    num=num-' ';//得到偏移后的值
    for(t=0;t<csize;t++)
    {
        if(size==12)temp=asc2_1206[num][t];        //调用1206字体
        else if(size==16)temp=asc2_1608[num][t];//调用1608字体
```

```
        else if(size==24)temp=asc2_2412[num][t];//调用2412字体
        else return;          //没有的字库
        for(t1=0;t1<8;t1++)
        {
            if(temp&0x80)LCD_Fast_DrawPoint(x,y,POINT_COLOR);
            else if(mode==0)LCD_Fast_DrawPoint(x,y,BACK_COLOR);
            temp<<=1;
            y++;
            if(y>=lcddev.height)return;   //超区域了
            if((y-y0)==size)
            {
                y=y0;x++;
                if(x>=lcddev.width)return;//超区域了
                break;
            }
        }
    }
}
```

//TFTLCD 模块的初始化函数
```
void LCD_Init(void)
{
    vu32 i=0;
    GPIO_InitTypeDef    GPIO_InitStructure;
    FSMC_NORSRAMInitTypeDef    FSMC_NORSRAMInitStructure;
    FSMC_NORSRAMTimingInitTypeDef    readWriteTiming;
    FSMC_NORSRAMTimingInitTypeDef    writeTiming;

    // GPIO,FSMC 时钟使能
    RCC_AHB1PeriphClockCmd(RCC_AHB1Periph_GPIOB|RCC_AHB1Periph_GPIOD|
RCC_ AHB1Periph _ GPIOE | RCC _ AHB1Periph _ GPIOF | RCC _ AHB1Periph _ GPIOG,
ENABLE);//使能 PD,PE,PF,PG 时钟
    RCC_ AHB3PeriphClockCmd ( RCC _ AHB3Periph _ FSMC, ENABLE);//使 能 FSMC
时钟

    //GPIO 初始化设置
    GPIO_InitStructure. GPIO_Pin = GPIO_Pin_15;//PB15 推挽输出,控制背光
    GPIO_InitStructure. GPIO_Mode = GPIO_Mode_OUT;//普通输出模式
```

```
GPIO_InitStructure. GPIO_OType = GPIO_OType_PP;//推挽输出
GPIO_InitStructure. GPIO_Speed = GPIO_Speed_50MHz;//100MHz
GPIO_InitStructure. GPIO_PuPd = GPIO_PuPd_UP;//上拉
GPIO_Init(GPIOB,&GPIO_InitStructure);//初始化
//PB15 推挽输出,控制背光

GPIO_InitStructure. GPIO_Pin = (3<<0)|(3<<4)|(7<<8)|(3<<14);//PD0,1,4,
5,8,9,10,14,15 AF OUT
GPIO_InitStructure. GPIO_Mode = GPIO_Mode_AF;//复用输出
GPIO_InitStructure. GPIO_OType = GPIO_OType_PP;//推挽输出
GPIO_InitStructure. GPIO_Speed = GPIO_Speed_100MHz;//100MHz
GPIO_InitStructure. GPIO_PuPd = GPIO_PuPd_UP;//上拉
GPIO_Init(GPIOD,&GPIO_InitStructure);//初始化

GPIO_InitStructure. GPIO_Pin = (0X1FF<<7);//PE7~15,AF OUT
GPIO_InitStructure. GPIO_Mode = GPIO_Mode_AF;//复用输出
GPIO_InitStructure. GPIO_OType = GPIO_OType_PP;//推挽输出
GPIO_InitStructure. GPIO_Speed = GPIO_Speed_100MHz;//100MHz
GPIO_InitStructure. GPIO_PuPd = GPIO_PuPd_UP;//上拉
GPIO_Init(GPIOE,&GPIO_InitStructure);//初始化

GPIO_InitStructure. GPIO_Pin = GPIO_Pin_12;//PF12,FSMC_A6
GPIO_InitStructure. GPIO_Mode = GPIO_Mode_AF;//复用输出
GPIO_InitStructure. GPIO_OType = GPIO_OType_PP;//推挽输出
GPIO_InitStructure. GPIO_Speed = GPIO_Speed_100MHz;//100MHz
GPIO_InitStructure. GPIO_PuPd = GPIO_PuPd_UP;//上拉
GPIO_Init(GPIOF,&GPIO_InitStructure);//初始化

GPIO_InitStructure. GPIO_Pin = GPIO_Pin_12;//PF12,FSMC_A6
GPIO_InitStructure. GPIO_Mode = GPIO_Mode_AF;//复用输出
GPIO_InitStructure. GPIO_OType = GPIO_OType_PP;//推挽输出
GPIO_InitStructure. GPIO_Speed = GPIO_Speed_100MHz;//100MHz
GPIO_InitStructure. GPIO_PuPd = GPIO_PuPd_UP;//上拉
GPIO_Init(GPIOG,&GPIO_InitStructure);//初始化

//引脚复用映射设置
GPIO_PinAFConfig(GPIOD,GPIO_PinSource0,GPIO_AF_FSMC);//PD0,AF12
GPIO_PinAFConfig(GPIOD,GPIO_PinSource1,GPIO_AF_FSMC);//PD1,AF12
```

```
GPIO_PinAFConfig(GPIOD,GPIO_PinSource4,GPIO_AF_FSMC);
GPIO_PinAFConfig(GPIOD,GPIO_PinSource5,GPIO_AF_FSMC);
GPIO_PinAFConfig(GPIOD,GPIO_PinSource8,GPIO_AF_FSMC);
GPIO_PinAFConfig(GPIOD,GPIO_PinSource9,GPIO_AF_FSMC);
GPIO_PinAFConfig(GPIOD,GPIO_PinSource10,GPIO_AF_FSMC);
GPIO_PinAFConfig(GPIOD,GPIO_PinSource14,GPIO_AF_FSMC);
GPIO_PinAFConfig(GPIOD,GPIO_PinSource15,GPIO_AF_FSMC);//PD15,AF12

GPIO_PinAFConfig(GPIOE,GPIO_PinSource7,GPIO_AF_FSMC);//PE7,AF12
GPIO_PinAFConfig(GPIOE,GPIO_PinSource8,GPIO_AF_FSMC);
GPIO_PinAFConfig(GPIOE,GPIO_PinSource9,GPIO_AF_FSMC);
GPIO_PinAFConfig(GPIOE,GPIO_PinSource10,GPIO_AF_FSMC);
GPIO_PinAFConfig(GPIOE,GPIO_PinSource11,GPIO_AF_FSMC);
GPIO_PinAFConfig(GPIOE,GPIO_PinSource12,GPIO_AF_FSMC);
GPIO_PinAFConfig(GPIOE,GPIO_PinSource13,GPIO_AF_FSMC);
GPIO_PinAFConfig(GPIOE,GPIO_PinSource14,GPIO_AF_FSMC);
GPIO_PinAFConfig(GPIOE,GPIO_PinSource15,GPIO_AF_FSMC);//PE15,AF12

GPIO_PinAFConfig(GPIOF,GPIO_PinSource12,GPIO_AF_FSMC);//PF12,AF12
GPIO_PinAFConfig(GPIOG,GPIO_PinSource12,GPIO_AF_FSMC);

//FSMC 初始化
readWriteTiming.FSMC_AddressSetupTime = 0XF;//地址建立时间为 16 个 HCLK
readWriteTiming.FSMC_AddressHoldTime = 0x00;//地址保持时间模式 A 未用到
readWriteTiming.FSMC_DataSetupTime = 24;//数据保存时间为 25 个 HCLK
readWriteTiming.FSMC_BusTurnAroundDuration = 0x00;
readWriteTiming.FSMC_CLKDivision = 0x00;
readWriteTiming.FSMC_DataLatency = 0x00;
readWriteTiming.FSMC_AccessMode = FSMC_AccessMode_A;   //模式 A

writeTiming.FSMC_AddressSetupTime = 8;   //地址建立时间（ADDSET）为 8
个 HCLK
writeTiming.FSMC_AddressHoldTime = 0x00;//地址保持时间
writeTiming.FSMC_DataSetupTime = 8;   //数据保存时间为 6ns×9 个 HCLK=54ns
writeTiming.FSMC_BusTurnAroundDuration = 0x00;
writeTiming.FSMC_CLKDivision = 0x00;
writeTiming.FSMC_DataLatency = 0x00;
writeTiming.FSMC_AccessMode = FSMC_AccessMode_A;   //模式 A
```

FSMC_NORSRAMInitStructure. FSMC_Bank = FSMC_Bank1_NORSRAM4;//使用NE,对应 BTCR[6],[7]

FSMC_NORSRAMInitStructure. FSMC_DataAddressMux = FSMC_DataAddressMux_Disable;//不复用数据地址

FSMC_NORSRAMInitStructure. FSMC_MemoryType =FSMC_MemoryType_SRAM;

//FSMC_MemoryType_SRAM;

FSMC_NORSRAMInitStructure. FSMC_MemoryDataWidth =FSMC_MemoryDataWidth_16b;//存储器数据宽度为 16bit

FSMC_NORSRAMInitStructure. FSMC_BurstAccessMode
=FSMC_BurstAccessMode_Disable;

FSMC_BurstAccessMode_Disable;

FSMC_NORSRAMInitStructure. FSMC_WaitSignalPolarity
=FSMC_WaitSignalPolarity_Low;

FSMC_NORSRAMInitStructure. FSMC_AsynchronousWait
=FSMC_AsynchronousWait_Disable;

FSMC_NORSRAMInitStructure. FSMC_WrapMode
= FSMC_WrapMode_Disable;

FSMC_NORSRAMInitStructure. FSMC_WaitSignalActive
=FSMC_WaitSignalActive_BeforeWaitState;

FSMC_NORSRAMInitStructure. FSMC_WriteOperation =
FSMC_WriteOperation_Enable;//存储器写使能

FSMC_NORSRAMInitStructure. FSMC_WaitSignal = FSMC_WaitSignal_Disable;

FSMC_NORSRAMInitStructure. FSMC_ExtendedMode = FSMC_ExtendedMode_Enable;

// 读写使用不同的时序

FSMC_NORSRAMInitStructure. FSMC_WriteBurst = FSMC_WriteBurst_Disable;

FSMC_NORSRAMInitStructure. FSMC_ReadWriteTimingStruct = &readWriteTiming;

//读写时序

FSMC_NORSRAMInitStructure. FSMC_WriteTimingStruct = &writeTiming;   //写时序

FSMC_NORSRAMInit(&FSMC_NORSRAMInitStructure);   //初始化 FSMC 配置

//使能 FSMC

FSMC_NORSRAMCmd(FSMC_Bank1_NORSRAM4,ENABLE);   // 使能 BANK1

delay_ms(50);//delay 50 ms

lcddev. id = LCD_ReadReg(0x0000);

```
//不同的 LCD 驱动器有不同的初始化设置
if(lcddev.id<0XFF||lcddev.id==0XFFFF||lcddev.id==0X9300)
//ID 不正确,新增 0X9300 判断,因为 9341 在未被复位的情况下会被读成 9300
{
    //尝试 9341 ID 的读取
    LCD_WR_REG(0XD3);
    lcddev.id=LCD_RD_DATA();//dummy read
    lcddev.id=LCD_RD_DATA();    //读到 0X00
    lcddev.id=LCD_RD_DATA();        //读取 93
    lcddev.id<<=8;
    lcddev.id|=LCD_RD_DATA();   //读取 41
    if(lcddev.id!=0X9341)   //非 9341,尝试是不是 6804
    {
        LCD_WR_REG(0XBF);
        lcddev.id=LCD_RD_DATA();//dummy read
        lcddev.id=LCD_RD_DATA();//读回 0X01
        lcddev.id=LCD_RD_DATA();//读回 0XD0
        lcddev.id=LCD_RD_DATA();//这里读回 0X68
        lcddev.id<<=8;
        lcddev.id|=LCD_RD_DATA();//这里读回 0X04
        if(lcddev.id!=0X6804)   //也不是 6804,尝试看看是不是 NT35310
        {
            LCD_WR_REG(0XD4);
            lcddev.id=LCD_RD_DATA();//dummy read
            lcddev.id=LCD_RD_DATA();//读回 0X01
            lcddev.id=LCD_RD_DATA();//读回 0X53
            lcddev.id<<=8;
            lcddev.id|=LCD_RD_DATA();//这里读回 0X10
            if(lcddev.id!=0X5310) //也不是 NT35310,尝试看看是不是 NT35510
            {
                LCD_WR_REG(0XDA00);
                lcddev.id=LCD_RD_DATA();//读回 0X00
                LCD_WR_REG(0XDB00);
                lcddev.id=LCD_RD_DATA();//读回 0X80
                lcddev.id<<=8;
                LCD_WR_REG(0XDC00);
                lcddev.id|=LCD_RD_DATA();//读回 0X00
                if(lcddev.id==0x8000)lcddev.id=0x5510;//NT35510 读回的
```

ID 是 8000H,强制设置为 5510
```
                              }
                     }
              }
       }
       if(lcddev. id = =0X9341||lcddev. id = =0X5310||lcddev. id = =0X5510)
       {
              //如果是这三个 IC,则设置 WR 时序为最快
              //重新配置写时序控制寄存器的时序
              FSMC_Bank1E→BWTR[6]&= ~(0XF<<0);//地址建立时间(ADDSET)清零
              FSMC_Bank1E→BWTR[6]&= ~(0XF<<8);//数据保存时间清零
              FSMC_Bank1E→BWTR[6]|=3<<0;  //地址建立时间为 3 个 HCLK =18ns
              FSMC _ Bank1E → BWTR[6]|=2<<8;  //数据保存时间为 6ns×3 个
HCLK = 18ns
       } else if(lcddev. id = =0X6804||lcddev. id = =0XC505)//6804/C505 速度上不去,得
降低
       {
              //重新配置写时序控制寄存器的时序
              FSMC_Bank1E→BWTR[6]&= ~(0XF<<0);//地址建立时间(ADDSET)清零
              FSMC_Bank1E→BWTR[6]&= ~(0XF<<8);//数据保存时间清零
              FSMC _Bank1E→BWTR[6]|=10<<0;  //地址建立时间为 10 个 HCLK
=60ns
              FSMC _Bank1E→BWTR[6]|=12<<8;  //数据保存时间为 6ns×13 个
HCLK=78ns
       }
       printf(" LCD ID:%x\r\n",lcddev. id);//打印 LCD ID
       if(lcddev. id = =0X9341)  //9341 初始化
       {
          ……//9341 初始化代码
       } else if(lcddev. id = =0xXXXX) //其他 LCD 初始化代码
       {
          ……//其他 LCD 驱动 IC,初始化代码
       }
       LCD_Display_Dir(0);   //默认为竖屏显示
       LCD_LED=1;     //点亮背光
       LCD_Clear(WHITE);
}
```

11.3.3 建立主函数

在 main 函数里面编写如下代码。

```c
int main(void)
{
    u8 x = 0;
    u8 lcd_id[12];        //存放 LCD ID 字符串
    NVIC_PriorityGroupConfig(NVIC_PriorityGroup_2);//设置系统中断优先级分组 2
    delay_init(168);    //初始化延时函数
    uart_init(115200);    //初始化串口波特率为 115 200

    LED_Init();        //初始化 LED
    LCD_Init();            //初始化 LCD FSMC 接口
    POINT_COLOR = RED;
    sprintf((char *)lcd_id,"LCD ID:%04X",lcddev.id);//将 LCD ID 打印到 lcd_id 数组
    while(1)
    {
        switch(x)
        {
            case 0:LCD_Clear(WHITE);break;
            case 1:LCD_Clear(BLACK);break;
            case 2:LCD_Clear(BLUE);break;
            case 3:LCD_Clear(RED);break;
            case 4:LCD_Clear(MAGENTA);break;
            case 5:LCD_Clear(GREEN);break;
            case 6:LCD_Clear(CYAN);break;
            case 7:LCD_Clear(YELLOW);break;
            case 8:LCD_Clear(BRRED);break;
            case 9:LCD_Clear(GRAY);break;
            case 10:LCD_Clear(LGRAY);break;
            case 11:LCD_Clear(BROWN);break;
        }
        POINT_COLOR = RED;
        LCD_ShowString(30,40,210,24,24,"Explorer STM32F4");
        LCD_ShowString(30,70,200,16,16,"TFTLCD TEST");
        LCD_ShowString(30,90,200,16,16,"ATOM@ ALIENTEK");
```

```
        LCD_ShowString(30,110,200,16,16,lcd_id);   //显示 LCD ID

        LCD_ShowString(30,130,200,12,12,"2014/5/4");
        x++;
        if(x==12)x=0;
        LED0=!  LED0;delay_ms(1000);
        }
    }
```

该部分代码将显示一些固定的字符,字体大小包括24×12、16×8 和12×6 等3种,同时显示 LCD 驱动 IC 的型号,然后不停地切换背景颜色,每 1s 切换一次。而 LED0 也会不停地闪烁。其中用到一个 sprintf 函数,该函数用法同 printf,只是 sprintf 把打印内容输出到指定的内存区间上。

注意:uart_init 函数不能去掉,因为在 LCD_Init 函数里面调用了 printf,只要代码有用到printf,就必须初始化串口。

执行程序,DS0 闪烁。

12 A/D 转换控制

本章将利用 STM32F4 的 ADC 通道采样外部电压值,并在 TFTLCD 模块上显示出来。

12.1 STM32F4 ADC 简介

STM32F4 的 ADC 是 12 位逐次逼近型的模拟数字转换器,它有 19 个通道,可测量 16 个外部源、2 个内部源和 Vbat 通道的信号。这些通道的 A/D 转换可以以单次、连续、扫描或间断模式执行。ADC 的结果可以以左对齐或右对齐方式存储在 16 位数据寄存器中。模拟看门狗特性允许应用程序检测输入电压是否超出用户定义的高/低阈值。

STM32F407ZGT6 包含 3 个 ADC。STM32F4 的 ADC 最大的转换速率为 2.4MHz,转换时间为 0.41μs(在 ADCCLK=36M,采样周期为 3 个 ADC 时钟下得到),不要让 ADC 的时钟超过 36M,否则将导致结果准确度下降。

STM32F4 将 ADC 的转换分为两个通道组:规则通道组和注入通道组。规则通道相当于正常运行的程序,注入通道相当于中断。程序正常执行的时候,中断可以打断执行。同样,注入通道的转换可以打断规则通道的转换,在注入通道被转换完成之后,规则通道才得以继续转换。

STM32F4 的 ADC 在单次转换模式下,只执行一次转换,该模式可以通过 ADC_CR2 寄存器的 ADON 位(只适用于规则通道)启动,也可以通过外部触发启动(适用于规则通道和注入通道)。

12.1.1 相关寄存器

12.1.1.1 ADC 控制寄存器

ADC 控制寄存器有 ADC_CR1 和 ADC_CR2 两个寄存器。

(1)ADC_CR1 寄存器。ADC_CR1 寄存器的各位描述如表 12.1 所示。

表 12.1 ADC_CR1 寄存器各位描述

31	30	29	28	27	26	25	24	23	22	21	20	19	18	17	16
					OVRIE	RES		AWDEN	JAWDEN						
		Reserved										Reserved			
					rw	rw	rw	rw	rw						
15	14	13	12	11	10	9	8	7	6	5	4	3	2	1	0
DISCNUM[2:0]			JDISCEN	DISCEN	JAUTO	AWDSGL	SCAN	JEOCIE	AEDIE	EOCIE	AEDCH[4:0]				

rw	rw	rw	rw	rw	rw	rw	rw	rw	rw	rw	rw	rw	rw	rw	rw

ADC_CR1 的 SCAN 位

该位用于设置扫描模式,由软件设置和清除,如果设置为 1,则使用扫描模式,如果为 0,则关闭扫描模式。在扫描模式下,由 ADC_SQRx 或 ADC_JSQRx 寄存器选中的通道被转换。如果设置了 EOCIE 或 JEOCIE,只在最后一个通道转换完毕后才会产生 EOC 或 JEOC 中断

ADC_CR1[25:24]位:这两位用于设置 ADC 的分辨率

位 25:24 RES[1:0]:分辨率

通过软件写入这些位可选择转换的分辨率

00:12 位(15 ADCDLK 周期)	10:8 位(11 ADCDLK 周期)
01:10 位(13 ADCDLK 周期)	11:6 位(9 ADCDLK 周期)

本章使用 12 位分辨率,所以设置这两个位为 0。

(2)ADC_CR2 寄存器。ADC_CR2 寄存器的各位描述如表 12.2 所示。

表 12.2　ADC_CR2 寄存器各位描述

31	30	29	28	27	26	25	24	23	22	21	20	19	18	17	16
Reserved	SWSTART	EXTEN		EXTSE[3:0]				Reserved	JSWSTART	JEXTEN		JEXTSEL[3:0]			
	rw	rw	rw	rw	rw	rw	rw		rw	rw	rw	rw	rw	rw	rw
15	14	13	12	11	10	9	8	7	6	5	4	3	2	1	0
Reserved				ALIGN	EOCS	DDS	DMA	Reserved						CONT	ADON
				rw	rw	rw	rw							rw	rw

• ADON 位

ADON 位用于开关 AD 转换器。而 CONT 位用于设置是否进行连续转换,因为使用单次转换,所以 CONT 位必须为 0。ALIGN 用于设置数据对齐,因为使用右对齐,该位设置为 0

• EXTEN[1:0]

EXTEN[1:0]用于规则通道的外部触发使能设置,详细的设置关系如下:

位 29:28 EXTEN[1:0]:规则通道的外部触发使能

通过软件将这些位置 1 和清零,可选择外部触发极性和使能规则组的触发

00:禁止触发检测	10:下降沿上的触发检测
01:上升沿上的触发检测	11:上升沿和下降沿上的触发检测

本章使用的是软件触发,即不使用外部触发,所以设置这两个位为 0 即可。ADC_CR2 的 SWSTART 位用于开始规则通道的转换,每次转换(单次转换模式下)都需要向该位写 1。

12.1.1.2 ADC 通用控制寄存器(ADC_CCR)

ADC_CCR 寄存器各位描述如表 12.3 所示。

表 12.3 ADC_CCR 寄存器各位描述

31	30	29	28	27	26	25	24	23	22	21	20	19	18	17	16
								TSVREFE	VBATE					ADCPRE	
				Reserved								Reserved			
								rw	rw					rw	rw
15	14	13	12	11	10	9	8	7	6	5	4	3	2	1	0
DMA[1:0]		DDS		DELAY[3:0]							MULTI[4:0]				
								Reserved							
		w		rw	rw	rw	rw				rw	rw	rw	rw	rw

- TSVREFE 位

TSVREFE 位是内部温度传感器和 Vrefint 通道使能位,这里直接设置为 0

- ADCPRE[1:0]

ADCPRE[1:0]用于设置 ADC 输入时钟分频,00~11 分别对应 2/4/6/8 分频,STM32F4 的 ADC 最大工作频率是 36MHz,而 ADC 时钟(ADCCLK)来自 APB2,APB2 频率一般是 84MHz,所以一般设置 ADCPRE=01,即 4 分频,得到 ADCCLK 频率为 21MHz。

- MULTI[4:0]

MULTI[4:0]用于多重 ADC 模式选择,详细的设置关系如下:

位 4:0 MULTI[4:0]:多重 ADC 模式选择

　　　　通过软件写入这些位可选择操作模式

所有 ADC 均独立:

　　　　00000:独立模式

　　　　00001~01001:双重模式,ADC1 和 ADC2 一起工作,ADC3 独立

　　　　00001:规则同时+注入同时组合模式

　　　　00010:规则同时+交替触发组合模式

　　　　00011:Reserved

　　　　00101:仅注入同时模式

　　　　00110:仅规则同时模式

　　　　仅交错模式

　　　　01001:仅交替触发模式

　　　　10001~11001:三重模式,ADC1、ADC2 和 ADC3 一起工作

　　　　10001:规则同时+注入同时组合模式

　　　　10010:规则同时+交替触发组合模式

　　　　10011:Reserved

　　　　10101:仅注入同时模式

　　　　10110:仅规则同时模式

　　　　仅交错模式

　　　　11001:仅交替触发模式

　　　　其他所有组合均需保留且不允许编程

本章仅用了 ADC1（独立模式），并没用到多重 ADC 模式，所以设置这 5 个位为 0 即可。

12.1.1.3　ADC 采样时间寄存器

ADC 采样时间寄存器有 ADC_SMPR1 和 ADC_SMPR2 两种，这两个寄存器用于设置通道 0~18 的采样时间，每个通道占用 3 个位。

（1）ADC_SMPR1 寄存器。ADC_SMPR1 寄存器的各位描述如表 12.4 所示。

表 12.4　ADC_SMPR1 寄存器各位描述

31	30	29	28	27	26	25	24	23	22	21	20	19	18	17	16
Reserved					SMP18[2:0]			SMP17[2:0]			SMP16[2:0]			SMP15[2:1]	
					rw	rw	rw	rw	rw	rw	rw	rw	rw	rw	rw
15	14	13	12	11	10	9	8	7	6	5	4	3	2	1	0
SMP 15_0	SMP14[2:0]			SMP13[2:0]			SMP12[2:0]			SMP11[2:0]			SMP10[2:0]		
rw	rw	rw	rw	rw	rw	rw	rw	rw	rw	rw	rw	rw	rw	rw	rw

位 31:27 保留，必须保持复位值

位 26:0 SMPx[2:0]：通道 X 采样时间选择，通过软件写入这些位可分别为各个通道选择采样时间。在采样周期期间，通道选择位必须保持不变

注意：000:3 个周期　　　100:84 个周期　　　001:15 周期　　　101:112 个周期
　　　010:28 个周期　　　110:144 个周期　　　011:56 个周期　　　111:480 个周期

（2）ADC_SMPR2 寄存器。ADC_SMPR2 的各位描述如表 12.5 所示。

表 12.5　ADC_SMPR2 寄存器各位描述

31	30	29	28	27	26	25	24	23	22	21	20	19	18	17	16
Reserved		SMP9[2:0]			SMP8[2:0]			SMP7[2:0]			SMP6[2:0]			SMP5[2:1]	
		rw	rw	rw	rw	rw	rw	rw	rw	rw	rw	rw	rw	rw	rw
15	14	13	12	11	10	9	8	7	6	5	4	3	2	1	0
SMP 5_0	SMP4[2:0]			SMP3[2:0]			SMP2[2:0]			SMP1[2:0]			SMP0[2:0]		
rw	rw	rw	rw	rw	rw	rw	rw	rw	rw	rw	rw	rw	rw	rw	rw

位 31:30 保留，必须保持复位值

位 29:0 SMPx[2:0]：通道 X 采样时间选择，通过软件写入这些位可分别为各个通道选择采样时间。在采样周期期间，通道选择位必须保持不变

注意：000:3 个周期　　　100:84 个周期　　　001:15 个周期　　　101:112 个周期
　　　010:28 个周期　　　110:144 个周期　　　011:56 个周期　　　111:480 个周期

ADC 的转换时间可以由以下公式计算。

$$Tcovn = 采样时间 + 12 个周期$$

其中:Tcovn 为总转换时间,采样时间是根据每个通道的 SMP 位的设置来决定的。例如,当 ADCCLK=21MHz 的时候,并设置 3 个周期的采样时间,则得到:Tcovn=3+12=15 个周期=0.71μs。

12.1.1.4 ADC 规则序列寄存器

ADC 规则序列寄存器(ADC_SQR1~3),该寄存器总共有 3 个,这几个寄存器的功能相似,其中 ADC_SQR1 寄存器的各位描述如表 12.6 所示。

表 12.6 ADC_SQR1 寄存器各位描述

31	30	29	28	27	26	25	24	23	22	21	20	19	18	17	16
Reserved								L[3:0]				SQ16[4:1]			
								rw	rw	rw	rw	rw	rw	rw	rw
15	14	13	12	11	10	9	8	7	6	5	4	3	2	1	0
SMP 5_0	SMP4[2:0]			SMP3[2:0]			SMP2[2:0]			SMP1[2:0]			SMP0[2:0]		
rw	rw	rw	rw	rw	rw	rw	rw	rw	rw	rw	rw	rw	rw	rw	rw

位 31:24 保留,必须保持复位值

位 23:20 L[3:0]:规则通道序列长度,通过软件写入,可定义规则通道转换序列中的转换总数

    0000:1 次转换

    0001:2 次转换

……

    1111:16 个周期

位 19:15 SQ16[4:0]:规则序列中的第 16 次转换,通过软件写入这些位,并将通道编号(0..18)分配为转换序列中的第 16 次转换

位 14:10 SQ15[4:0]:规则序列中的第 15 次转换

位 9:5 SQ14[4:0]:规则序列中的第 14 次转换

位 4:0 SQ13[4:0]:规则序列中的第 13 次转换

L[3:0]用于存储规则序列的长度,这里只用了 1 个,所以设置这几个位的值为 0。其他的 SQ13~16 则存储了规则序列中第 13~16 个通道的编号(0~18)。注意:选择单次转换,所以只有一个通道在规则序列里面,这个序列就是 SQ1,至于是 SQ1 里面哪个通道,由用户自己设置,通过 ADC_SQR3 的最低 5 位(也就是 SQ1)设置。

12.1.1.5 ADC 规则数据寄存器(ADC_DR)

规则序列中的 AD 转化结果都将被存在这个寄存器里面,而注入通道的转换结果被保存在 ADC_JDRx 里面。ADC_DR 的各位描述如表 12.7 所示。

表 12.7　ADC_SQR1 寄存器各位描述

31	30	29	28	27	26	25	24	23	22	21	20	19	18	17	16
Reserved															
15	14	13	12	11	10	9	8	7	6	5	4	3	2	1	0
DATA[15:0]															
r	r	r	r	r	r	r	r	r	r	r	r	r	r	r	r

位 31：16 保留,必须保持复位值

位 15：0 DATA[15：0]：规则数据,这些位为只读。它们包括来自规则通道的转换结果。数据有左对齐和右对齐两种方式

该寄存器的数据通过 ADC_CR2 的 ALIGN 位设置为左对齐或右对齐。

12.1.1.6　ADC 状态寄存器

ADC 状态寄存器(ADC_SR),该寄存器保存了 ADC 转换时的各种状态。该寄存器的各位描述如表 12.8 所示。

表 12.8　ADC_SR 寄存器各位描述

31	30	29	28	27	26	25	24	23	22	21	20	19	18	17	16
Reserved															
15	14	13	12	11	10	9	8	7	6	5	4	3	2	1	0
Reserved										OVR	STRT	JSTRT	JEOC	EOC	AWD
Reserved										rc_w0	rc_w0	rc_w0	rc_w0	rc_w0	rc_w0

其中 EOC 位决定此次规则通道的 AD 转换是否已经完成,如果该位为 1,则表示转换完成了,可以从 ADC_DR 中读取转换结果,否则要等待转换完成。

12.1.2　AD 转换步骤

使用库函数设置 ADC1 的通道 5 进行 AD 转换要经过下面 5 个步骤,使用到的库函数分布在 stm32f4xx_adc.c 文件和 stm32f4xx_adc.h 文件中。

(1)开启 PA 口时钟和 ADC1 时钟,设置 PA5 为模拟输入。STM32F407ZGT6 的 ADC1 通道 5 在 PA5 上,所以,先要使能 GPIOA 的时钟,然后设置 PA5 为模拟输入。同时要把 PA5 复用为 ADC,所以要使能 ADC1 时钟。

注意:对于 I/O 口复用为 ADC 需要设置模式为模拟输入,而不是复用功能,也不需要调用 GPIO_PinAFConfig 函数来设置引脚映射关系。

使能 GPIOA 时钟和 ADC1 时钟的具体方法如下。

RCC_AHB1PeriphClockCmd(RCC_AHB1Periph_GPIOA,ENABLE);//使能 GPIOA 时钟
RCC_APB2PeriphClockCmd(RCC_APB2Periph_ADC1,ENABLE);//使能 ADC1 时钟

初始化 GPIOA5 为模拟输入,方法如下。

GPIO_InitStructure. GPIO_Mode = GPIO_Mode_AN;//模拟输入

说明:ADC1 的通道 5 与引脚的对应关系如表 12.9。

表 12.9　ADC1 的通道 5 与引脚的对应关系

PA5	I/O	TTa	(4)	SPI1_SCK/ OTG_HS_ULPI_CK/ TIM2_CH1_ETR/ TIM8_CH1N/EVENTOUT	ADC12_IN5/DAC_OUT2

ADC1~ADC3 的引脚与通道对应关系列出来,16 个外部源的对应关系如表 12.10 所示。

表 12.10　ADC1~ADC3 引脚对应关系表

通道号	ADC1	ADC2	ADC3
通道 0	PA0	PA0	PA0
通道 1	PA1	PA1	PA1
通道 2	PA2	PA2	PA2
通道 3	PA3	PA3	PA3
通道 4	PA4	PA4	PA6
通道 5	PA5	PA5	PA7
通道 6	PA6	PA6	PA8
通道 7	PA7	PA7	PA9
通道 8	PB0	PB0	PF10
通道 9	PB1	PB1	PF3
通道 10	PC0	PC0	PC0
通道 11	PC1	PC1	PC1
通道 12	PC2	PC2	PC2
通道 13	PC3	PC3	PC3
通道 14	PC4	PC4	PF4
通道 15	PC5	PC5	PF5

(2)设置 ADC 的通用控制寄存器 CCR,配置 ADC 输入时钟分频,模式为独立模式等。在库函数中,初始化 CCR 寄存器是通过调用 ADC_CommonInit 来实现的。

void ADC_CommonInit(ADC_CommonInitTypeDef * ADC_CommonInitStruct)

初始化实例如下。

ADC_CommonInitStructure. ADC_Mode = ADC_Mode_Independent；//独立模式

ADC_CommonInitStructure. ADC_TwoSamplingDelay = ADC_TwoSamplingDelay_5Cycles；

ADC_CommonInitStructure. ADC_DMAAccessMode = ADC_DMAAccessMode_Disabled；

ADC_CommonInitStructure. ADC_Prescaler = ADC_Prescaler_Div4；

ADC_CommonInit（&ADC_CommonInitStructure）；//初始化

- 参数 ADC_Mode 用来设置是独立模式还是多重模式，这里选择独立模式。
- 参数 ADC_TwoSamplingDelay 用来设置两个采样阶段之间的延迟周期数。其取值范围为：ADC_TwoSamplingDelay_5Cycles ~ ADC_TwoSamplingDelay_20Cycles。
- 参数 ADC_DMAAccessMode 是 DMA 模式禁止或者使能相应 DMA 模式。
- 参数 ADC_Prescaler 用来设置 ADC 预分频器。这个参数非常重要，这里我们设置分频系数为 4 分频 ADC_Prescaler_Div4，保证 ADC1 的时钟频率不超过 36MHz。

（3）初始化 ADC1 参数，设置 ADC1 的转换分辨率、转换方式、对齐方式，以及规则序列等相关信息。

在设置完通用控制参数之后，开始配置 ADC1 的相关参数，设置单次转换模式、触发方式选择、数据对齐方式等都在这一步实现。具体的使用函数如下。

void ADC_Init（ADC_TypeDef * ADCx，ADC_InitTypeDef * ADC_InitStruct）

初始化实例如下。

ADC_InitStructure. ADC_Resolution = ADC_Resolution_12b；//12 位模式

ADC_InitStructure. ADC_ScanConvMode = DISABLE；//非扫描模式

ADC_InitStructure. ADC_ContinuousConvMode = DISABLE；//关闭连续转换

ADC_InitStructure. ADC_ExternalTrigConvEdge = ADC_ExternalTrigConvEdge_None；
//禁止触发检测，使用软件触发

ADC_InitStructure. ADC_DataAlign = ADC_DataAlign_Right；//右对齐

ADC_InitStructure. ADC_NbrOfConversion = 1；//1 个转换在规则序列中

ADC_Init（ADC1，&ADC_InitStructure）；//ADC 初始化

- 参数 ADC_Resolution 用来设置 ADC 转换分辨率。其取值范围为：ADC_Resolution_6b，ADC_Resolution_8b，ADC_Resolution_10b 和 ADC_Resolution_12b。
- 参数 ADC_ScanConvMode 用来设置是否打开扫描模式。这里设置单次转换，所以不打开扫描模式，值为 DISABLE。
- 参数 ADC_ContinuousConvMode 用来设置是单次转换模式还是连续转换模式，这里是单次，所以关闭连续转换模式，值为 DISABLE。

● 参数 ADC_ExternalTrigConvEdge 用来设置外部通道的触发使能和检测方式。直接禁止触发检测,使用软件触发,还可以设置为上升沿触发检测,下降沿触发检测,以及上升沿和下降沿都触发检测。

● 参数 ADC_DataAlign 用来设置数据对齐方式。取值范围为右对齐 ADC_DataAlign_Right 和左对齐 ADC_DataAlign_Left。

● 参数 ADC_NbrOfConversion 用来设置规则序列的长度,这里是单次转换,所以值为1。

● 参数 ADC_ExternalTrigConv 用来为规则组选择外部事件。因为配置的是软件触发,所以这里可以不用配置。如果选择其他触发方式,则需要配置。

(4)开启 AD 转换器。在设置完以上信息后,即可开启 AD 转换器(通过 ADC_CR2 寄存器控制)。

ADC_Cmd(ADC1,ENABLE);//开启 AD 转换器

(5)读取 ADC 值。在上面的步骤完成后,设置规则序列1里面的通道,然后启动 ADC 转换。在转换结束后,读取转换结果。设置规则序列通道以及采样周期的函数如下。

void ADC_RegularChannelConfig(ADC_TypeDef * ADCx,uint8_t ADC_Channel,uint8_t Rank,uint8_t ADC_SampleTime);

因为是规则序列中的第1个转换,同时采样周期为480,按如下方法设置。

ADC_RegularChannelConfig(ADC1,ADC_Channel_5,1,ADC_SampleTime_480Cycles);

软件开启 ADC 转换的方法如下。

ADC_SoftwareStartConvCmd(ADC1);//使能指定的 ADC1 的软件转换启动功能

开启转换之后,获取转换 ADC 转换结果数据,方法如下。

ADC_GetConversionValue(ADC1);

同时在 AD 转换中,还要根据状态寄存器的标志位来获取 AD 转换的各个状态信息。库函数获取 AD 转换的状态信息的函数如下。

FlagStatus ADC_GetFlagStatus(ADC_TypeDef * ADCx,uint8_t ADC_FLAG)

要判断 ADC1 的转换是否结束,方法如下。

```
while(！ ADC_GetFlagStatus(ADC1,ADC_FLAG_EOC));//等待转换结束
```

通过以上步骤的设置,就能正常地使用 STM32F4 的 ADC1 来执行 AD 转换操作了。

12.2 硬件设计

本章用到的硬件资源有:指示灯 DS0,TFTLCD 模块,ADC,杜邦线。

其中指示灯 DS0 与 TFTLCD 均已介绍过,而 ADC 属于 STM32F4 内部资源,只需要软件设置就能正常工作,但需要在外部连接其端口到被测电压上。开发板提供了测试的电压:3.3V 电源、GND、后备电池。注意:不能接到板上 5V 电源。

12.3 软件设计

ADC 相关的库函数和宏定义分布在 stm32f4xx_adc.c 与 stm32f4xx_adc.h 两个文件中。

12.3.1 建立头文件

建立 adc.h 文件,编写如下代码。

```
#ifndef__ADC_H
#define__ADC_H
#include "sys.h"
void Adc_Init(void);                    //ADC 通道初始化
u16  Get_Adc(u8 ch);                    //获得某个通道值
u16 Get_Adc_Average(u8 ch,u8 times);//得到某个通道给定次数采样的平均值
#endif
```

12.3.2 函数定义

新建文件 adc.c,部分函数代码如下。

```
//初始化 ADC
//以规则通道为例
void    Adc_Init(void)
{
    GPIO_InitTypeDef    GPIO_InitStructure;
    ADC_CommonInitTypeDef ADC_CommonInitStructure;
    ADC_InitTypeDef        ADC_InitStructure;

    //开启 ADC 和 GPIO 相关时钟和初始化 GPIO
```

```
RCC_AHB1PeriphClockCmd(RCC_AHB1Periph_GPIOA,ENABLE);//使能 GPIOA 时钟
RCC_APB2PeriphClockCmd(RCC_APB2Periph_ADC1,ENABLE);//使能 ADC1 时钟

//先初始化 ADC1 通道 5 IO 口
GPIO_InitStructure. GPIO_Pin = GPIO_Pin_5;//PA5 通道 5
GPIO_InitStructure. GPIO_Mode = GPIO_Mode_AN;//模拟输入
GPIO_InitStructure. GPIO_PuPd = GPIO_PuPd_NOPULL;//不带上下拉
GPIO_Init(GPIOA,&GPIO_InitStructure);//初始化

RCC_APB2PeriphResetCmd(RCC_APB2Periph_ADC1,ENABLE);   //ADC1 复位
RCC_APB2PeriphResetCmd(RCC_APB2Periph_ADC1,DISABLE);//复位结束

//初始化通用配置
ADC_CommonInitStructure. ADC_Mode = ADC_Mode_Independent;//独立模式
ADC_CommonInitStructure. ADC_TwoSamplingDelay =
ADC_TwoSamplingDelay_5Cycles;//两个采样阶段之间的延迟 5 个时钟
ADC_CommonInitStructure. ADC_DMAAccessMode =
ADC_DMAAccessMode_Disabled;//DMA 失能
ADC_CommonInitStructure. ADC_Prescaler = ADC_Prescaler_Div4;//预分频 4 分频
ADCCLK=PCLK2/4=84/4=21MHz,ADC 时钟最好不要超过 36MHz
ADC_CommonInit(&ADC_CommonInitStructure);//初始化

//初始化 ADC1 相关参数
ADC_InitStructure. ADC_Resolution = ADC_Resolution_12b;//12 位模式
ADC_InitStructure. ADC_ScanConvMode = DISABLE;//非扫描模式
ADC_InitStructure. ADC_ContinuousConvMode = DISABLE;//关闭连续转换
ADC_InitStructure. ADC_ExternalTrigConvEdge = ADC_ExternalTrigConvEdge_None;
//禁止触发检测,使用软件触发
ADC_InitStructure. ADC_DataAlign = ADC_DataAlign_Right;//右对齐
ADC_InitStructure. ADC_NbrOfConversion = 1;//1 个转换在规则序列中
ADC_Init(ADC1,&ADC_InitStructure);//ADC 初始化

//开启 ADC 转换
ADC_Cmd(ADC1,ENABLE);//开启 AD 转换器
}
//获得 ADC 值
//ch:通道值 0~16;ch:@ ref ADC_channels
//返回值:转换结果
```

```
u16 Get_Adc(u8 ch)
{
    //设置指定 ADC 的规则组通道,一个序列,采样时间
    ADC_RegularChannelConfig(ADC1,ch,1,ADC_SampleTime_480Cycles);
    ADC_SoftwareStartConv(ADC1);    //使能指定的 ADC1 的软件转换启动功能
    while(! ADC_GetFlagStatus(ADC1,ADC_FLAG_EOC));//等待转换结束
    return ADC_GetConversionValue(ADC1);//返回最近一次 ADC1 规则组的转换结果
}
//获取通道 ch 的转换值,取 times 次,然后平均
//ch:通道编号   times:获取次数
//返回值:通道 ch 的 times 次转换结果平均值
u16 Get_Adc_Average(u8 ch,u8 times)
{
    u32 temp_val=0;u8 t;
    for(t=0;t<times;t++)
    {
        temp_val+=Get_Adc(ch);    delay_ms(5);
    }
    return temp_val/times;
}
```

12.3.3　建立主函数

建立 main 函数,编写如下代码。

```
int main(void)
{
    u16 adcx;    float temp;
    NVIC_PriorityGroupConfig(NVIC_PriorityGroup_2);//设置系统中断优先级分组2
    delay_init(168);       //初始化延时函数
    uart_init(115200);//初始化串口波特率为 115 200
    LED_Init();    //初始化 LED
    LCD_Init();    //初始化 LCD 接口
    Adc_Init();    //初始化 ADC
    POINT_COLOR=RED;
    LCD_ShowString(30,50,200,16,16,"Explorer STM32F4");
    LCD_ShowString(30,70,200,16,16,"ADC TEST");
    LCD_ShowString(30,90,200,16,16,"ATOM@ ALIENTEK");
    LCD_ShowString(30,110,200,16,16,"2014/5/6");
```

```
        POINT_COLOR = BLUE;//设置字体为蓝色
        LCD_ShowString(30,130,200,16,16,"ADC1_CH5_VAL:");
        LCD_ShowString(30,150,200,16,16,"ADC1_CH5_VOL:0.000V");//这里显示了小
数点
        while(1)
        {
                adcx = Get_Adc_Average(ADC_Channel_5,20);//获取通道 5 的转换值,20 次取
平均
                LCD_ShowxNum(134,130,adcx,4,16,0);//显示 ADCC 采样后的原始值
                temp = (float)adcx * (3.3/4096);//获取计算后的带小数的实际电压值,如
3.111 1
                adcx = temp;//赋值整数部分给 adcx 变量,因为 adcx 为 u16 整型
                LCD_ShowxNum(134,150,adcx,1,16,0);   //显示电压值的整数部分
                temp -= adcx;//把已经显示的整数部分去掉,留下小数部分,如 3.111 1-3 =
0.111 1
                temp *= 1000;//小数部分乘以 1 000,例如,0.111 1 就转换为 111.1
                LCD_ShowxNum(150,150,temp,3,16,0X80);//显示小数部分
                LED0 = ! LED0;delay_ms(250);
        }
}
```

此部分代码,在 TFTLCD 模块上显示一些提示信息后,将每隔 250ms 读取一次 ADC 通道 5 的值,并显示读到的 ADC 值(数字量),以及其转换成模拟量后的电压值,同时控制 LED0 闪烁。最后 ADC 值的显示,首先在液晶固定位置显示了小数点,在后面计算步骤中,先计算出整数部分,在小数点前面显示,然后计算出小数部分,在小数点后面显示。这样就在液晶上面显示转换结果的整数和小数部分。

执行程序,LCD 显示内容。

13　内部温度传感器的应用

本章将使用 STM32F4 的内部温度传感器来读取温度值,并在 TFTLCD 模块上显示出来。

13.1　STM32F4 内部温度传感器简介

STM32F4 有一个内部的温度传感器,用来测量 CPU 及周围的温度(TA)。该温度传感器在内部和 ADC1_IN16 输入通道相连接,此通道把传感器输出的电压转换成数字值。STM32F4 的内部温度传感器支持的温度范围为:-40~125℃。精度为±1.5℃左右。

若要使用 STM32F4 内部温度传感器,需要设置内部 ADC,并激活其内部温度传感器通道。首先设置 ADC_CCR 的 TSVREFE 位(bit23)为 1,启用内部温度传感器。使能温度传感器的方法如下。

ADC_TempSensorVrefintCmd(ENABLE);//使能内部温度传感器

其次由于 STM32F407ZGT6 的内部温度传感器固定地连接在 ADC1 的通道 16 上,设置好 ADC1 之后只要读取通道 16 的值,就是温度传感器返回来的电压值。由这个值可以计算出当前温度。计算公式如下。

$$T(℃) = \{(Vsense - V25)/Avg\_Slope\} + 25$$

上式中:
V25 = $Vsense$ 在 25 度时的数值(典型值为 0.76)。
Avg_Slope = 温度与 $Vsense$ 曲线的平均斜率(单位为 mV/℃ 或 μV/℃)(典型值为 2.5mV/℃)。

13.2　硬件设计

本章用到的硬件资源有:指示灯 DS0,TFTLCD 模块,ADC,内部温度传感器。
温度的采集无须额外连接电路,指示灯与 TFTLCD 模块的连接电路参考前面的实验。

13.3　软件设计

13.3.1　建立头文件

建立 adc.h 文件,编写如下代码。

```
#ifndef__ADC_H
#define__ADC_H
#include "sys. h"
void Adc_Init(void);                          //ADC 通道初始化
u16   Get_Adc(u8 ch);                         //获得某个通道值
u16 Get_Adc_Average(u8 ch,u8 times);//得到某个通道给定次数采样的平均值
#endif
```

13.3.2　函数定义

新建文件,保存为 adc. c,部分函数代码如下。

```
void    Adc_Init(void)
{
    GPIO_InitTypeDef    GPIO_InitStructure;
    ADC_CommonInitTypeDef ADC_CommonInitStructure;
    ADC_InitTypeDef        ADC_InitStructure;

    RCC_AHB1PeriphClockCmd(RCC_AHB1Periph_GPIOA,ENABLE);//使能 PA 时钟
    RCC_APB2PeriphClockCmd(RCC_APB2Periph_ADC1,ENABLE);//使能 ADC1 时钟

    先初始化IO 口
    GPIO_InitStructure. GPIO_Pin = GPIO_Pin_5;
    GPIO_InitStructure. GPIO_Mode = GPIO_Mode_AN;//模拟输入
    GPIO_InitStructure. GPIO_PuPd = GPIO_PuPd_DOWN;// 下拉
    GPIO_Init(GPIOA,&GPIO_InitStructure);//初始化

    RCC_APB2PeriphResetCmd(RCC_APB2Periph_ADC1,ENABLE);//ADC1 复位
    RCC_APB2PeriphResetCmd(RCC_APB2Periph_ADC1,DISABLE);//复位结束

    ADC_TempSensorVrefintCmd(ENABLE);//使能内部温度传感器

    ADC_CommonInitStructure. ADC_Mode = ADC_Mode_Independent;//独立模式
    ADC_CommonInitStructure. ADC_TwoSamplingDelay =
ADC_TwoSamplingDelay_5Cycles;
    ADC_CommonInitStructure. ADC_DMAAccessMode =
ADC_DMAAccessMode_Disabled;//DMA 失能
    ADC_CommonInitStructure. ADC_Prescaler = ADC_Prescaler_Div4;
    ADC_CommonInit(&ADC_CommonInitStructure);
```

ADC_InitStructure. ADC_Resolution = ADC_Resolution_12b;//12 位模式

ADC_InitStructure. ADC_ScanConvMode = DISABLE;//非扫描模式

ADC_InitStructure. ADC_ContinuousConvMode = DISABLE;

ADC_InitStructure. ADC_ExternalTrigConvEdge = ADC_ExternalTrigConvEdge_None;

ADC_InitStructure. ADC_DataAlign = ADC_DataAlign_Right;//右对齐

ADC_InitStructure. ADC_NbrOfConversion = 1;//1 个转换在规则序列中

ADC_Init(ADC1,&ADC_InitStructure);

ADC_Cmd(ADC1,ENABLE);//开启 AD 转换器

}

adc. c 里面添加了获取温度函数:Get_Temprate,该函数代码如下。

```
//得到温度值
//返回值:温度值(扩大了 100 倍,单位为℃)
short Get_Temprate(void)
{
    u32 adcx;    short result;
    double temperate;
    adcx=Get_Adc_Average(ADC_Channel_16,20);//读取通道 16,20 次取平均
    temperate=(float)adcx * (3.3/4096);    //电压值
    temperate=(temperate-0.76)/0.0025+25;    //转换为温度值
    result=temperate * =100;        //扩大 100 倍
    return result;
}
```

该函数读取 ADC_Channel_16 通道(即通道 16)采集到的电压值,并根据前面的计算公式,计算出当前温度,然后,返回扩大了 100 倍的温度值。

13.3.3 建立主函数

建立 main 函数,在 main 函数里面编写如下代码。

```
int main(void)
{
    short temp;
    NVIC_PriorityGroupConfig(NVIC_PriorityGroup_2);//设置系统中断优先级分组 2
    delay_init(168);        //初始化延时函数
```

```
uart_init(115200);    //初始化串口波特率为115 200
LED_Init();          //初始化LED
LCD_Init();             //液晶初始化
Adc_Init();             //内部温度传感器ADC初始化
POINT_COLOR=RED;
LCD_ShowString(30,50,200,16,16,"Explorer STM32F4");
LCD_ShowString(30,70,200,16,16,"Temperature TEST");
LCD_ShowString(30,90,200,16,16,"ATOM@ ALIENTEK");
LCD_ShowString(30,110,200,16,16,"2014/5/6");
POINT_COLOR=BLUE;//设置字体为蓝色
LCD_ShowString(30,140,200,16,16,"TEMPERATE:00.00C");//固定位置显示
小数点
while(1)
{
    temp=Get_Temprate();//得到温度值
    if(temp<0)
    {
        temp=-temp;
        LCD_ShowString(30+10*8,140,16,16,16,"-");    //显示负号
    } else LCD_ShowString(30+10*8,140,16,16,16," ");//无符号

    LCD_ShowxNum(30+11*8,140,temp/100,2,16,0);    //显示整数部分
    LCD_ShowxNum(30+14*8,140,temp%100,2,16,0);    //显示小数部分

    LED0=! LED0;delay_ms(250);
}
}
```

通过 Get_Temprate 函数读取温度值,并通过 TFTLCD 模块显示出来。
运行程序,DS0 闪烁。

14　内部光敏传感器的应用

本章将利用开发板自带的光敏传感器,通过 ADC 采集电压,获取光敏传感器的电阻变化,从而得出环境光线的变化,并在 TFTLCD 上面显示出来。

14.1　光敏传感器简介

光敏传感器是最常见的传感器之一,它的种类繁多,主要有光电管、光电倍增管、光敏电阻、光敏三极管、太阳能电池、红外线传感器、紫外线传感器、光纤式光电传感器、色彩传感器、CCD 和 CMOS 图像传感器等。光敏传感器是目前产量最多、应用最广的传感器之一,它在自动控制和非电量电测技术中占有非常重要的地位。

光敏传感器是利用光敏元件将光信号转换为电信号的传感器,它的敏感波长在可见光波长附近,包括红外线波长和紫外线波长。光传感器不只局限于对光的探测,它还可以作为探测元件组成其他传感器。光传感器可以对许多非电量进行检测,只要将这些非电量转换为光信号的变化即可。

光敏二极管(光敏电阻),作为光敏传感器,它对光的变化非常敏感。光敏二极管也叫光电二极管。光敏二极管与半导体二极管在结构上是类似的,其管芯是一个具有光敏特征的PN 结,具有单向导电性,因此工作时需加上反向电压。无光照时,有很小的饱和反向漏电流,即暗电流,此时光敏二极管截止。当受到光照时,饱和反向漏电流大大增加,形成光电流,随入射光强度的变化而变化。当光线照射 PN 结时,PN 结中产生电子——空穴对,使少数载流子的密度增加。这些载流子在反向电压下漂移,使反向电流增加。因此可以利用光照强弱来改变电路中的电流。

利用这个电流变化,串接一个电阻,就可以转换成电压的变化,从而通过 ADC 读取电压值,判断外部光线的强弱。

14.2　硬件设计

本章用到的硬件资源有:指示灯 DS0,TFTLCD 模块,ADC,光敏传感器。

光敏传感器与 STM32F4 的连接如图 14.1 所示。

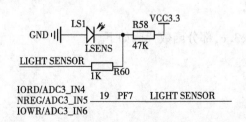

图 14.1　光敏传感器与 STM32F4 连接示意图

上图中,LS1 是光敏二极管(实物在开发板摄像头接口右侧),R58 为其提供反向电压。当环境光线变化时,LS1 两端的电压也会随之改变,从而通过 ADC3_IN5 通道,读取 LIGHT_SENSOR(PF7)上面的电压,即可得到环境光线的强弱。光线越强,电压越低;光线越暗,电压越高。

14.3 软件设计

14.3.1 建立头文件

建立 usart. h 文件,编写如下代码。

```
#ifndef__LSENS_H
#define__LSENS_H
#include "sys. h"
#include "adc3. h"
#define LSENS_READ_TIMES10//定义光敏传感器读取次数,读这么多次,然后取平均值
void Lsens_Init(void);//初始化光敏传感器
u8 Lsens_Get_Val(void);//读取光敏传感器的值
#endif
```

建立 adc3. h 文件,编写如下代码。

```
#ifndef__ADC3_H
#define__ADC3_H
#include "sys. h"
void Adc3_Init(void);//ADC 通道初始化
u16   Get_Adc3(u8 ch);//获得某个通道值
u16 Get_Adc_Average(u8 ch,u8 times);//得到某个通道给定次数采样的平均值
#endif
```

14.3.2 函数定义

新建文件,保存为 adc3. c,部分函数代码如下。

```
#include "adc3. h"
#include "delay. h"
//初始化 ADC
//这里仅以规则通道为例
```

```
void    Adc3_Init( void )
{
    ADC_CommonInitTypeDef ADC_CommonInitStructure;
    ADC_InitTypeDef       ADC_InitStructure;

    RCC_ APB2PeriphClockCmd ( RCC _ APB2Periph _ ADC3, ENABLE );//使能 ADC3
时钟

    RCC_APB2PeriphResetCmd( RCC_APB2Periph_ADC3,ENABLE );   //ADC3 复位
    RCC_APB2PeriphResetCmd( RCC_APB2Periph_ADC3,DISABLE );//复位结束

    ADC_CommonInitStructure. ADC_Mode = ADC_Mode_Independent;//独立模式
    ADC_CommonInitStructure. ADC_TwoSamplingDelay
ADC_TwoSamplingDelay_5Cycles;//两个采样阶段之间的延迟 5 个时钟
    ADC_CommonInitStructure. ADC_DMAAccessMode
ADC_DMAAccessMode_Disabled;//DMA 失能
    ADC_CommonInitStructure. ADC_Prescaler = ADC_Prescaler_Div4;//预分频 4 分频
    //ADCCLK = PCLK2/4 = 84/4 = 21MHz,ADC 时钟最好不要超过 36MHz
    ADC_CommonInit( &ADC_CommonInitStructure );//初始化

    ADC_InitStructure. ADC_Resolution = ADC_Resolution_12b;//12 位模式
    ADC_InitStructure. ADC_ScanConvMode = DISABLE;//非扫描模式
    ADC_InitStructure. ADC_ContinuousConvMode = DISABLE;//关闭连续转换
    ADC _ InitStructure. ADC _ ExternalTrigConvEdge  =  ADC _ ExternalTrigConvEdge _
None;//禁止触发检测,使用软件触发
    ADC_InitStructure. ADC_DataAlign = ADC_DataAlign_Right;//右对齐
    ADC_InitStructure. ADC_NbrOfConversion = 1;//1 个转换在规则序列中,也就是只
转换规则序列 1
    ADC_Init( ADC3,&ADC_InitStructure );//ADC 初始化

    ADC_Cmd( ADC3,ENABLE );//开启 AD 转换器
}
//获得 ADC 值
//ch:通道值 0~16 ADC_Channel_0~ADC_Channel_16
//返回值:转换结果
u16 Get_Adc3( u8 ch )
{
    //设置指定 ADC 的规则组通道,一个序列,采样时间
```

161

ADC_RegularChannelConfig (ADC3, ch, 1, ADC_SampleTime_480Cycles);//ADC3, ADC 通道, 480 个周期, 提高采样时间可以提高精确度

ADC_SoftwareStartConv (ADC3);   //使能指定的 ADC3 的软件转换启动功能

while(! ADC_GetFlagStatus(ADC3, ADC_FLAG_EOC));//等待转换结束

return ADC_GetConversionValue(ADC3);//返回最近一次 ADC3 规则组的转换结果
}

新建文件, 保存为 lsens. c, 部分函数代码如下。

```
//初始化光敏传感器
void Lsens_Init( void )
{
    GPIO_InitTypeDef    GPIO_InitStructure;
    RCC_AHB1PeriphClockCmd ( RCC_AHB1Periph_GPIOF, ENABLE );//使能 GPIOF
时钟

    //先初始化 ADC3 通道 7 I/O 口
    GPIO_InitStructure. GPIO_Pin = GPIO_Pin_7;//PA7 通道 7
    GPIO_InitStructure. GPIO_Mode = GPIO_Mode_AN;//模拟输入
    GPIO_InitStructure. GPIO_PuPd = GPIO_PuPd_NOPULL;//不带上下拉
    GPIO_Init( GPIOF, &GPIO_InitStructure );//初始化
    Adc3_Init( );//初始化 ADC3
}

//读取 Light Sens 的值
//0 ~ 100:0 为最暗;100 为最亮
u8 Lsens_Get_Val( void )
{
    u32 temp_val = 0;
    u8 t;
    for( t = 0; t < LSENS_READ_TIMES; t++ )
    {
        temp_val += Get_Adc3( ADC_Channel_5 );//读取 ADC 值, 通道 5
        delay_ms( 5 );
    }
    temp_val/ = LSENS_READ_TIMES;//得到平均值
```

```
        if(temp_val>4000)temp_val=4000;
        return (u8)(100-(temp_val/40));
    }
```

其中:Lsens_Init 用于初始化光敏传感器,就是初始化 PF7 为模拟输入,然后通过 Adc3_
Init 函数初始化 ADC3 的通道 ADC_Channel_5。Lsens_Get_Val 函数用于获取当前光照强度,
该函数通过 Get_Adc3 得到通道 ADC_Channel_5 转换的电压值,经过简单量化后,处理成 0~
100 的光强值。0 对应最暗,100 对应最亮。

14.3.3 建立主函数

建立 main 函数,在 main 函数里面编写如下代码。

```
int main(void)
{
    u8 adcx;
    NVIC_PriorityGroupConfig(NVIC_PriorityGroup_2);//设置系统中断优先级分组2
    delay_init(168);      //初始化延时函数
    uart_init(115200);//初始化串口波特率为115 200
    LED_Init();      //初始化 LED
    LCD_Init();      //初始化 LCD
    Lsens_Init();      //初始化光敏传感器
    POINT_COLOR=RED;
    LCD_ShowString(30,50,200,16,16,"Explorer STM32F4");
    LCD_ShowString(30,70,200,16,16,"LSENS TEST");
    LCD_ShowString(30,90,200,16,16,"ATOM@ ALIENTEK");
    LCD_ShowString(30,110,200,16,16,"2014/5/7");
    POINT_COLOR=BLUE;//设置字体为蓝色
    LCD_ShowString(30,130,200,16,16,"LSENS_VAL:");
    while(1)
    {
        adcx=Lsens_Get_Val();
        LCD_ShowxNum(30+10*8,130,adcx,3,16,0);//显示 ADC 的值
        LED0=! LED0;
        delay_ms(250);
    }
}
```

此代码在初始化各个外设之后,进入死循环,通过 Lsens_Get_Val 获取光敏传感器得到

14
内部光敏传感器的应用

的光强值(0~100),并显示在 TFTLCD 上面。

运行程序,DS0 闪烁。给 LS1 不同的光照强度,观察 LSENS_VAL 值的变化,光照越强,该值越大,光照越弱,该值越小。

15 D/A 转换控制

本章将利用按键控制 STM32F4 内部 DAC 输出电压,通过 ADC 通道采集 DAC 的输出电压,在 LCD 模块上面显示 ADC 获取到的电压值,以及 DAC 的设定输出电压值等信息。

15.1 STM32F4 DAC 简介

15.1.1 DAC 主要特点

STM32F4 的 DAC 模块(数字/模拟转换模块)是 12 位数字输入,电压输出型的 DAC。DAC 可以配置为 8 位或 12 位模式,也可以与 DMA 控制器配合使用。DAC 工作在 12 位模式时,数据可以设置成左对齐或右对齐。DAC 模块有两个输出通道,每个通道都有单独的转换器。在双 DAC 模式下,两个通道可以独立地进行转换,也可以同时进行转换并同步地更新两个通道的输出。DAC 可以通过引脚输入参考电压 V_{REF+}(同 ADC 共用)以获得更精确的转换结果。

STM32F4 的 DAC 模块主要特点如下。

- 两个 DAC 转换器:每个转换器对应 1 个输出通道。
- 8 位或者 12 位单调输出。
- 12 位模式下数据左对齐或者右对齐。
- 同步更新功能。
- 噪声波形生成。
- 三角波形生成。
- 双 DAC 通道同时或者分别转换。
- 每个通道都有 DMA 功能。

单个 DAC 通道的框图如图 15.1 所示。

图中 V_{DDA} 和 V_{SSA} 为 DAC 模块模拟部分的供电,而 V_{REF+} 则是 DAC 模块的参考电压。DAC_OUTx 是 DAC 的输出通道(对应 PA4 或者 PA5 引脚)。

由图 15.1 可知,DAC 输出是受 DORx 寄存器直接控制的,但是不能直接往 DORx 寄存器写入数据,而是通过 DHRx 间接地传给 DORx 寄存器,实现对 DAC 输出的控制。STM32F4 的 DAC 支持 8/12 位模式,8 位模式时是固定的右对齐,而 12 位模式可以设置左对齐或右对齐。单 DAC 通道 x,总共有以下 3 种情况。

一是 8 位数据右对齐:用户将数据写入 DAC_DHR8Rx[7:0]位(实际存入 DHRx[11:4]位)。

二是 12 位数据左对齐:用户将数据写入 DAC_DHR12Lx[15:4]位(实际存入 DHRx[11:0]位)。

三是 12 位数据右对齐:用户将数据写入 DAC_DHR12Rx[11:0]位(实际存入 DHRx[11:0]位)。

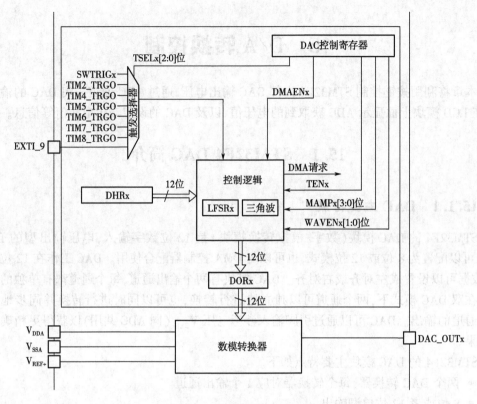

图 15.1 DAC 通道模块框图

如果没有选中硬件触发(寄存器 DAC_CR1 的 TENx 位置'0'),存入寄存器 DAC_DHRx 的数据会在一个 APB1 时钟周期后自动传至寄存器 DAC_DORx。如果选中硬件触发(寄存器 DAC_CR1 的 TENx 位置'1'),数据传输在触发发生以后 3 个 APB1 时钟周期后完成。一旦数据从 DAC_DHRx 寄存器装入 DAC_DORx 寄存器,在经过时间 $t_{SETTING}$ 之后,输出即有效,这段时间的长短依电源电压和模拟输出负载的不同会有所变化,典型值为 3μs,最大是 6μs,所以 DAC 的转换速度最快是 333K 左右,其转换的时间框图如图 15.2 所示。

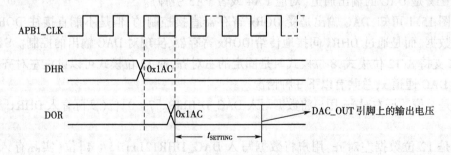

图 15.2 TEN=0 时 DAC 模块转换时间框图

当 DAC 的参考电压为 V_{REF+} 时,DAC 的输出电压是线性地从 $0 \sim V_{REF+}$,12 位模式下 DAC

输出电压与 V_{REF+} 以及 DORx 的计算公式如下。

$$DACx\ 输出电压 = V_{REF+} \times (DORx/4095)$$

15.1.2 相关寄存器

15.1.2.1 DAC 控制寄存器 DAC_CR

DAC 控制寄存器 DAC_CR 寄存器的各位描述如表 15.1 所示。

表 15.1 寄存器 DAC_CR 各位描述

31	30	29	28	27	26	25	24	23	22	21	20	19	18	17	16
Reserved		DMAU DRIE2	DMA EN2	MAMP2[3:0]				WAVE2[1:0]		TSEL2[2:0]			TEN2	BOFF2	EN2
		rw	rw	rw	rw	rw	rw	rw	rw	rw	rw	rw	rw	rw	rw

15	14	13	12	11	10	9	8	7	6	5	4	3	2	1	0
Reserved		DMAU DRIE1	DMA EN1	MAMP1[3:0]				WAVE1[1:0]		TSEL1[2:0]			TEN1	BOFF1	EN1
		rw	rw	rw	rw	rw	rw	rw	rw	rw	rw	rw	rw	rw	rw

DAC_CR 的低 16 位用于控制通道 1,而高 16 位用于控制通道 2,这里仅详细描述比较重要的最低 8 位,如表 15.2 所示。

表 15.2 寄存器 DAC_CR 低 8 位详细描述

位 7:6	WAVE1[1:0]:DAC 通道 1 噪声/三角波生成使能,该 2 位由软件设置和清除 00:关闭波形生成 10:使能噪声波形发生器 1x:使能三角波发生器 注意:只在位 TEN1=1(使能 DAC1 通道触发)时使用
位 5:3	TSEL1[2:0]:DAC 通道 1 触发选择,该位用于选择 DAC 通道 1 的外部触发事件 000:TIM6 TRGO 事件　　　　100:TIM2 TRGO 事件 001:TIM8 TRGO 事件　　　　101:TIM4 TRGO 事件 010:TIM7 TRGO 事件　　　　110:外部中断线 9 011:TIM5 TRGO 事件　　　　111:软件触发 注意:该位只能在 TEN1=1(DAC 通道 1 触发使能)时设置
位 2	TEN1:DAC 通道 1 触发使能,该位由软件设置和清除,用来使能/关闭 DAC 通道 1 的触发 0:关闭 DAC 通道 1 触发,写入寄存器 DAC_DHRx 的数据在 1 个 APB1 时钟周期后传入寄存器 DAC_DOR1 1:使能 DAC 通道 1 触发,写入寄存器 DAC_DHRx 的数据在 3 个 APB1 时钟周期后传入寄存器 DAC_DOR1 注意:如果选择软件触发,写入寄存器 DAC_DHRx 的数据只需要 1 个 APB1 时钟周期就可以传入寄存器 DAC_DOR1

位 1	BOFF1:关闭 DAC 通道 1 输出缓存,该位由软件设置和清除,用来使能/关闭 DAC 通道 1 的输出缓存 0:使能 DAC 通道 1 输出缓存 1:关闭 DAC 通道 1 输出缓存
位 0	EN1:DAC 通道 1 使能,该位由软件设置和清除,用来使能/失能 DAC 通道 1 0:关闭 DAC 通道 1 1:使能 DAC 通道 1

其中:

- DAC 通道 1 使能位(EN1)。

该位用来控制 DAC 通道 1 使能,本章就是用的 DAC 通道 1,所以该位设置为 1。

- 关闭 DAC 通道 1 输出缓存控制位(BOFF1)。

STM32 的 DAC 输出缓存没办法得到 0,这是个很严重的问题,所以不使用输出缓存,设置该位为 1。

- DAC 通道 1 触发使能位(TEN1)。

该位用来控制是否使用触发,此处不使用触发,所以设置该位为 0。

- DAC 通道 1 触发选择位(TSEL1[2:0])。

这里没用到外部触发,所以设置这几个位为 0。

- DAC 通道 1 噪声/三角波生成使能位(WAVE1[1:0])。

这里同样没用到波形发生器,故也设置为 0 即可。

- DAC 通道 1 屏蔽/幅值选择器(MAMP[3:0])。

这些位仅在使用了波形发生器的时候有用,设置为 0。

- DAC 通道 1 DMA 使能位(DMAEN1)。

15.1.2.2 数据保持寄存器 DAC_DHR12R1

该寄存器各位描述如表 15.3 所示。

表 15.3 寄存器 DAC_DHR12R1 各位描述

31	30	29	28	27	26	25	24	23	22	21	20	19	18	17	16
							Reserved								
15	14	13	12	11	10	9	8	7	6	5	4	3	2	1	0
Reserved				DACC1DHR[11:0]											
				rw	rw	rw	rw	rw	rw	rw	rw	rw	rw	rw	rw

位 31:12 保留

位 11:0 DACC1DHR[11:0]:DAC 通道 1 的 12 位右对齐数据

这些位由软件写入,表示 DAC 通道 1 的 12 位数据

该寄存器用来设置 DAC 输出,通过写入 12 位数据到该寄存器,就可以在 DAC 输出通道

1(PA4)得到所要的结果。

15.1.3 DAC 通道输出设置

相关的库函数以及定义分布在文件 stm32f4xx_dac.c 以及头文件 stm32f4xx_dac.h 中。使用 DAC 模块的通道 1 输出模拟电压的设置步骤如下。

15.1.3.1 开启 PA 口时钟,设置 PA4 为模拟输入

STM32F407ZGT6 的 DAC 通道 1 接 PA4,所以,先要使能 GPIOA 的时钟,然后设置 PA4 为模拟输入。

RCC_AHB1PeriphClockCmd(RCC_AHB1Periph_GPIOA,ENABLE);//使能 GPIOA 时钟

GPIO_InitStructure.GPIO_Pin = GPIO_Pin_4;

GPIO_InitStructure.GPIO_Mode = GPIO_Mode_AN;//模拟输入

GPIO_InitStructure.GPIO_PuPd = GPIO_PuPd_DOWN;//下拉

GPIO_Init(GPIOA,&GPIO_InitStructure);//初始化

DAC 通道与引脚对应关系如表 15.4 所示。

表 15.4 DAC 通道引脚对应关系

PA4	I/O	TTa	(4)	SPI1_NSS/SPI3_NSS/ USART2_CK/ DCMI_HSYNC/ OTG_HS_SOF/I2S3_WS/ EVENTOUT	ADC12_IN4/DAC_OUT1
PA5	I/O	TTa	(4)	SPI1_SCK/ OTG_HS_ULPI_CK/ TIM2_CH1_ETR/ TIM8_CH1N/EVENTOUT	ADC12_IN5/DAC_OUT2

15.1.3.2 使能 DAC1 时钟

同其他外设一样,使用前必须先开启相应的时钟。STM32F4 的 DAC 模块时钟是由 APB1 提供的,所以可以通过调用函数 RCC_APB1PeriphClockCmd 使能 DAC1 时钟。

RCC_APB1PeriphClockCmd(RCC_APB1Periph_DAC,ENABLE);//使能 DAC 时钟

15.1.3.3 初始化 DAC,设置 DAC 的工作模式

该部分设置全部通过 DAC_CR 设置实现,包括:DAC 通道 1 使能、DAC 通道 1 输出缓存关闭、不使用触发、不使用波形发生器等设置。这里 DAC 初始化是通过函数 DAC_Init 完

成的。

```
void DAC_Init(uint32_t DAC_Channel,DAC_InitTypeDef * DAC_InitStruct);
```

设置结构体类型 DAC_InitTypeDef 的定义如下。

```
typedef struct
{
    uint32_t DAC_Trigger;
    uint32_t DAC_WaveGeneration;
    uint32_t DAC_LFSRUnmask_TriangleAmplitude;
    uint32_t DAC_OutputBuffer;
} DAC_InitTypeDef;
```

其中：
● 参数 DAC_Trigger 用来设置是否使用触发功能,这里不用触发功能,所以值为 DAC_Trigger_None。
● 参数 DAC_WaveGeneratio 用来设置是否使用波形发生,这里不使用,所以值为 DAC_WaveGeneration_None。
● 参数 DAC_LFSRUnmask_TriangleAmplitude 用来设置屏蔽/幅值选择器,这个变量只在使用波形发生器的时候才有用,设置为 0,值为 DAC_LFSRUnmask_Bit0。
● 参数 DAC_OutputBuffer 是用来设置输出缓存控制位,不使用输出缓存,所以值为 DAC_OutputBuffer_Disable。

15.1.3.4 使能 DAC 转换通道
初始化 DAC 之后,要使能 DAC 转换通道,库函数的方法如下。

```
DAC_Cmd(DAC_Channel_1,ENABLE);  //使能 DAC 通道 1
```

15.1.3.5 设置 DAC 的输出值
通过设置 DHR12R1,即可在 DAC 输出引脚(PA4)得到不同的电压值。这里使用 12 位右对齐数据格式,所以设置 DHR12R1 的库函数如下。

```
DAC_SetChannel1Data(DAC_Align_12b_R,0);  //12 位右对齐数据格式设置 DAC 值
```

其中:参数 DAC_Align_12b_R 设置对齐方式,可以为 12 位右对齐 DAC_Align_12b_R,12 位左对齐 DAC_Align_12b_L 以及 8 位右对齐 DAC_Align_8b_R 方式。参数 0 就是 DAC 的输入值,初始化设置为 0。
要读出 DAC 对应通道最后一次转换数值的函数如下。

DAC_GetDataOutputValue(DAC_Channel_1);

15.2 硬件设计

本章用到的硬件资源有：指示灯 DS0，KEY_UP 和 KEY1 按键，串口，TFTLCD 模块，ADC，DAC。

本章使用 DAC 通道 1 输出模拟电压，通过 ADC1 的通道 1 对该输出电压进行读取，并显示在 LCD 模块上面，DAC 的输出电压通过按键（或 USMART）进行设置。

ADC 和 DAC 的连接原理图如图 15.3 所示。

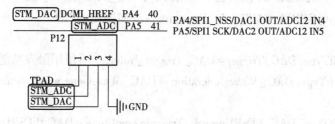

图 15.3 ADC、DAC 与 STM32F4 连接原理图

P12 是多功能端口，通过跳线帽短接 P14 的 ADC 和 DAC。

15.3 软件设计

DAC 支持的相关文件在 stm32f4xx_dac.c 以及头文件 stm32f4xx_dac.h 中。

15.3.1 建立头文件

建立 dac.h 文件，编写如下代码。

```
#ifndef__DAC_H
#define__DAC_H
#include "sys.h"
void Dac1_Init(void);//DAC 通道 1 初始化
void Dac1_Set_Vol(u16 vol);//设置通道 1 输出电压
#endif
```

15.3.2 函数定义

新建文件 dac.c，部分函数代码如下。

```
//DAC 通道 1 输出初始化
void Dac1_Init(void)
{
    GPIO_InitTypeDef    GPIO_InitStructure;
    DAC_InitTypeDef DAC_InitType;

    RCC_AHB1PeriphClockCmd(RCC_AHB1Periph_GPIOA,ENABLE);//使能 PA 时钟
    RCC_APB1PeriphClockCmd(RCC_APB1Periph_DAC,ENABLE);//使能 DAC 时钟

    GPIO_InitStructure.GPIO_Pin = GPIO_Pin_4;
    GPIO_InitStructure.GPIO_Mode = GPIO_Mode_AN;//模拟输入
    GPIO_InitStructure.GPIO_PuPd = GPIO_PuPd_DOWN;//下拉
    GPIO_Init(GPIOA,&GPIO_InitStructure);//初始化 GPIO

    DAC_InitType.DAC_Trigger=DAC_Trigger_None;//不使用触发功能 TEN1=0
    DAC_InitType.DAC_WaveGeneration = DAC_WaveGeneration_None;//不使用波形
发生
    DAC_InitType.DAC_LFSRUnmask_TriangleAmplitude = DAC_LFSRUnmask_Bit0;//屏
蔽、幅值设置
    DAC_InitType.DAC_OutputBuffer=DAC_OutputBuffer_Disable;//输出缓存关闭
    DAC_Init(DAC_Channel_1,&DAC_InitType);   //初始化 DAC 通道 1

    DAC_Cmd(DAC_Channel_1,ENABLE);   //使能 DAC 通道 1
    DAC_SetChannel1Data(DAC_Align_12b_R,0);   //12 位右对齐数据格式
}
//设置通道 1 输出电压
//vol:0~3300,代表 0~3.3V
void Dac1_Set_Vol(u16 vol)
{
    double temp=vol;
    temp/=1000;
    temp=temp*4096/3.3;
    DAC_SetChannel1Data(DAC_Align_12b_R,temp);//12 位右对齐数据格式
}
```

代码包含两个函数,Dac1_Init 函数用于初始化 DAC 通道 1,函数 Dac1_Set_Vol 用于设置 DAC 通道 1 的输出电压,将电压值转换为 DAC 输入值。

15.3.3 建立主函数

建立 main 函数,在 main 函数里面编写如下代码。

```
int main(void)
{
    u16 adcx;
    float temp;
    u8 t=0,key;
    u16 dacval=0;
    NVIC_PriorityGroupConfig(NVIC_PriorityGroup_2);//设置系统中断优先级分组 2
    delay_init(168);    //初始化延时函数
    uart_init(115200);    //初始化串口波特率为 115 200
    LED_Init();      //初始化 LED
    LCD_Init();       //LCD 初始化
    Adc_Init();       //adc 初始化
    KEY_Init();       //按键初始化
    Dac1_Init();      //DAC 通道 1 初始化
    POINT_COLOR=RED;
    LCD_ShowString(30,50,200,16,16,"Explorer STM32F4");
    LCD_ShowString(30,70,200,16,16,"DAC TEST");
    LCD_ShowString(30,90,200,16,16,"ATOM@ ALIENTEK");
    LCD_ShowString(30,110,200,16,16,"2014/5/6");
    LCD_ShowString(30,130,200,16,16,"WK_UP:+   KEY1:-");
    POINT_COLOR=BLUE;//设置字体为蓝色
    LCD_ShowString(30,150,200,16,16,"DAC VAL:");
    LCD_ShowString(30,170,200,16,16,"DAC VOL:0.000V");
    LCD_ShowString(30,190,200,16,16,"ADC VOL:0.000V");

    DAC_SetChannel1Data(DAC_Align_12b_R,dacval);//初始值为 0
    while(1)
    {
        t++;
        key=KEY_Scan(0);
        if(key==WKUP_PRES)
        {
            if(dacval<4000)dacval+=200;
            DAC_SetChannel1Data(DAC_Align_12b_R,dacval);//设置 DAC 值
```

```
        } else if( key = = 2)
        {
            if( dacval>200) dacval-= 200;
            else dacval = 0;
            DAC_SetChannel1Data( DAC_Align_12b_R,dacval);//设置 DAC 值
        }
        if( t = = 10||key = = KEY1_PRES||key = = WKUP_PRES) //WKUP/KEY1 按下了
或者定时时间到了
        {
            adcx=DAC_GetDataOutputValue( DAC_Channel_1);//读取前面设置 DAC 的值
            LCD_ShowxNum( 94,150,adcx,4,16,0);        //显示 DAC 寄存器值
            temp = ( float) adcx ∗ ( 3.3/4096);    //得到 DAC 电压值
            adcx = temp;
            LCD_ShowxNum( 94,170,temp,1,16,0);        //显示电压值整数部分
            temp-= adcx;
            temp ∗ = 1000;
            LCD_ShowxNum( 110,170,temp,3,16,0X80);    //显示电压值小数部分
            adcx = Get_Adc_Average( ADC_Channel_5,10);//得到 ADC 转换值
            temp = ( float) adcx ∗ ( 3.3/4096);    //得到 ADC 电压值
            adcx = temp;
            LCD_ShowxNum( 94,190,temp,1,16,0);        //显示电压值整数部分
            temp-= adcx;
            temp ∗ = 1000;
            LCD_ShowxNum( 110,190,temp,3,16,0X80);    //显示电压值小数部分
            LED0 = ! LED0;
            t = 0;
        }
        delay_ms( 10);
    }
}
```

主函数首先对用到的模块进行初始化,然后显示一些提示信息。通过 KEY_UP(WKUP 按键)和 KEY1(也就是上下键)来实现对 DAC 输出的幅值控制。按下 KEY_UP 增加,按 KEY1 减小,同时在 LCD 上面显示 DHR12R1 寄存器的值、DAC 设计输出电压,以及 ADC 采集到的 DAC 输出电压。

运行程序,DS0 闪烁,按 KEY_UP 按键,输出电压增大,按 KEY1 则变小。

16　PWM DAC 的应用

本章将利用 STM32F4 的 PWM 设计一个 DAC,使用按键控制 STM32F4 的 PWM 输出,从而控制 PWM DAC 的输出电压,通过 ADC1 的通道 5 采集 PWM DAC 的输出电压,并在 LCD 模块上面显示 ADC 获取到的电压值以及 PWM DAC 的设定输出电压值等信息。

16.1　PWM DAC 简介

PWM 是一种周期一定,而高低电平占空比可调的方波。实际电路的典型 PWM 波形,如图 16.1 所示。

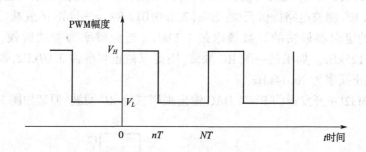

图 16.1　实际电路典型 PWM 波形

PWM 的波形可以用分段函数表示为式①:

$$f(t) = \begin{cases} V_H & kNT \leqslant t \leqslant nT + kNT \\ V_L & kNT + nT \leqslant t \leqslant NT + kNT \end{cases} \qquad ①$$

其中:

T 是单片机中计数脉冲的基本周期,也就是 STM32F4 定时器的计数频率的倒数。

N 是 PWM 波一个周期的计数脉冲个数,也就是 STM32F4 的 ARR-1 的值。

N 是 PWM 波一个周期中高电平的计数脉冲个数,也就是 STM32F4 的 CCRx 的值。

V_H 和 V_L 分别是 PWM 波的高低电平电压值。

K 为谐波次数。

t 为时间。

将①式展开成傅里叶级数,得到公式②:

$$f(t) = \left[\frac{n}{N}(V_H - V_L) + V_L \right] + 2\frac{V_H - V_L}{\pi}\sin\left(\frac{n}{N}\pi\right)\cos\left(\frac{2\pi}{NT}t - \frac{n\pi}{N}k\right)$$
$$+ \sum_{k=2}^{\infty} 2\frac{V_H - V_L}{k\pi}\left|\sin\left(\frac{n\pi}{N}k\right)\right|\cos\left(\frac{2\pi}{NT}kt - \frac{n\pi}{N}k\right) \qquad ②$$

从②式可以看出,式中第一个方括弧为直流分量,第 2 项为一次谐波分量,第 3 项为大于一次的高次谐波分量。式②中的直流分量与 n 呈线性关系,并随着 n 从 0 到 N,直流分量

从 V_L 到 V_L+V_H 之间变化,这正是电压输出的 DAC 所需要的。因此,把式②中除直流分量外的谐波过滤掉,可以得到从 PWM 波到电压输出 DAC 的转换,即 PWM 波可以通过一个低通滤波器进行解调。式②中的第 2 项的幅度和相角与 n 有关,频率为 $1/(NT)$,就是 PWM 的输出频率。该频率是设计低通滤波器的依据。如果把一次谐波滤掉,则高次谐波就应该基本不存在了。

PWM DAC 的分辨率,计算公式如下。

$$分辨率 = \log_2(N)$$

假设 n 的最小变化为 1,当 $N = 256$ 的时候,分辨率是 8 位。而 STM32F4 的定时器大部分都是 16 位的(TIM2 和 TIM5 是 32 位),可以很容易得到更高的分辨率,分辨率越高,速度就越慢。

在 8 位分辨率条件下,一般要求一次谐波对输出电压的影响不要超过一个位的精度,也就是 $3.3/256 = 0.012\ 89V$。假设 V_H 为 3.3V,V_L 为 0,那么一次谐波的最大值是 $2 \times 3.3/\pi = 2.1V$,这就要求 RC 滤波电路提供至少 $-20\lg(2.1/0.012\ 89) = -44dB$ 的衰减。

STM32F4 的定时器最快的计数频率是 168MHz,当分辨率为 8 的时候,PWM 频率为 $84M/256 = 328.125kHz$。如果是一阶 RC 滤波,则要求截止频率为 2.07kHz,如果为二阶 RC 滤波,则要求截止频率为 26.14kHz。

探索者 STM32F4 开发板的 PWM DAC 输出采用二阶 RC 滤波,原理如图 16.2 所示。

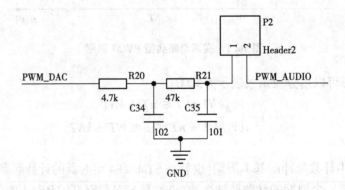

图 16.2　PWM DAC 二阶 RC 滤波原理图

16.2　硬件设计

本章用到的硬件资源有:指示灯 DS0,KEY_UP 和 KEY1 按键,串口,TFTLCD 模块,ADC,PWM DAC。

在硬件上将 PWM DAC 和 ADC 短接起来,PWM DAC 部分原理图如图 16.3 所示。在硬件上,还需要用跳线帽短接多功能端口的 PDC 和 ADC。

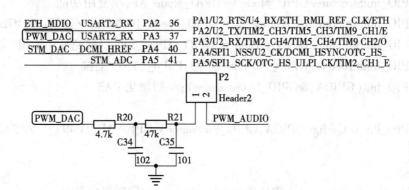

图 16.3　PWM DAC 原理图

16.3　软件设计

16.3.1　建立头文件

建立 pwmdac. h 文件,编写如下代码。

```
#ifndef__TIMER_H
#define__TIMER_H
#include "sys. h"
void TIM9_CH2_PWM_Init(u16 arr,u16 psc);
#endif
```

16.3.2　函数定义

新建文件 pwmdac. c,部分函数代码如下。

```
void TIM9_CH2_PWM_Init(u16 arr,u16 psc)
{
    GPIO_InitTypeDef GPIO_InitStructure;
    TIM_TimeBaseInitTypeDef    TIM_TimeBaseStructure;
    TIM_OCInitTypeDef    TIM_OCInitStructure;

    RCC_APB2PeriphClockCmd(RCC_APB2Periph_TIM9,ENABLE);    //TIM9 时钟
使能
    RCC_AHB1PeriphClockCmd(RCC_AHB1Periph_GPIOA,ENABLE);//使能 PA 时钟

    GPIO_InitStructure. GPIO_Pin = GPIO_Pin_3;//GPIOA3
```

```
GPIO_InitStructure. GPIO_Mode = GPIO_Mode_AF;//复用功能
GPIO_InitStructure. GPIO_Speed = GPIO_Speed_100MHz;//速度 100MHz
GPIO_InitStructure. GPIO_OType = GPIO_OType_PP;//推挽复用输出
GPIO_InitStructure. GPIO_PuPd = GPIO_PuPd_UP;//上拉
GPIO_Init(GPIOA,&GPIO_InitStructure);//初始化 PA3

GPIO_PinAFConfig(GPIOA,GPIO_PinSource3,GPIO_AF_TIM9);   //PA3 复用位定
时器 9 AF3

TIM_TimeBaseStructure. TIM_Prescaler=psc;   //定时器分频
TIM_TimeBaseStructure. TIM_CounterMode=TIM_CounterMode_Up;//向上计数模式
TIM_TimeBaseStructure. TIM_Period=arr;   //自动重装载值
TIM_TimeBaseStructure. TIM_ClockDivision=TIM_CKD_DIV1;
TIM_TimeBaseInit(TIM9,&TIM_TimeBaseStructure);//初始化定时器 9

//初始化 TIM14 Channel1 PWM 模式
TIM_OCInitStructure. TIM_OCMode = TIM_OCMode_PWM1;
TIM_OCInitStructure. TIM_OutputState = TIM_OutputState_Enable;//比较输出使能
TIM_OCInitStructure. TIM_OCPolarity = TIM_OCPolarity_High;//输出极性高
TIM_OCInitStructure. TIM_Pulse=0;
TIM_OC2Init(TIM9,&TIM_OCInitStructure);   //初始化外设 TIM9 OC2

TIM_OC2PreloadConfig(TIM9,TIM_OCPreload_Enable);//使能预装载寄存器
TIM_ARRPreloadConfig(TIM9,ENABLE);//ARPE 使能
TIM_Cmd(TIM9,ENABLE);   //使能 TIM9
}
```

该函数用来初始化 TIM9_CH2 的 PWM 输出(PA3)。

16.3.6　建立主函数

建立 main 函数,在 main 函数里面编写如下代码。

```
int main(void)
{
    u16 adcx,pwmval=0;
    float temp;
    u8 t=0,key;
    NVIC_PriorityGroupConfig(NVIC_PriorityGroup_2);//设置系统中断优先级分组 2
```

```
delay_init(168);   //初始化延时函数
uart_init(115200);//初始化串口波特率为115 200
LED_Init();       //初始化 LED
LCD_Init();       //LCD 初始化
Adc_Init();       //adc 初始化
KEY_Init();       //按键初始化
TIM9_CH2_PWM_Init(255,0);//TIM4 PWM 初始化,Fpwm=168M/256=656.25kHz
POINT_COLOR=RED;
LCD_ShowString(30,50,200,16,16,"Explorer STM32F4");
LCD_ShowString(30,70,200,16,16,"PWM DAC TEST");
LCD_ShowString(30,90,200,16,16,"ATOM@ ALIENTEK");
LCD_ShowString(30,110,200,16,16,"2014/5/6");
LCD_ShowString(30,130,200,16,16,"WK_UP:+  KEY1:-");
POINT_COLOR=BLUE;//设置字体为蓝色
LCD_ShowString(30,150,200,16,16,"DAC VAL:");
LCD_ShowString(30,170,200,16,16,"DAC VOL:0.000V");
LCD_ShowString(30,190,200,16,16,"ADC VOL:0.000V");
TIM_SetCompare2(TIM9,pwmval);//初始值
while(1)
{
    t++;
    key=KEY_Scan(0);
    if(key==4)
    {
        if(pwmval<250)pwmval+=10;
        TIM_SetCompare2(TIM9,pwmval);//输出
    }else if(key==2)
    {
        if(pwmval>10)pwmval-=10;
        else pwmval=0;
        TIM_SetCompare2(TIM9,pwmval);//输出
    }
    if(t==10||key==2||key==4)   //WKUP/KEY1 按下了或者定时时间到了
    {
        adcx=TIM_GetCapture2(TIM9);
        LCD_ShowxNum(94,150,adcx,3,16,0);        //显示 DAC 寄存器值
        temp=(float)adcx*(3.3/256);   //得到 DAC 电压值
        adcx=temp;
```

```
            LCD_ShowxNum(94,170,temp,1,16,0);            //显示电压值整数部分
            temp-=adcx;    temp*=1000;
            LCD_ShowxNum(110,170,temp,3,16,0x80);        //显示电压值小数部分
            adcx=Get_Adc_Average(ADC_Channel_5,20);      //得到ADC转换值
            temp=(float)adcx*(3.3/4096);     //得到ADC电压值
            adcx=temp;
            LCD_ShowxNum(94,190,temp,1,16,0);             //显示电压值整数部分
            temp-=adcx;    temp*=1000;
            LCD_ShowxNum(110,190,temp,3,16,0x80);         //显示电压值小数部分
            t=0;LED0=! LED0;
        }
        delay_ms(10);
    }
}
```

　　主函数先对需要用到的模块进行初始化,然后显示一些提示信息,通过 KEY_UP 和 KEY1(也就是上下键)来实现对 PWM 脉宽的控制,经过 RC 滤波,最终实现对 DAC 输出幅值的控制。按下 KEY_UP 增加,按 KEY1 减小。同时在 LCD 上面显示 TIM4_CCR1 寄存器的值、PWM DAC 设计输出电压以及 ADC 采集到的实际输出电压。同时 DS0 闪烁,提示程序运行状况。

　　运行程序,DS0 闪烁,按 KEY_UP 按键,输出电压增大,按 KEY1 则变小。

17 DMA 控制

本章将利用 STM32F4 的 DMA 来实现串口数据传送,并在 TFTLCD 模块上显示当前的传送进度。

17.1 STM32F4 DMA 简介

17.1.1 STM32F4 DMA 特性

DMA,全称为 Direct Memory Access,即直接存储器访问。DMA 传输方式无须 CPU 直接控制传输,也没有中断处理方式那样保留现场和恢复现场的过程,通过硬件为 RAM 与 I/O 设备开辟一条直接传送数据的通路,能使 CPU 的效率大大提高。

STM32F4 最多有两个 DMA 控制器(DMA1 和 DMA2),共 16 个数据流(每个控制器 8 个),每一个 DMA 控制器都用于管理一个或多个外设的存储器访问请求。每个数据流总共可以有多达 8 个通道(或称请求)。每个数据流通道都有一个仲裁器,用于处理 DMA 请求间的优先级。

STM32F4 的 DMA 有以下一些特性。

(1)双 AHB 主总线架构,一个用于存储器访问,另一个用于外设访问。

(2)仅支持 32 位访问的 AHB 从编程接口。

(3)每个 DMA 控制器有 8 个数据流,每个数据流有多达 8 个通道(或称请求)。

(4)每个数据流有单独的四级 32 位先进先出存储器缓冲区(FIFO),可用于 FIFO 模式或直接模式。

(5)通过硬件可以将每个数据流配置如下。

①支持外设到存储器、存储器到外设和存储器到存储器传输的常规通道。

②支持在存储器方双缓冲的双缓冲区通道。

(6)8 个数据流中的每一个都连接到专用硬件 DMA 通道(请求)。

(7)DMA 数据流请求之间的优先级可用软件编程(4 个级别:非常高、高、中、低),在软件优先级相同的情况下可以通过硬件决定优先级(例如,请求 0 的优先级高于请求 1)。

(8)每个数据流也支持通过软件触发存储器到存储器的传输(仅限 DMA2 控制器)。

(9)可供每个数据流选择的通道请求多达 8 个。此选择由软件配置,允许几个外设启动 DMA 请求。

(10)要传输的数据项的数目可以由 DMA 控制器或外设管理。

①DMA 流控制器:要传输的数据项的数目是 1 到 65 535,可用软件编程。

②外设流控制器:要传输的数据项的数目未知并由源或目标外设控制,这些外设通过硬件发出传输结束的信号。

(11)独立的源和目标传输宽度(字节、半字、字):源和目标的数据宽度不相等时,DMA 自动封装/解封必要的传输数据来优化带宽。这个特性仅在 FIFO 模式下可用。

(12)对源和目标的增量或非增量寻址。

(13)支持4个、8个和16个节拍的增量突发传输。突发增量的大小可由软件配置,通常等于外设FIFO大小的一半。

(14)每个数据流都支持循环缓冲区管理。

(15)5个事件标志(DMA半传输、DMA传输完成、DMA传输错误、DMAFIFO错误、直接模式错误),进行逻辑或运算,从而产生每个数据流的单个中断请求。

17.1.2　STM32F4 DMA 控制器框图

STM32F4有两个DMA控制器:DMA1和DMA2,具体如图17.1所示。

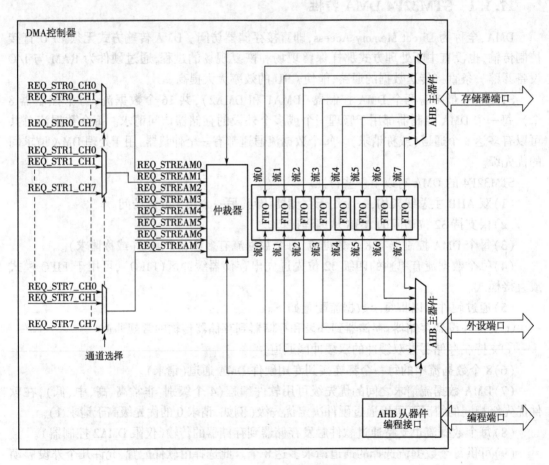

图 17.1　DMA 控制器框图

DMA控制器执行直接存储器传输:因为采用AHB主总线,它可以控制AHB总线矩阵来启动AHB事务。其可以执行下列事务。

(1)外设到存储器的传输。

(2)存储器到外设的传输。

(3)存储器到存储器的传输。

注意:存储器到存储器需要外设接口可以访问存储器,而仅 DMA2 的外设接口可以访问存储器,所以仅 DMA2 控制器支持存储器到存储器的传输,而 DMA1 不支持。

图 17.1 中数据流的多通道选择,是通过 DMA_SxCR 寄存器控制的,如图 17.2 所示。

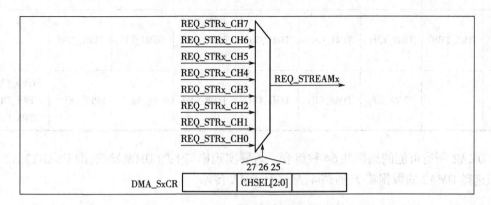

图 17.2　DMA 数据流通道选择

从上图可以看出,DMA_SxCR 控制数据流到底使用哪一个通道,每个数据流有 8 个通道供选择,每次只能选择其中一个通道进行 DMA 传输。DMA2 的各数据流通道映射如表 17.1 所示。

表 17.1　DMA2 各数据流通道映射表

外设请求	数据流 0	数据流 1	数据流 2	数据流 3	数据流 4	数据流 5	数据流 6	数据流 7
通道 0			TIM8_CH1 TIM8_CH2 TIM8_CH3		ADC1		TIM1_CH1 TIM1_CH2 TIM1_CH3	
通道 1		DCM1	ADC2	ADC2		SPI6_TX[1]	SPI6_RX[1]	DCM1
通道 2	ADC3	ADC3		SPI5_	SPI5_TX[1]	CRYP_OUT	CRYP_IN	HASH_IN
通道 3	SPI1_RX		SPI1_RX	SPI1_TX		SPI1_TX		
通道 4	SPI4_RX[1]	SPI4_TX[1]	USART1_RX	SDIO		USART1_RX	SDIO	USART1_TX
通道 5		USART6_RX	USART6_RX	SPI4_RX[1]	SPI4_TX[1]		USART6_TX	USART6_TX

续表

外设请求	数据流 0	数据流 1	数据流 2	数据流 3	数据流 4	数据流 5	数据流 6	数据流 7
通道 6	TIM1_TRIG	TIM1_CH1	TIM1_CH2	TIM1_CH1	TIM1_CH4 TIM1_TRIG TIM1_COM	TIM1_UP	TIM1_CH3	
通道 7		TIM8_UP	TIM8_CH1	TIM8_CH2	TIM8_CH3	SPI5_RX[1]	SPI5_TX[1]	TIM8_CH4 TIM8_TRIG TIM8_COM

DMA2 所有可能的选择共 64 种组合。若要实现串口 1 的 DMA 发送,即 USART1_TX,就必须选择 DMA2 的数据流 7、通道 4,来进行 DMA 传输。

17.1.3 STM32F4 DMA 相关寄存器

17.1.3.1 DMA 中断状态寄存器

该寄存器共有两个:DMA_LISR 和 DMA_HISR,每个寄存器管理 4 数据流(总共 8 个),DMA_LISR 寄存器用于管理数据流 0~3,而 DMA_HISR 用于管理数据流 4~7。这两个寄存器各位描述都完全相同,只是管理的数据流不同。

以 DMA_LISR 寄存器为例,各位描述如表 17.2 所示。

表 17.2 DMA_LISR 寄存器各位描述

31	30	29	28	27	26	25	24	23	22	21	20	19	18	17	16
Reserved				TCIF3	HTIF3	TEIF3	DMEIF3	Reserved	FEIF3	TCIF2	HTIF2	TEIF2	DMEIF2	Reserved	FEIF2
r	r	r	r	r	r	r	r		r	r	r	r	r		r

15	14	13	12	11	10	9	8	7	6	5	4	3	2	1	0
Reserved				TCIF1	HTIF1	TEIF1	DMEIF1	Reserved	FEIF1	TCIF0	HTIF0	TEIF0	DMEIF0	Reserved	FEIF0
r	r	r	r	r	r	r	r		r	r	r	r	r		r

位 31:28、15:12	保留,必须保持复位值
位 27、21、11、5 TCIFx 数据流 x 传输完成中断标志(x=3…0)	此位将由硬件置 1,由软件清零,软件只需将 1 写入 DMA_LIFCR 寄存器的相应位 • 0:数据流 x 上无传输完成事件 • 1:数据流 x 上发生传输完成事件
位 26、20、10、4 HTIFx 数据流 x 半传输中断标志清零(x=3…0)	此位将由硬件置 1,由软件清零,软件只需将 1 写入 DMA_LIFCR 寄存器的相应位 • 0:数据流 x 上无半传输事件 • 1:数据流 x 上发生半传输事件

位 25、19、9、3 TEIFx 数据流 x 传输错误中断标志清零 （x=3…0）	此位将由硬件置1,由软件清零,软件只需将1写入 DMA_LIFCR 寄存器的相应位 • 0:数据流 x 上无传输错误 • 1:数据流 x 上发生传输错误
位 24、18、8、2 DMEIFx 数据流 x 直接模式错误中断标志 清零（x=3…0）	此位将由硬件置1,由软件清零,软件只需将1写入 DMA_LIFCR 寄存器的相应位 • 0:数据流 x 上无直接模式错误 • 1:数据流 x 上发生直接模式错误
位 23、17、7、1	保留,必须保持复位值
位 22、16、6、0 CFEIFx 数据流 x FIFO 错误中断标志清零 （x=3…0）	此位将由硬件置1,由软件清零,软件只需将1写入 DMA_LIFCR 寄存器的相应位 • 0:数据流 x 上无 FIFO 错误事件 • 1:数据流 x 上发生 FIFO 错误事件

17.1.3.2 DMA 中断标志清除寄存器

该寄存器同样有两个:DMA_LIFCR 和 DMA_HIFCR,同样是每个寄存器控制 4 个数据流,DMA_LIFCR 寄存器用于管理数据流 0~3,而 DMA_HIFCR 用于管理数据流 4~7。这两个寄存器各位描述都完全相同,只是管理的数据流不同。

以 DMA_LIFCR 寄存器为例,各位描述如表 17.3 所示。

表 17.3　DMA_LIFCR 寄存器各位描述

31	30	29	28	27	26	25	24	23	22	21	20	19	18	17	16
Reserved				CTCIF3	CHTIF3	CTEIF3	CDMEIF3	Reserved	CFEIF3	CTCIF2	CHTIF2	CTEIF2	CDMEIF2	Reserved	CFEIF2
				w	w	w	w		w	w	w	w	w		w

15	14	13	12	11	10	9	8	7	6	5	4	3	2	1	0
Reserved				CTCIF1	CHTIF1	CTEIF1	CDMEIF1	Reserved	CFEIF1	CTCIF0	CHTIF0	CTEIF0	CDMEIF0	Reserved	CFEIF0
				w	w	w	w		w	w	w	w	w		w

位 31:28、15:12	保留,必须保持复位值
位 27、21、11、5 CTCIFx	数据流 x 传输完成中断标志清零（x=3…0） 将1写入此位时,DMA_LISR 寄存器中相应的 TCIFx 标志将清零
位 26、20、10、4 CHTIFx	数据流 x 半传输中断标志清零（x=3…0） 将1写入此位时,DMA_LISR 寄存器中相应的 HCIFx 标志将清零
位 25、19、9、3 CTEIFx	数据流 x 传输错误中断标志清零（x=3…0） 将1写入此位时,DMA_LISR 寄存器中相应的 TEIFx 标志将清零

位 24、18、8、2 CDMEIFx	数据流 x 直接模式错误中断标志清零(x=3…0) 将 1 写入此位时,DMA_LISR 寄存器中相应的 DMEIFx 标志将清零
位 23、17、7、1	保留,必须保持复位值
位 22、16、6、0 CFEIFx	数据流 x FIFO 错误中断标志清零(x=3…0) 将 1 写入此位时,DMA_LISR 寄存器中相应的 FEIFx 标志将清零

DMA_LIFCR 的各位就是用来清除 DMA_LISR 的对应位的,通过写 1 清除。在 DMA_LISR 被置位后,必须通过向该位寄存器对应的位写入 1 来清除。DMA_HIFCR 的使用同 DMA_LIFCR 类似,这里就不做介绍了。

17.1.3.3 DMA 数据流 x 配置寄存器(DMA_SxCR)(x=0~7,下同)

该寄存器包含数据宽度、外设及存储器的宽度、优先级、增量模式、传输方向、中断允许、使能等,都是通过该寄存器来设置的,所以 DMA_SxCR 是 DMA 传输的核心控制寄存器。

17.1.3.4 DMA 数据流 x 数据项寄存器(DMA_SxNDTR)

该寄存器控制 DMA 数据流 x 的每次传输所要传输的数据量,设置范围为 0~65 535,并且该寄存器的值会随着传输的进行而减少,当该寄存器的值为 0 时代表此次数据传输已经全部发送完成了,所以可以通过这个寄存器的值来知道当前 DMA 传输的进度。注意:这里是数据项数目,而不是指的字节数。例如,设置数据位宽为 16 位,那么传输一次(一个项)就是 2 个字节。

17.1.3.5 DMA 数据流 x 的外设地址寄存器(DMA_SxPAR)

该寄存器用来存储 STM32F4 外设的地址,如使用串口 1,那么该寄存器必须写入 0x40011004(其实就是 &USART1_DR)。如果使用其他外设,修改成相应外设的地址即可。

17.1.3.6 DMA 数据流 x 的存储器地址寄存器

由于 STM32F4 的 DMA 支持双缓存,所以存储器地址寄存器有两个:DMA_SxM0AR 和 DMA_SxM1AR,其中 DMA_SxM1AR 仅在双缓冲模式下才有效。

17.1.4 STM32F4 DMA 控制器配置方法

17.1.4.1 使能 DMA2 时钟,并等待数据流可配置

要先使能时钟,才可以配置 DMA 相关寄存器,另外,配置寄存器(DMA_SxCR)必须先等待其最低位为 0(也就是 DMA 传输禁止)才可以进行。DMA 的时钟使能是通过 AHB1ENR 寄存器来控制的。

库函数使能 DMA2 时钟的方法如下。

RCC_AHB1PeriphClockCmd(RCC_AHB1Periph_DMA2,ENABLE);//DMA2 时钟使能

等待 DMA 可配置,也就是等待 DMA_SxCR 寄存器最低位为 0 的方法如下。

while（DMA_GetCmdStatus(DMA_Streamx)！= DISABLE){}//等待 DMA 可配置

17.1.4.2　初始化 DMA2 数据流 7

DMA 的某个数据流各种配置参数初始化是通过 DMA_Init 函数实现的。

void DMA_Init(DMA_Stream_TypeDef * DMAy_Streamx, DMA_InitTypeDef * DMA_InitStruct)；

函数的第一个参数是指定初始化的 DMA 的数据流编号,入口参数范围为:DMAx_Stream0~DMAx_Stream7(x=1,2)。第二个参数通过初始化结构体成员变量值来达到初始化的目的,DMA_InitTypeDef 结构体的定义如下。

```
typedef struct
{
    uint32_t DMA_Channel;//设置 DMA 数据流对应的通道
    uint32_t DMA_PeripheralBaseAddr;// 设置 DMA 传输的外设基地址
    uint32_t DMA_Memory0BaseAddr;// 存放 DMA 传输数据的内存地址
    uint32_t DMA_DIR;// 设置数据传输方向
    uint32_t DMA_BufferSize;// 设置一次传输数据量的大小
    uint32_t DMA_PeripheralInc;// 设置传输数据时外设地址是不变还是递增
    uint32_t DMA_MemoryInc;// 设置传输数据时候内存地址是否递增
    uint32_t DMA_PeripheralDataSize;// 设置外设的数据长度为 8/16/32
    uint32_t DMA_MemoryDataSize;// 设置内存的数据长度
    uint32_t DMA_Mode;// 设置 DMA 模式是否循环采集
    uint32_t DMA_Priority;// 设置 DMA 通道的优先级
    uint32_t DMA_FIFOMode;// 设置是否开启 FIFO 模式
    uint32_t DMA_FIFOThreshold;// 选择 FIFO 阈值
    uint32_t DMA_MemoryBurst;// 配置存储器突发传输配置
    uint32_t DMA_PeripheralBurst;// 配置外设突发传输配置
}DMA_InitTypeDef;
```

根据上述参数的意义,实例代码如下。

```
/ * 配置 DMA Stream */
DMA_InitStructure. DMA_Channel = chx;　//通道选择
DMA_InitStructure. DMA_PeripheralBaseAddr = par;//DMA 外设地址
DMA_InitStructure. DMA_Memory0BaseAddr = mar;//DMA 存储器 0 地址
DMA_InitStructure. DMA_DIR = DMA_DIR_MemoryToPeripheral;//存储器到外设模式
```

DMA_InitStructure. DMA_BufferSize = ndtr;//数据传输量

DMA_InitStructure. DMA_PeripheralInc = DMA_PeripheralInc_Disable;//外设非增量模式

DMA_InitStructure. DMA_MemoryInc = DMA_MemoryInc_Enable;//存储器增量模式

DMA_InitStructure. DMA_PeripheralDataSize = DMA_PeripheralDataSize_Byte;//外设数据长度:8 位

DMA_InitStructure. DMA_MemoryDataSize = DMA_MemoryDataSize_Byte;//存储器数据长度:8 位

DMA_InitStructure. DMA_Mode = DMA_Mode_Normal;// 使用普通模式

DMA_InitStructure. DMA_Priority = DMA_Priority_Medium;//中等优先级

DMA_InitStructure. DMA_FIFOMode = DMA_FIFOMode_Disable;

DMA_InitStructure. DMA_FIFOThreshold = DMA_FIFOThreshold_Full;

DMA_InitStructure. DMA_MemoryBurst = DMA_MemoryBurst_Single;//单次传输

DMA_InitStructure. DMA_PeripheralBurst = DMA_PeripheralBurst_Single;//外设突发单次传输

DMA_Init(DMA_Streamx,&DMA_InitStructure);//初始化 DMA Stream

17.1.4.3 使能串口1的 DMA 发送

DMA 配置之后,要开启串口的 DMA 发送功能,使用的函数如下。

USART_DMACmd(USART1,USART_DMAReq_Tx,ENABLE); //使能串口 1 的 DMA 发送

如果是要使能串口 DMA 接收,那么第二个参数修改为 USART_DMAReq_Rx 即可。

17.1.4.4 使能 DMA2 数据流 7,启动传输

使能 DMA 数据流的函数如下。

void DMA_Cmd(DMA_Stream_TypeDef * DMAy_Streamx,FunctionalState NewState)

使能 DMA2_Stream7,启动传输的方法如下。

DMA_Cmd (DMA2_Stream7,ENABLE);

通过以上 4 步设置,即可启动一次 USART1 的 DMA 传输。

17.1.4.5 查询 DMA 传输状态

在 DMA 传输过程中,要查询 DMA 传输通道的状态,使用的函数如下。

FlagStatus DMA_GetFlagStatus(uint32_t DMAy_FLAG)

如果要查询 DMA 数据流 7 传输是否完成,方法如下。

DMA_GetFlagStatus(DMA2_Stream7,DMA_FLAG_TCIF7);

还有一个比较重要的函数就是获取当前剩余数据量大小的函数,方法如下。

uint16_t DMA_GetCurrDataCounter(DMA_Stream_TypeDef * DMAy_Streamx);

如要获取 DMA 数据流 7 还有多少个数据没有传输,方法如下。

DMA_GetCurrDataCounter(DMA1_Channel4);

同样,也可以设置对应 DMA 数据流传输的数据量大小,函数如下。

void DMA_SetCurrDataCounter(DMA_Stream_TypeDef * DMAy_Streamx, uint16_t Counter);

17.2 硬件设计

本章用到的硬件资源有:指示灯 DS0,KEY0 按键,串口,TFTLCD 模块,DMA。
本章将利用外部按键 KEY0 来控制 DMA 的传送,每按一次 KEY0,DMA 就传送一次数据到 USART1,然后在 TFTLCD 模块上显示进度等信息。DS0 还可用来作为程序运行的指示灯。本章在硬件连接上要将 P6 口的 RXD 和 TXD 分别同 PA9 和 PA10 连接。

17.3 软件设计

DMA 支持文件存在于 stm32f4xx_dma.c 与 stm32f4xx_dma.h 头文件中。

17.3.1 建立头文件

建立 dma.h 文件,编写如下代码。

```
#ifndef__DMA_H
#define__DMA_H
#include "sys.h"
void MYDMA_Config(DMA_Stream_TypeDef * DMA_Streamx,u32 chx,u32 par,u32 mar,u16 ndtr);//配置 DMAx_CHx
void MYDMA_Enable(DMA_Stream_TypeDef * DMA_Streamx,u16 ndtr);//使能一次
DMA 传输
```

#endif

17.3.2 函数定义

新建文件 dma.c,部分函数代码如下。

```
//DMAx 的各通道配置
//这里的传输形式是固定的,这点要根据不同的情况来修改
//从存储器→外设模式/8 位数据宽度/存储器增量模式
//DMA_Streamx:DMA 数据流,DMA1_Stream0~7/DMA2_Stream0~7
//chx:DMA 通道选择,@ ref DMA_channel DMA_Channel_0~DMA_Channel_7
//par:外设地址   mar:存储器地址   ndtr:数据传输量
void MYDMA_Config(DMA_Stream_TypeDef * DMA_Streamx,u32 chx,u32 par,u32 mar,u16 ndtr)
{
    DMA_InitTypeDef   DMA_InitStructure;
    if((u32)DMA_Streamx>(u32)DMA2)//得到当前 stream 是属于 DMA2 还是 DMA1
    {
        RCC_AHB1PeriphClockCmd(RCC_AHB1Periph_DMA2,ENABLE);//DMA2 时钟使能
    }else
    {
        RCC_AHB1PeriphClockCmd(RCC_AHB1Periph_DMA1,ENABLE);//DMA1 时钟使能
    }
    DMA_DeInit(DMA_Streamx);
    while (DMA_GetCmdStatus(DMA_Streamx) ! = DISABLE){}   //等待 DMA 可配置
    / * 配置 DMA Stream * /
    DMA_InitStructure. DMA_Channel = chx;   //通道选择
    DMA_InitStructure. DMA_PeripheralBaseAddr = par;//DMA 外设地址
    DMA_InitStructure. DMA_Memory0BaseAddr = mar;//DMA 存储器 0 地址
    DMA_InitStructure. DMA_DIR = DMA_DIR_MemoryToPeripheral;//存储器到外设模式
    DMA_InitStructure. DMA_BufferSize = ndtr;//数据传输量
    DMA_InitStructure. DMA_PeripheralInc = DMA_PeripheralInc_Disable;//外设非增量模式
    DMA_InitStructure. DMA_MemoryInc = DMA_MemoryInc_Enable;//存储器增量模式
    DMA_InitStructure. DMA_PeripheralDataSize = DMA_PeripheralDataSize_Byte;//外设
```

数据长度:8 位

        DMA_InitStructure. DMA_MemoryDataSize = DMA_MemoryDataSize_Byte;//存储器数
据长度:8 位

        DMA_InitStructure. DMA_Mode = DMA_Mode_Normal;// 使用普通模式

        DMA_InitStructure. DMA_Priority = DMA_Priority_Medium;//中等优先级

        DMA_InitStructure. DMA_FIFOMode = DMA_FIFOMode_Disable;//FIFO 模式禁止

        DMA_InitStructure. DMA_FIFOThreshold = DMA_FIFOThreshold_Full;//FIFO 阈值

        DMA_InitStructure. DMA_MemoryBurst = DMA_MemoryBurst_Single;//存储器突发
单次传输

        DMA_InitStructure. DMA_PeripheralBurst = DMA_PeripheralBurst_Single;//外设突发
单次传输

        DMA_Init(DMA_Streamx,&DMA_InitStructure);//初始化 DMA Stream

}

//开启一次 DMA 传输

//DMA_Streamx:DMA 数据流,DMA1_Stream0~7/DMA2_Stream0~7

//ndtr:数据传输量

void MYDMA_Enable(DMA_Stream_TypeDef * DMA_Streamx,u16 ndtr)

{

        DMA_Cmd(DMA_Streamx,DISABLE);   //关闭 DMA 传输

        while (DMA_GetCmdStatus(DMA_Streamx) ! = DISABLE){} //确保 DMA 可以被
设置

        DMA_SetCurrDataCounter(DMA_Streamx,ndtr);   //数据传输量

        DMA_Cmd(DMA_Streamx,ENABLE);   //开启 DMA 传输

}

    MYDMA_Config 函数是初始化 DMA,该函数是一个通用的 DMA 配置函数,DMA1/
DMA2 的所有通道都可以利用该函数进行配置,但有些固定参数要适当修改(如位宽,传输
方向等)。该函数在外部只能修改 DMA 及数据流编号、通道号、外设地址、存储器地址
(SxM0AR)传输数据量等几个参数,更多的其他设置只能在该函数内部修改。MYDMA_
Enable 函数就是设置 DMA 缓存大小并且使能 DMA 数据流。

17.3.3 建立主函数

建立 main 函数,在 main 函数里面编写如下代码。

/* 发送数据长度,最好等于 sizeof(TEXT_TO_SEND)+2 的整数倍 */
#define SEND_BUF_SIZE 8200
u8 SendBuff[SEND_BUF_SIZE];//发送数据缓冲区
const u8 TEXT_TO_SEND[] = {"ALIENTEK Explorer STM32F4 DMA 串口实验"};

```
int main(void)
{
    u16 i;
    u8 t=0,j,mask=0;
    float pro=0;//进度
    NVIC_PriorityGroupConfig(NVIC_PriorityGroup_2);//设置系统中断优先级分组2
    delay_init(168);        //初始化延时函数
    uart_init(115200);//初始化串口波特率为115 200

    LED_Init();        //初始化 LED
    LCD_Init();        //LCD 初始化
    KEY_Init();        //按键初始化
    /* DMA2,STEAM7,CH4,外设为串口 1,存储器为 SendBuff,长度为:SEND_BUF_
SIZE */
    MYDMA_Config(DMA2_Stream7,DMA_Channel_4,(u32)&USART1→DR,(u32)
SendBuff,SEND_BUF_SIZE);
    POINT_COLOR=RED;
    LCD_ShowString(30,50,200,16,16,"Explorer STM32F4");
    LCD_ShowString(30,70,200,16,16,"DMA TEST");
    LCD_ShowString(30,90,200,16,16,"ATOM@ ALIENTEK");
    LCD_ShowString(30,110,200,16,16,"2014/5/6");
    LCD_ShowString(30,130,200,16,16,"KEY0:Start");
    POINT_COLOR=BLUE;//设置字体为蓝色
    //显示提示信息
    j=sizeof(TEXT_TO_SEND);
    for(i=0;i<SEND_BUF_SIZE;i++)//填充 ASCII 字符集数据
    {
        if(t>=j)//加入换行符
        {
            if(mask)
            {
                SendBuff[i]=0x0a;t=0;
            }else
            {
                SendBuff[i]=0x0d;mask++;
            }
        }else//复制 TEXT_TO_SEND 语句
```

```
                    {
                            mask = 0;
                            SendBuff[i] = TEXT_TO_SEND[t];t++;
                    }
            }
            POINT_COLOR = BLUE;//设置字体为蓝色
            i = 0;
            while(1)
            {
                    t = KEY_Scan(0);
                    if(t = = KEY0_PRES)   //KEY0 按下
                    {
                            printf("\r\nDMA DATA:\r\n");
                            LCD_ShowString(30,150,200,16,16,"Start Transimit....");
                            LCD_ShowString(30,170,200,16,16,"  %");//显示百分号
                            USART_DMACmd(USART1,USART_DMAReq_Tx,ENABLE);//使能串口 1
            的 DMA 发送
                            MYDMA_Enable(DMA2_Stream7,SEND_BUF_SIZE);//开始一次 DMA
            传输
                            //等待 DMA 传输完成,此时来做另外一些事(点灯)
                            //实际应用中,传输数据期间,可以执行另外的任务
                            while(1)
                            {
                                    if(DMA_GetFlagStatus(DMA2_Stream7,DMA_FLAG_TCIF7)! =
            RESET) //等待 DMA2_Steam7 传输完成
                                    {
                                            DMA_ClearFlag(DMA2_Stream7,DMA_FLAG_TCIF7);//清除传输
            完成标志
                                            break;
                                    }
                                    pro = DMA_GetCurrDataCounter(DMA2_Stream7);//得到当前剩余数
            据数
                                    pro = 1-pro/SEND_BUF_SIZE;//得到百分比
                                    pro * = 100;                //扩大 100 倍
                                    LCD_ShowNum(30,170,pro,3,16);
                            }
                            LCD_ShowNum(30,170,100,3,16);//显示 100%
                            LCD_ShowString(30,150,200,16,16,"Transimit Finished!");
```

```
        }
        i++;
        delay_ms(10);
        if(i==20)
        {
            LED0=! LED0;//提示系统正在运行
            i=0;
        }
    }
}
```

　　main 函数的流程大致是:先初始化内存 SendBuff 的值,然后通过 KEY0 开启串口 DMA 发送,在发送过程中,通过 DMA_GetCurrDataCounter() 函数获取当前还剩余的数据量来计算传输百分比,最后在传输结束之后清除相应标志位,提示已经传输完成。注意,因为使用的是串口 1DMA 发送,所以代码中使用 USART_DMACmd 函数开启串口的 DMA 发送:

　　USART_DMACmd(USART1,USART_DMAReq_Tx,ENABLE);//使能串口 1 的 DMA 发送

　　运行程序,DS0 闪烁,按 KEY0,TFTLCD 上显示了进度等信息。若打开调试助手可以看到串口收到了开发板发送过来的数据。

　　DMA 是个非常好的功能,它不但能减轻 CPU 负担,还能提高数据传输速度,合理地应用 DMA,往往能让程序设计变得简单。

18　SPI 通信控制

本章将使用 STM32F4 自带的 SPI 来实现对外部 FLASH(W25Q128)的读写,并将结果显示在 TFTLCD 模块上。具体功能是:开机的时候先检测 W25Q128 是否存在,然后检测按键,其中一个按键(KEY1)用来执行写入 W25Q128 的操作,另外一个按键(KEY0)用来执行读出操作,在 TFTLCD 模块上显示相关信息,同时用 DS0 提示程序正在运行。

18.1　SPI 串行外围设备接口

18.1.1　SPI 简介

SPI(serial peripheral interface)是串行外围设备接口,是 Motorola 首先在其 MC68HCXX 系列处理器上定义的。SPI 接口主要应用在 EEPROM、FLASH、实时时钟、AD 转换器,还有数字信号处理器和数字信号解码器之间。它是一种高速、全双工、同步的通信总线,并且在芯片的管脚上只占用 4 根线,节约了芯片的管脚,同时为 PCB 的布局节省空间。STM32F4 的 SPI 接口内部结构简明图如图 18.1 所示。

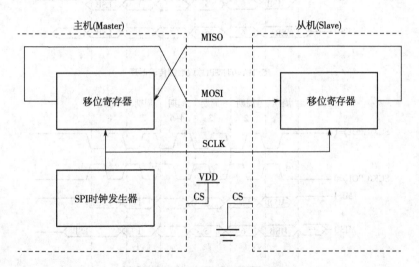

图 18.1　SPI 内部结构简明图

SPI 接口一般使用以下 4 条线通信。
- MISO 主设备数据输入,从设备数据输出。
- MOSI 主设备数据输出,从设备数据输入。
- SCLK 时钟信号,由主设备产生。
- CS 从设备片选信号,由主设备控制。

SPI 的主要特点:可以同时发出和接收串行数据,可以当作主机或从机工作,提供频率可编程时钟,发送结束中断标志,写冲突保护,总线竞争保护等。

SPI 总线的工作方式:SPI 模块为了和外设进行数据交换,根据外设工作要求,其输出串行同步时钟极性和相位可以进行配置。

(1)时钟极性(CPOL)对传输协议没有重大的影响。

CPOL=0,串行同步时钟的空闲状态为低电平。

CPOL=1,串行同步时钟的空闲状态为高电平。

(2)时钟相位(CPHA)能够配置用于选择两种不同的传输协议进行数据传输。

CPHA=0,在串行同步时钟的第一个跳变沿(上升或下降)数据被采样。

CPHA=1,在串行同步时钟的第二个跳变沿(上升或下降)数据被采样。

SPI 主模块和与之通信的外设备时钟相位和极性应该一致。

不同时钟相位下的总线数据传输时序如图 18.2 所示。

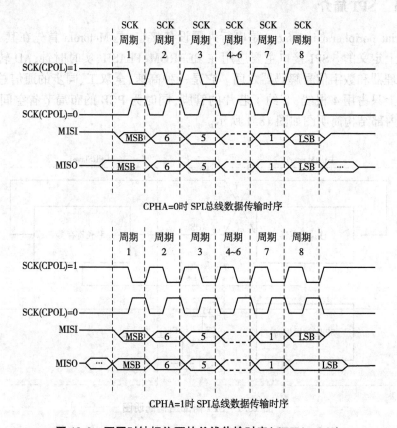

图 18.2　不同时钟相位下的总线传输时序(CPHA=0/1)

STM32F4 的 SPI 功能很强大,SPI 时钟最高可以达到 37.5MHz,支持 DMA,可以配置为 SPI 协议或者 I²S 协议(支持全双工 I²S)。

18.1.2　SPI1 的设置步骤

SPI 相关的库函数和定义分布在文件 stm32f4xx_spi. c 以及头文件 stm32f4xx_spi. h 中。

STM32 的主模式配置步骤如下。

18.1.2.1 配置相关引脚的复用功能,使能 SPI1 时钟

要使用 SPI1,第一步就要使能 SPI1 的时钟,SPI1 的时钟通过 APB2ENR 的第 12 位来设置。其次要设置 SPI1 的相关引脚为复用(AF5)输出,这样才会连接到 SPI1 上。这里使用的是 PB3、4、5 这 3 个(SCK、MISO、MOSI,CS 使用软件管理方式),所以设置这 3 个为复用 I/O,复用功能为 AF5。

使能 SPI1 时钟的方法如下。

```
RCC_APB2PeriphClockCmd(RCC_APB2Periph_SPI1,ENABLE);//使能 SPI1 时钟
```

复用 PB3,PB4,PB5 为 SPI1 引脚的方法如下。

```
GPIO_PinAFConfig(GPIOB,GPIO_PinSource3,GPIO_AF_SPI1);//PB3 复用为 SPI1
GPIO_PinAFConfig(GPIOB,GPIO_PinSource4,GPIO_AF_SPI1);//PB4 复用为 SPI1
GPIO_PinAFConfig(GPIOB,GPIO_PinSource5,GPIO_AF_SPI1);//PB5 复用为 SPI1
```

同时要设置相应的引脚模式为复用功能模式。

```
GPIO_InitStructure.GPIO_Mode = GPIO_Mode_AF;//复用功能
```

18.1.2.2 初始化 SPI1,设置 SPI1 工作模式等

这一步全部通过 SPI1_CR1 来设置,设置 SPI1 为主机模式,设置数据格式为 8 位,然后通过 CPOL 和 CPHA 位来设置 SCK 时钟极性及采样方式,并设置 SPI1 的时钟频率(最大 37.5MHz),以及数据的格式(MSB 在前还是 LSB 在前)。在库函数中初始化 SPI 的函数如下。

```
void SPI_Init(SPI_TypeDef * SPIx,SPI_InitTypeDef * SPI_InitStruct);
```

跟其他外设初始化一样,第一个参数是 SPI 标号,这里使用的是 SPI1。第二个参数结构体类型 SPI_InitTypeDef 的定义如下。

```
typedef struct
{
    uint16_t SPI_Direction;
    uint16_t SPI_Mode;
    uint16_t SPI_DataSize;
    uint16_t SPI_CPOL;
    uint16_t SPI_CPHA;
```

```
        uint16_t SPI_NSS;
        uint16_t SPI_BaudRatePrescaler;
        uint16_t SPI_FirstBit;
        uint16_t SPI_CRCPolynomial;
        }SPI_InitTypeDef;
```

(1)参数 SPI_Direction 是用来设置 SPI 的通信方式,可以选择为半双工、全双工,以及串行发和串行收方式,这里选择全双工模式 SPI_Direction_2Lines_FullDuplex。

(2)参数 SPI_Mode 用来设置 SPI 的主从模式,这里设置为主机模式 SPI_Mode_Master,当然有需要也可以选择为从机模式 SPI_Mode_Slave。

(3)参数 SPI_DataSiz 为 8 位还是 16 位帧格式选择项,这里是 8 位传输,选择 SPI_DataSize_8b。

(4)参数 SPI_CPOL 用来设置时钟极性,设置串行同步时钟的空闲状态为高电平,选择 SPI_CPOL_High。

(5)参数 SPI_CPHA 用来设置时钟相位,也就是选择在串行同步时钟的第几个跳变沿(上升或下降)数据被采样,可以为第一个或者第二个跳变沿采集,这里选择第二个跳变沿,选择 SPI_CPHA_2Edge。

(6)参数 SPI_NSS 设置 NSS 信号由硬件(NSS 管脚)还是软件控制,这里通过软件控制 NSS 关键,选择 SPI_NSS_Soft。

(7)参数 SPI_BaudRatePrescaler 设置 SPI 波特率预分频值也就是决定 SPI 的时钟参数,从 2 分频到 256 分频 8 个可选值,初始化时选择 256 分频值 SPI_BaudRatePrescaler_256,传输速度为 84M/256=328.125kHz。

(8)参数 SPI_FirstBit 设置数据传输顺序是 MSB 位在前还是 LSB 位在前,这里选择 SPI_FirstBit_MSB 高位在前。

(9)参数 SPI_CRCPolynomial 是用来设置 CRC 校验多项式,提高通信可靠性,大于 1 即可。

设置好参数后初始化 SPI 外设。初始化的范例格式如下。

```
SPI_InitTypeDef   SPI_InitStructure;
SPI_InitStructure.SPI_Direction = SPI_Direction_2Lines_FullDuplex;   //双线双向全双工
SPI_InitStructure.SPI_Mode = SPI_Mode_Master;   //主 SPI
SPI_InitStructure.SPI_DataSize = SPI_DataSize_8b;// SPI 发送接收 8 位帧结构
SPI_InitStructure.SPI_CPOL = SPI_CPOL_High;//串行同步时钟的空闲状态为高电平
SPI_InitStructure.SPI_CPHA = SPI_CPHA_2Edge;//第二个跳变沿数据被采样
SPI_InitStructure.SPI_NSS = SPI_NSS_Soft;//NSS 信号由软件控制
SPI_InitStructure.SPI_BaudRatePrescaler = SPI_BaudRatePrescaler_256;//预分频 256
SPI_InitStructure.SPI_FirstBit = SPI_FirstBit_MSB;//数据传输从 MSB 位开始
```

SPI_InitStructure. SPI_CRCPolynomial = 7;//CRC 值计算的多项式
SPI_Init(SPI2,&SPI_InitStructure); //根据指定的参数初始化外设 SPIx 寄存器

18.1.2.3 使能 SPI1

这一步通过 SPI1_CR1 的 bit6 来设置,以启动 SPI1,在启动之后即可开始 SPI 通信。库函数使能 SPI1 的方法如下。

SPI_Cmd(SPI1,ENABLE);//使能 SPI1 外设

18.1.2.4 SPI 传输数据

通信接口需要有发送数据和接收数据的函数,固件库提供的发送数据函数原型如下。

void SPI_I2S_SendData(SPI_TypeDef * SPIx,uint16_t Data);

这个函数是往 SPIx 数据寄存器写入数据 Data,从而实现发送。
固件库提供的接收数据函数原型如下。

uint16_t SPI_I2S_ReceiveData(SPI_TypeDef * SPIx);

这个函数是从 SPIx 数据寄存器读出接收到的数据。

18.1.2.5 查看 SPI 传输状态

在 SPI 传输过程中,经常要判断数据是否传输完成,发送区是否为空等状态,这是通过函数 SPI_I2S_GetFlagStatus 来实现的。判断发送是否完成的方法如下。

SPI_I2S_GetFlagStatus(SPI1,SPI_I2S_FLAG_RXNE);

18.1.3 W25Q128 简介

W25Q128 是华邦公司推出的大容量 SPIFLASH 产品,W25Q128 的容量为 128M,W25Q128 将 16M 的容量分为 256 个块(block),每个块大小为 64K 字节,每个块又分为 16 个扇区(sector),每个扇区 4K 个字节。

W25Q128 的最小擦除单位为一个扇区,也就是每次必须擦除 4K 个字节,这就需要给 W25Q128 开辟一个至少 4K 的缓存区,这对 SRAM 要求比较高,要求芯片必须有 4K 以上 SRAM 才能很好地操作。

W25Q128 的擦写周期多达 103 次,具有 20 年的数据保存期限,支持电压为 2.7~3.6V,W25Q128 支持标准的 SPI,还支持双输出/四输出的 SPI,最大 SPI 时钟可以达到 80MHz(双输出时相当于 160MHz,四输出时相当于 320MHz)。

18.2 硬件设计

本节所要用到的硬件资源如下：指示灯 DS0，KEY_UP 和 KEY1 按键，TFTLCD 模块，SPI，W25Q128。

W25Q128 与 STM32F4 的 SPI1 的连接关系如图 18.3 所示。

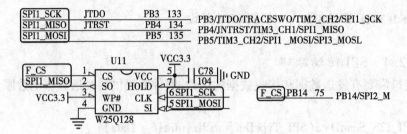

图 18.3 STM32F4 与 W25Q128 连接电路图

这里的 F_CS 是连接在 PB14 上面的，注意：W25Q128 和 NRF24L01 共用 SPI1，所以这两个器件在使用的时候，必须分时复用（通过片选控制）。

18.3 软件设计

18.3.1 建立头文件

18.3.1.1 建立 spi.h 文件，编写如下代码

```
#ifndef__SPI_H
#define__SPI_H
#include "sys.h"
void SPI1_Init(void);//初始化 SPI1 口
void SPI1_SetSpeed(u8 SpeedSet);//设置 SPI1 速度
u8 SPI1_ReadWriteByte(u8 TxData);//SPI1 总线读写一个字节
#endif
```

18.3.1.2 建立 w25qxx.h 文件，编写如下代码

```
#ifndef__W25QXX_H
#define__W25QXX_H
#include "sys.h"
#define W25Q80    0XEF13
```

```
#define W25Q16      0XEF14
#define W25Q32      0XEF15
#define W25Q64      0XEF16
#define W25Q128     0XEF17


extern u16 W25QXX_TYPE;                    //定义 W25QXX 芯片型号


#defineW25QXX_CS PBout(14)          //W25QXX 的片选信号
//指令表
#define W25X_WriteEnable         0x06
#define W25X_WriteDisable        0x04
#define W25X_ReadStatusReg       0x05
#define W25X_WriteStatusReg      0x01
#define W25X_ReadData       0x03
#define W25X_FastReadData        0x0B
#define W25X_FastReadDual        0x3B
#define W25X_PageProgram         0x02
#define W25X_BlockErase          0xD8
#define W25X_SectorErase         0x20
#define W25X_ChipErase           0xC7
#define W25X_PowerDown           0xB9
#define W25X_ReleasePowerDown        0xAB
#define W25X_DeviceID        0xAB
#define W25X_ManufactDeviceID        0x90
#define W25X_JedecDeviceID       0x9F


void W25QXX_Init(void);
u16   W25QXX_ReadID(void);                    //读取 FLASH ID
u8 W25QXX_ReadSR(void);                       //读取状态寄存器
void W25QXX_Write_SR(u8 sr);                  //写状态寄存器
void W25QXX_Write_Enable(void);          //写使能
void W25QXX_Write_Disable(void);         //写保护
void W25QXX_Write_NoCheck(u8 * pBuffer,u32 WriteAddr,u16 NumByteToWrite);
void W25QXX_Read(u8 * pBuffer,u32 ReadAddr,u16 NumByteToRead);   //读取 FLASH
void W25QXX_Write(u8 * pBuffer,u32 WriteAddr,u16 NumByteToWrite);//写入 FLASH
void W25QXX_Erase_Chip(void);                 //整片擦除
void W25QXX_Erase_Sector(u32 Dst_Addr);//扇区擦除
void W25QXX_Wait_Busy(void);              //等待空闲
```

```
void W25QXX_PowerDown(void);        //进入掉电模式
void W25QXX_WAKEUP(void);           //唤醒
#endif
```

18.3.2　函数定义

18.3.2.1　新建文件 spi. c,部分函数代码如下

```
//以下是 SPI 模块的初始化代码,配置成主机模式
//SPI 口初始化
//这里针对 SPI1 的初始化
void SPI1_Init(void)
{
GPIO_InitTypeDef    GPIO_InitStructure;
PI_InitTypeDef    SPI_InitStructure;

RCC_AHB1PeriphClockCmd(RCC_AHB1Periph_GPIOB,ENABLE);//使能 GPIOB 时钟
RCC_APB2PeriphClockCmd(RCC_APB2Periph_SPI1,ENABLE);// 使能 SPI1 时钟

//GPIOFB3,4,5 初始化设置:复用功能输出
GPIO_InitStructure. GPIO_Pin = GPIO_Pin_3|GPIO_Pin_4|GPIO_Pin_5;//PB3~5
GPIO_InitStructure. GPIO_Mode = GPIO_Mode_AF;//复用功能
GPIO_InitStructure. GPIO_OType = GPIO_OType_PP;//推挽输出
GPIO_InitStructure. GPIO_Speed = GPIO_Speed_100MHz;//100MHz
GPIO_InitStructure. GPIO_PuPd = GPIO_PuPd_UP;//上拉
GPIO_Init(GPIOB,&GPIO_InitStructure);// 初始化

//配置引脚复用映射
GPIO_PinAFConfig(GPIOB,GPIO_PinSource3,GPIO_AF_SPI1);//PB3 复用为 SPI1
GPIO_PinAFConfig(GPIOB,GPIO_PinSource4,GPIO_AF_SPI1);//PB4 复用为 SPI1
GPIO_PinAFConfig(GPIOB,GPIO_PinSource5,GPIO_AF_SPI1);//PB5 复用为 SPI1

//这里只针对 SPI 口初始化
RCC_APB2PeriphResetCmd(RCC_APB2Periph_SPI1,ENABLE);//复位 SPI1
RCC_APB2PeriphResetCmd(RCC_APB2Periph_SPI1,DISABLE);//停止复位 SPI1

SPI_InitStructure. SPI_Direction = SPI_Direction_2Lines_FullDuplex;  //设置 SPI 全双工
SPI_InitStructure. SPI_Mode = SPI_Mode_Master;  //设置 SPI 工作模式:主 SPI
SPI_InitStructure. SPI_DataSize = SPI_DataSize_8b;//设置 SPI 的数据大小:8 位帧结构
```

```
SPI_InitStructure. SPI_CPOL = SPI_CPOL_High;//串行同步时钟的空闲状态为高电平
SPI_InitStructure. SPI_CPHA = SPI_CPHA_2Edge;//数据捕获于第二个时钟沿
SPI_InitStructure. SPI_NSS = SPI_NSS_Soft;  //NSS 信号由硬件管理
SPI_InitStructure. SPI_BaudRatePrescaler = SPI_BaudRatePrescaler_256;//预分频 256
SPI_InitStructure. SPI_FirstBit = SPI_FirstBit_MSB;//数据传输从 MSB 位开始
SPI_InitStructure. SPI_CRCPolynomial = 7;//CRC 值计算的多项式
SPI_Init(SPI1,&SPI_InitStructure);//根据指定的参数初始化外设 SPIx 寄存器


SPI_Cmd(SPI1,ENABLE);//使能
SPI1 SPI1_ReadWriteByte(0xff);//启动传输
}
//SPI1 速度设置函数
//SPI 速度=fAPB2/分频系数
//入口参数范围:@ ref SPI_BaudRate_Prescaler
//SPI_BaudRatePrescaler_2~SPI_BaudRatePrescaler_256
//fAPB2 时钟一般为 84MHz
void SPI1_SetSpeed(u8 SPI_BaudRatePrescaler)
{
assert_param(IS_SPI_BAUDRATE_PRESCALER(SPI_BaudRatePrescaler));//判断有
效性
SPI1→CR1&=0XFFC7;//位 3~5 清零,用来设置波特率
SPI1→CR1|=SPI_BaudRatePrescaler;//设置 SPI1 速度
SPI_Cmd(SPI1,ENABLE);//使能 SPI1
}
//SPI1 读写一个字节
//TxData:要写入的字节
//返回值:读取到的字节
u8 SPI1_ReadWriteByte(u8 TxData)
{
while (SPI_I2S_GetFlagStatus(SPI1,SPI_I2S_FLAG_TXE)==RESET){}//等待发送
区空
SPI_I2S_SendData(SPI1,TxData);//通过外设 SPIx 发送一个 byte  数据
while (SPI_I2S_GetFlagStatus(SPI1,SPI_I2S_FLAG_RXNE)==RESET){} //等待接
收完
return SPI_I2S_ReceiveData(SPI1);//返回通过 SPIx 最近接收的数据
}
```

在 SPI1_Init 函数里面,把 SPI1 的频率设置成了最低(84MHz,256 分频)。在外部函数

里,通过 SPI1_SetSpeed 设置 SPI1 的速度,而数据发送和接收则是通过 SPI1_ReadWriteByte 函数来实现的。

18.3.2.2　新建文件 w25qxx.c,部分函数代码如下

```
//读取 SPI FLASH
//在指定地址开始读取指定长度的数据
//pBuffer:数据存储区
//ReadAddr:开始读取的地址(24bit)
//NumByteToRead:要读取的字节数(最大 65 535)
void W25QXX_Read(u8 * pBuffer,u32 ReadAddr,u16 NumByteToRead)
{
u16 i;
W25QXX_CS = 0;                          //使能器件
SPI1_ReadWriteByte(W25X_ReadData);       //发送读取命令
SPI1_ReadWriteByte((u8)((ReadAddr)>>16));   //发送 24bit 地址
SPI1_ReadWriteByte((u8)((ReadAddr)>>8));
SPI1_ReadWriteByte((u8)ReadAddr);
for(i=0;i<NumByteToRead;i++)
{
    pBuffer[i]=SPI1_ReadWriteByte(0XFF);   //循环读数
}
W25QXX_CS = 1;
}


//写 SPI FLASH
//在指定地址开始写入指定长度的数据
//该函数带擦除操作!
//pBuffer:数据存储区  WriteAddr:开始写入的地址(24bit)
//NumByteToWrite:要写入的字节数(最大 65 535)
u8 W25QXX_BUFFER[4096];
{
u32 secpos;
u16 secoff;u16 secremain;u16 i;
u8 * W25QXX_BUF;
W25QXX_BUF = W25QXX_BUFFER;
secpos = WriteAddr/4096;//扇区地址
secoff = WriteAddr%4096;//在扇区内的偏移
secremain = 4096-secoff;//扇区剩余空间大小
```

```c
//printf("ad:%X,nb:%X\r\n",WriteAddr,NumByteToWrite);//测试用
if(NumByteToWrite<=secremain)secremain=NumByteToWrite;//不大于4 096个字节
while(1)
{
W25QXX_Read(W25QXX_BUF,secpos*4096,4096);//读出整个扇区的内容
for(i=0;i<secremain;i++)//校验数据
{
if(W25QXX_BUF[secoff+i]!=0XFF)break;//需要擦除
}
if(i<secremain)//需要擦除
{
W25QXX_Erase_Sector(secpos);//擦除这个扇区
for (i=0;i<secremain;i++)         //复制
{
    W25QXX_BUF[i+secoff]=pBuffer[i];
}
W25QXX_Write_NoCheck(W25QXX_BUF,secpos*4096,4096);//写入整个扇区
}else W25QXX_Write_NoCheck(pBuffer,WriteAddr,secremain);//已擦除的,直接写
if(NumByteToWrite==secremain)break;//写入结束
else//写入未结束
{
secpos++;        //扇区地址增1
secoff=0;          //偏移位置为0
pBuffer+=secremain;        //指针偏移
WriteAddr+=secremain;    //写地址偏移
NumByteToWrite-=secremain;//字节数递减
if(NumByteToWrite>4096)secremain=4096;//下一个扇区还是写不完
else secremain=NumByteToWrite;   //下一个扇区可以写完
}
}
}
```

18.3.3 建立主函数

建立 main 函数,在 main 函数里面编写如下代码。

```c
//要写入到 W25Q128 的字符串数组
const u8 TEXT_Buffer[]={"Explorer STM32F4 SPI TEST"};
#define SIZE sizeof(TEXT_Buffer)
```

```
int main(void)
{
    u8 key,datatemp[SIZE];
    u16 i=0;
    u32 FLASH_SIZE;
    NVIC_PriorityGroupConfig(NVIC_PriorityGroup_2);//设置系统中断优先级分组2
    delay_init(168);   //初始化延时函数
    uart_init(115200);   //初始化串口波特率为115 200
    LED_Init();      //初始化 LED
    LCD_Init();      //LCD 初始化
    KEY_Init();      //按键初始化
    W25QXX_Init();   //W25QXX 初始化
    POINT_COLOR=RED;
    LCD_ShowString(30,50,200,16,16,"Explorer STM32F4");
    LCD_ShowString(30,70,200,16,16,"SPI TEST");
    LCD_ShowString(30,90,200,16,16,"ATOM@ ALIENTEK");
    LCD_ShowString(30,110,200,16,16,"2014/5/7");
    LCD_ShowString(30,130,200,16,16,"KEY1:Write  KEY0:Read");//显示提示
信息
    while(W25QXX_ReadID()!=W25Q128)//检测不到 W25Q128
    {
        LCD_ShowString(30,150,200,16,16,"W25Q128 Check Failed!");
        delay_ms(500);
        LCD_ShowString(30,150,200,16,16,"Please Check!          ");
        delay_ms(500);
        LED0=!LED0;   //DS0 闪烁
    }
    LCD_ShowString(30,150,200,16,16,"W25Q128 Ready!");
    FLASH_SIZE=128*1024*1024;//FLASH 大小为2M 字节
    POINT_COLOR=BLUE;   //设置字体为蓝色
    while(1)
    {
        key=KEY_Scan(0);
        if(key==KEY1_PRES)//KEY1 按下,写入 W25Q128
        {
            LCD_Fill(0,170,239,319,WHITE);//清除半屏
            LCD_ShowString(30,170,200,16,16,"Start Write W25Q128....");
            W25QXX_Write((u8*)TEXT_Buffer,FLASH_SIZE-100,SIZE);
```

　　　　　　　　　　//从倒数第 100 个地址处开始,写入 SIZE 长度的数据
　　　　LCD_ShowString(30,170,200,16,16,"W25Q128 Write Finished!");//提
示完成

　　　　}
　　　if(key==KEY0_PRES)//KEY0 按下,读取字符串并显示
　　　{
　　　　LCD_ShowString(30,170,200,16,16,"Start Read W25Q128....");
　　　　W25QXX_Read(datatemp,FLASH_SIZE-100,SIZE);
　　　　　　//从倒数第 100 个地址处开始,读出 SIZE 个字节
　　　　LCD_ShowString(30,170,200,16,16,"The Data Readed Is: ");//提示
传送完成
　　　　LCD_ShowString(30,190,200,16,16,datatemp);//显示读到的字符串
　　　}
　　　i++;
　　　delay_ms(10);
　　　if(i==20)
　　　{
　　　　LED0=! LED0;//提示系统正在运行
　　　　i=0;
　　　}
　　}
　}

运行程序,DS0 闪烁,先按 KEY1 按键写入数据,然后按 KEY0 读取数据。

207

18
S P I 通信控制

19 CAN 通信控制

本章将使用 STM32F4 自带的 CAN 控制器来实现两个开发板之间的 CAN 通信,并将结果显示在 TFTLCD 模块上。

19.1 CAN 简介

19.1.1 CAN 特点

CAN 是 Controller Area Network 的缩写(以下称为 CAN),是 ISO 国际标准化的串行通信协议。CAN 控制器根据两根线上的电位差来判断总线电平。总线电平分为显性电平和隐性电平,两者必居其一,发送方通过使总线电平发生变化,将消息发送给接收方。

CAN 协议具有以下特点。

19.1.1.1 多主控制

在总线空闲时,所有单元都可以发送消息(多主控制),而两个以上的单元同时开始发送消息时,根据标识符访问总线的消息决定优先级。

19.1.1.2 系统的柔软性

与总线相连的单元没有类似于"地址"的信息。因此在总线上增加单元时,连接在总线上的其他单元的软硬件及应用层都不需要改变。

19.1.1.3 通信速度较快,通信距离远

最高 1Mbps(距离小于 40M),最远可达 10kM(速率低于 5kbps)。

19.1.1.4 具有错误检测、错误通知和错误恢复功能

所有单元都可以检测错误(错误检测功能),检测出错误的单元会立即同时通知其他所有单元(错误通知功能),正在发送消息的单元一旦检测出错误,会强制结束当前的发送。

19.1.1.5 故障封闭功能

CAN 可以判断出错误的类型是总线上暂时的数据错误(如外部噪声等)还是持续的数据错误(如单元内部故障、驱动器故障、断线等)。由此功能,当总线上发生持续数据错误时,可将引起此故障的单元从总线上隔离出去。

19.1.1.6 连接节点多

CAN 总线是可同时连接多个单元的总线。可连接的单元总数理论上是没有限制的。但实际上可连接的单元数受总线上的时间延迟及电气负载的限制。降低通信速度,可连接的单元数增加;提高通信速度,则可连接的单元数减少。

CAN 特别适合工业过程监控设备的互联,因此,越来越受到工业界的重视,并已公认为是最有前途的现场总线之一。

19.1.2 CAN 协议

CAN 协议经过 ISO 标准化后有两个标准:ISO11898 标准和 ISO11519-2 标准。其中 ISO11898 是针对通信速率为 125kbps ~ 1Mbps 的高速通信标准,该标准的物理层特征如图 19.1 所示。

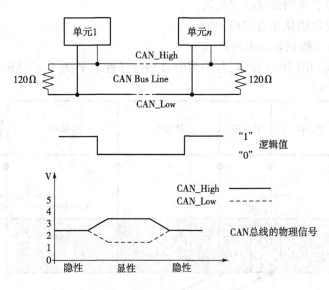

图 19.1   ISO11898 物理层特性

从该特性可以看出,显性电平对应逻辑 0,CAN_H 和 CAN_L 之差为 2.5V 左右,而隐性电平对应逻辑 1,CAN_H 和 CAN_L 之差为 0。在总线上显性电平具有优先权,只要有一个单元输出显性电平,总线上即为显性电平,隐形电平则具有包容的意味,只有所有的单元都输出隐性电平,总线上才为隐性电平(显性电平比隐性电平更强)。另外,在 CAN 总线的起止端都有一个 120Ω 的终端电阻,来做阻抗匹配,以减少回波反射。

CAN 协议是通过以下 5 种类型的帧进行的:数据帧,遥控帧,错误帧,过载帧,间隔帧。

数据帧和遥控帧有标准格式和扩展格式两种格式。标准格式有 11 个位的标识符(ID),扩展格式有 29 个位的 ID。各种帧的用途如表 19.1 所示。

表 19.1   CAN 协议各种帧及其用途

帧类型	帧用途
数据帧	用于发送单元向接收单元传送数据的帧
遥控帧	用于接收单元向具有相同 ID 的发送单元请求数据的帧
错误帧	用于当检测出错误时向其他单元通知错误的帧
过载帧	用于接收单元通知其尚未做好接收准备的帧
间隔帧	用于将数据帧及遥控帧与前面的帧分离开来的帧

其中数据帧一般由如下 7 个段构成。

- 帧起始:表示数据帧开始的段。
- 仲裁段:表示该帧优先级的段。
- 控制段:表示数据的字节数及保留位的段。
- 数据段:数据的内容,一帧可发送 0～8 个字节的数据。
- CRC 段:检查帧的传输错误的段。
- ACK 段:表示确认正常接收的段。
- 帧结束:表示数据帧结束的段。

数据帧的构成如图 19.2 所示,其中图中 D 表示显性电平,R 表示隐形电平。

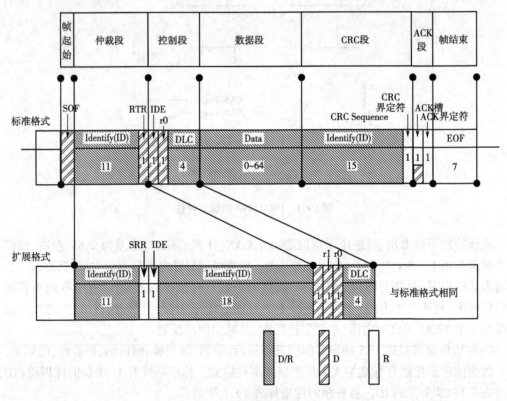

图 19.2　数据帧的构成

19.1.2.1　帧起始

标准帧和扩展帧都是由 1 个位的显性电平表示帧起始。

19.1.2.2　仲裁段

仲裁段是表示数据优先级的段,标准帧和扩展帧格式在本段有所区别,如图 19.3 所示。标准格式的 ID 有 11 个位。从 ID28 到 ID18 被依次发送。禁止高 7 位都为隐性(禁止设定:ID=1111111XXXX)。扩展格式的 ID 有 29 个位。基本 ID 从 ID28 到 ID18,扩展 ID 由 ID17 到 ID0 表示。基本 ID 和标准格式的 ID 相同。禁止高 7 位都为隐性(禁止设定:基本 ID=1111111XXXX)。

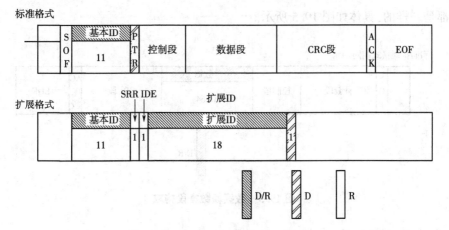

图 19.3　数据帧仲裁段构成

其中 RTR 位用于标识是否是远程帧(0 为数据帧;1 为远程帧),IDE 位为标识符选择位(0 为使用标准标识符;1 为使用扩展标识符),SRR 位为代替远程请求位,为隐性位,它代替了标准帧中的 RTR 位。

19.1.2.3　控制段

控制段由 6 个位构成,表示数据段的字节数。标准帧和扩展帧的控制段稍有不同,具体如图 19.4 所示。

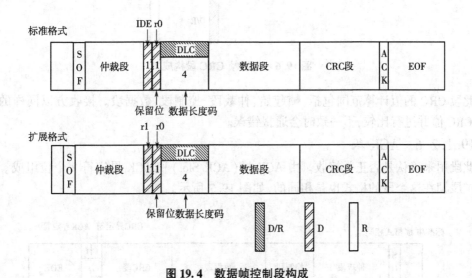

图 19.4　数据帧控制段构成

上图中,r0 和 r1 为保留位,必须全部以显性电平发送,但是接收端可以接收显性、隐性及任意组合的电平。DLC 段为数据长度表示段,高位在前,DLC 段有效值为 0~8,但是接收方接收到 9~15 的时候并不认为是错误的。

19.1.2.4　数据段

该段可包含 0~8 个字节的数据。从最高位(MSB)开始输出,标准帧和扩展帧在这个段的定义都是一样的,具体如图 19.5 所示。

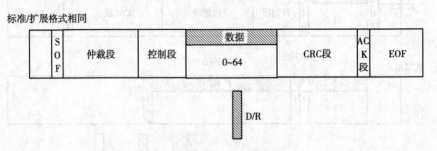

图 19.5　数据帧数据段构成

19.1.2.5　CRC 段

该段用于检查帧传输错误,由 15 个位的 CRC 顺序和 1 个位的 CRC 界定符(用于分隔的位)组成,标准帧和扩展帧在这个段的格式也是相同的,具体如图 19.6 所示。

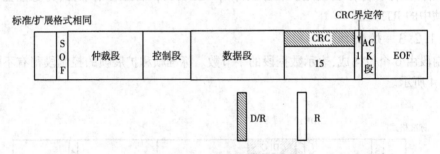

图 19.6　数据帧 CRC 段构成

此段 CRC 的值计算范围包括:帧起始、仲裁段、控制段、数据段。接收方以同样的算法计算 CRC 值并进行比较,不一致时会通报错误。

19.1.2.6　ACK 段

此段用来确认是否正常接收。由 ACK 槽(ACK Slot)和 ACK 界定符 2 个位组成。标准帧和扩展帧在这个段的格式也是相同的,如图 19.7 所示。

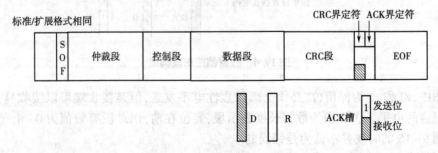

图 19.7　数据帧 CRC 段构成

发送单元的 ACK,发送 2 个位的隐性位,而接收到正确消息的单元在 ACK 槽(ACK Slot)发送显性位,通知发送单元正常接收结束,这个过程叫发送 ACK/返回 ACK。发送 ACK 的是在既不处于总线关闭态也不处于休眠态的所有接收单元中,接收到正常消息的单元(发送单元不发送 ACK)。所谓正常消息是指不含填充错误、格式错误、CRC 错误的消息。

19.1.2.7 帧结束

标准帧和扩展帧在这个段格式一样,由 7 个位的隐性位组成。

19.1.3 CAN 位时序

由发送单元在非同步的情况下发送的每秒钟的位数称为位速率。一个位可分为以下 4 段。

- 同步段(SS)。
- 传播时间段(PTS)。
- 相位缓冲段 1(PBS1)。
- 相位缓冲段 2(PBS2)。

这些段又由可称为 Time Quantum(以下称为 Tq)的最小时间单位构成。1 位分为 4 个段,每个段又由若干个 Tq 构成,这称为位时序。1 位由多少个 Tq 构成、每个段又由多少个 Tq 构成等,可以任意设定位时序。通过设定位时序,多个单元可同时采样,也可任意设定采样点。各段的作用和 Tq 数如表 19.2 所示。

表 19.2　1 个位的各段及其作用

段名称	段的作用	Tq 数
同步段 (SS:synchroization segment)	多个连接在总线上的单元通过此段实现时序调整,同步进行接收和发送的工作。由隐性电平到显性电平的边沿或显性电平到隐性电平边沿最好出现在此段中	1Tq
传播时间段 (PTS:ropagation time segment)	用于吸收网络上的物理延迟的段。 所谓的网络的物理延迟指发送单元的输出延迟、总线上信号的传播延迟、接收单元的输入延迟 这段的时间为以上各延迟时间的和的两倍	8~25Tq
相位缓冲段 1 (PBS1:phase buffer segment 1)	当信号边沿不能被包含于 SS 段中时,可在此段进行补偿 由于各单元以各自独立的时钟工作,细微的时钟误差会累积起来,PBS 段可用于吸收此误差	1~8Tq
相位缓冲段 2 (PBS1:phase buffer segment 2)	通过对相位缓冲段加减 SJW 吸收误差 SJW 加大后允许误差加大,但通信速度下降	2~8Tq
再同步补偿宽度 (SJW:resynchronization jump width)	因时钟频率偏差、传送延迟等,各单元有同步误差 SJW 为补偿此误差的最大值	1~4Tq

1 个位的构成如图 19.8 所示。

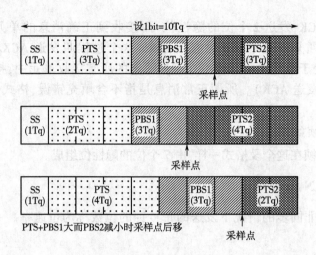

图 19.8　1 个位的构成

上图的采样点,是指读取总线电平,并将读到的电平作为位值的点,位置在 PBS1 结束处,根据这个位时序可以计算 CAN 通信的波特率。

19.1.4　CAN 协议的仲裁功能

在总线空闲状态,最先开始发送消息的单元获得发送权。当多个单元同时开始发送时,各发送单元从仲裁段的第一位开始进行仲裁。连续输出显性电平最多的单元可继续发送。实现过程,如图 19.9 所示。

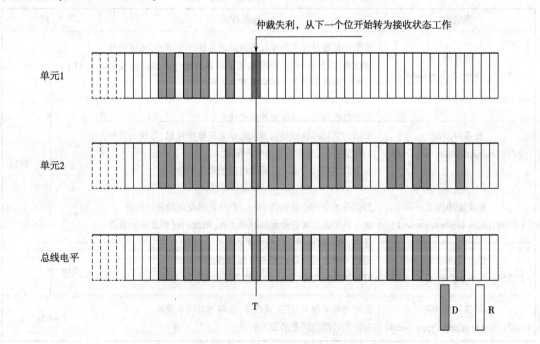

图 19.9　CAN 总线仲裁过程

上图中,单元1和单元2同时开始向总线发送数据,开始部分数据格式是一样的,无法区分优先级,直到T时刻,单元1输出隐性电平,而单元2输出显性电平,此时单元1仲裁失利,立刻转入接收状态工作,不再与单元2竞争,而单元2则顺利获得总线使用权,继续发送自己的数据,这就实现了仲裁,让连续发送显性电平多的单元获得总线使用权。

19.1.5 STM32F4 的 bxCAN

STM32F4 自带的是 bxCAN,即基本扩展 CAN,支持 CAN 协议 2.0A 和 2.0B,支持报文发送的优先级要求(优先级特性可软件配置)。对于安全紧要的应用,bxCAN 提供所有支持时间触发通信模式所需的硬件功能。

STM32F4 的 bxCAN 的主要特点如下。

(1)支持 CAN 协议 2.0A 和 2.0B 主动模式。

(2)波特率最高达 1Mbps。

(3)支持时间触发通信。

(4)具有 3 个发送邮箱。

(5)具有 3 级深度的 2 个接收 FIFO。

(6)可变的过滤器组(28 个,CAN1 和 CAN2 共享)。

在 STM32F407ZGT6 中,带有 2 个 CAN 控制器,分别拥有自己的发送邮箱和接收 FIFO,它们共用 28 个滤波器。通过 CAN_FMR 寄存器的设置,可以设置滤波器的分配方式。

STM32F4 的过滤器(也称筛选器)组最多有 28 个,每个滤波器组由 2 个 32 位寄存器、CAN_FxR1 和 CAN_FxR2 组成。每个过滤器组的位宽都可以独立配置,以满足应用程序的不同需求。根据位宽的不同,每个过滤器组可提供如下。

第一,1 个 32 位过滤器,包括:STDID[10：0]、EXTID[17：0]、IDE 和 RTR 位。

第二,2 个 16 位过滤器,包括:STDID[10：0]、IDE、RTR 和 EXTID[17：15]位。

过滤器可配置为屏蔽位模式和标识符列表模式。

屏蔽位模式下,标识符寄存器和屏蔽寄存器一起,指定报文标识符的任何一位,应该按照"必须匹配"或"不用关心"处理。要过滤出一组标识符,应该设置过滤器组工作在屏蔽位模式。

标识符列表模式下,屏蔽寄存器也被当作标识符寄存器用。因此,不是采用一个标识符加一个屏蔽位的方式,而是使用两个标识符寄存器。接收报文标识符的每一位都必须跟过滤器标识符相同。要过滤出一个标识符,应该设置过滤器组工作在标识符列表模式。

应用程序不用的过滤器组,应该保持在禁用状态。

过滤器组中的每个过滤器,都被编号为从 0 开始。

CAN 发送流程为:程序选择 1 个空置的邮箱(TME＝1)→设置标识符(ID),数据长度和发送数据→设置 CAN_TIxR 的 TXRQ 位为 1,请求发送→邮箱挂号(等待成为最高优先级)→预定发送(等待总线空闲)→发送→邮箱空置。整个流程如图 19.10 所示。

CAN 接收流程为:FIFO 空→收到有效报文→挂号_1(存入 FIFO 的一个邮箱,这个由硬件控制)→收到有效报文→挂号_2→收到有效报文→挂号_3→收到有效报文→溢出。CAN 接收流程如图 19.11 所示。

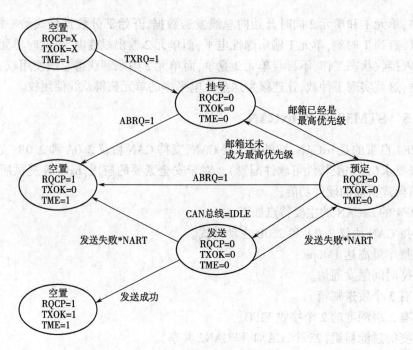

图 19.10 发送邮箱

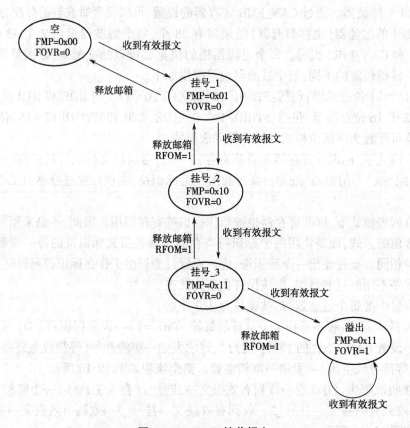

图 19.11 FIFO 接收报文

FIFO 接收到的报文数,可以通过查询 CAN_RFxR 的 FMP 寄存器来得到,只要 FMP 不为 0,就可以从 FIFO 读出收到的报文。

19.1.6 STM32F4 的 CAN 位时间特性

STM32F4 把传播时间段和相位缓冲段 1(STM32F4 称之为时间段 1)合并了,所以 STM32F4 的 CAN 一个位只有 3 段:同步段(SYNC_SEG)、时间段 1(BS1)和时间段 2(BS2)。 STM32F4 的 BS1 段可以设置为 1~16 个时间单元。STM32F4 的 CAN 位时序如图 19.12 所示。

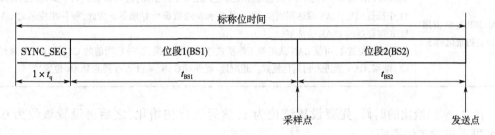

图 19.12　STM32F4 CAN 位时序

CAN 波特率的计算公式:

$$BaudRate = \frac{1}{NominalBitTime}$$

$$NominalBitTime = 1 \times t_q + t_{BS1} + t_{BS2}$$

其中:

$t_{BS1} = t_q \times (TS1[3:0]+1)$

$t_{BS2} = t_q \times (TS2[2:0]+1)$

$t_q = (BRP[9:0]+1) \times t_{PCLK}$(其中:$t_q$ 为时间片,t_{PCLK} = APB 时钟的时间周期)

$BRP[9:0]$、$TS1[3:0]$ 与 $TS2[2:0]$ 在 CAN_BTR 寄存器中定义。

由 CAN 波特率的计算公式,且已知 BS1 和 BS2 的设置,以及 APB1 的时钟频率(一般 为 42MHz),就可以方便地计算出波特率。例如,设置 TS1 = 6、TS2 = 5 和 BRP = 5,在 APB1 频率为 42MHz 的条件下,即可得到 CAN 通信的波特率 = 42 000/[(7+6+1)×6] = 500kbps。

19.1.7 CAN 的寄存器

19.1.7.1　CAN 的主控制寄存器(CAN_MCR)

该寄存器各位描述如表 19.3 所示。

表 19.3　寄存器 CAN_MCR 各位描述

31	30	29	28	27	26	25	24	23	22	21	20	19	18	17	16
															DBF
						Reserved									rw
15	**14**	**13**	**12**	**11**	**10**	**9**	**8**	**7**	**6**	**5**	**4**	**3**	**2**	**1**	**0**
RESET								TTCM	ABOM	AWUM	NART	RFLM	TXFP	SLEEP	INRQ
rw				Reserved				rw	rw	rw	rw	rw	rw	rw	rw

位 0：INRQ，该位用来控制初始化请求	软件对该位清零，可使 CAN 从初始化模式进入正常工作模式：当 CAN 在接收引脚检测到连续的 11 个隐性位后，CAN 就达到同步，并为接收和发送数据作好准备。为此，硬件相应地对 CAN_MSR 寄存器的 INAK 位清零 软件对该位置 1，可使 CAN 从正常工作模式进入初始化模式：一旦当前的 CAN 活动（发送或接收）结束，CAN 就进入初始化模式。相应地，硬件对 CAN_MSR 寄存器的 INAK 位置'1'

　　在 CAN 初始化的时候，先要设置该位为 1，然后进行初始化，之后再设置该位为 0，让 CAN 进入正常工作模式。

19.1.7.2　CAN 位时序寄存器（CAN_BTR）

　　该寄存器各位描述如表 19.4 所示。

表 19.4　寄存器 CAN_BTR 各位描述

31	30	29	28	27	26	25	24	23	22	21	20	19	18	17	16
SILM	LBKM					SJW[1：0]		RES	TS2[2：0]			TS1[3：0]			
rw	rw		Reserved			rw	rw	rw	rw	rw	rw	rw	rw	rw	rw
15	**14**	**13**	**12**	**11**	**10**	**9**	**8**	**7**	**6**	**5**	**4**	**3**	**2**	**1**	**0**
										BRP[9：0]					
			Reserved			rw	rw	rw	rw	rw	rw	rw	rw	rw	rw

位 31 SILM：静默模式（调试）	0：正常工作 1：静默模式
位 30 LBKM：环回模式（调试）	0：禁止环回模式 1：使能环回模式
位 29：26	保留，必须保持复位值
位 25：24 SJW[1：0]：再同步跳转宽度	这些位定义 CAN 硬件在执行再同步时最多可以将位加长或缩短的时间片数目 $t_{RJW}=t_{CAN}\times(\text{SJW}[1:0]+1)$
位 23	保留，必须保持复位值
位 22：20 TS2[2：0]：时间段 2	这些位定义时间段 2 中的时间片数目 $T_{BS2}=t_{CAN}\times(\text{TS2}[2:0]+1)$

位 19：16 TS1[3：0]：时间段 1	这些位定义时间段 1 中的时间片数目 $T_{BS1} = t_{CAN} \times (TS1[3:0] + 1)$
位 15：10	保留，必须保持复位值
位 9：0 BRP[9：0]：波特率预分频器	这些位定义一个时间片的长度 $t_q = (BRP[9:0] + 1) \times t_{PCLK}$

STM32F4 提供了环回模式和静默模式两种测试模式，还可以组合成环回静默模式，也就是环回模式是一个自发自收的模式，在环回模式下，bxCAN 把发送的报文当作接收的报文并保存(如果可以通过接收过滤)在接收邮箱里。环回模式可用于自测试。

19.1.7.3 CAN 发送邮箱标识符寄存器(CAN_TIxR)(x=0~3)

该寄存器各位描述如表 19.5 所示。

表 19.5 寄存器 CAN_TIxR 各位描述

31	30	29	28	27	26	25	24	23	22	21	20	19	18	17	16
			STID[10：0]/EXID[28：18]									EXID[17：13]			
rw	rw	rw	rw	rw	rw	rw	rw	rw	rw	rw	rw	rw	rw	rw	rw
15	14	13	12	11	10	9	8	7	6	5	4	3	2	1	0
					EXID[12：0]								IDE	RTR	TXRQ
rw	rw	rw	rw	rw	rw	rw	rw	rw	rw	rw	rw	rw	rw	rw	rw

位 31：21 STID[10：0]/EXID[28：18]：标准标识符或扩展标识符	标准标识符或扩展标识符 MSB(取决于 IDE 的值)
位 20：3 EXID[17：0]：扩展标识符	扩展标识符的 LSB
位 2 IDE：标识符扩展	此位用于定义邮箱中消息的标识符类型 0：标准标识符 1：扩展标识符
位 1 RTR：远程发送请求	0：数据帧 1：遥控帧
位 0 TXRQ：发送邮箱请求	由软件置 1，用于请求发送相应邮箱的内容 邮箱变为空后，此位由硬件清零

该寄存器主要用来设置标识符(包括扩展标识符)与帧类型，通过 TXRQ 置 1，来请求邮箱发送。因为有 3 个发送邮箱，所以寄存器 CAN_TIxR 有 3 个。

19.1.7.4 CAN 发送邮箱数据长度和时间戳寄存器(CAN_TDTxR)(x=0~2)

该寄存器仅用来设置数据长度，即最低 4 个位。

19.1.7.5 CAN 发送邮箱低字节数据寄存器(CAN_TDLxR)(x=0~2)

该寄存器各位描述如表 19.6 所示。

表 19.6　寄存器 CAN_TDLxR 各位描述

31	30	29	28	27	26	25	24	23	22	21	20	19	18	17	16
DATA3[7:0]								DATA2[7:0]							
rw	rw	rw	rw	rw	rw	rw	rw	rw	rw	rw	rw	rw	rw	rw	rw
15	14	13	12	11	10	9	8	7	6	5	4	3	2	1	0
DATA1[7:0]								DATA0[7:0]							
rw	rw	rw	rw	rw	rw	rw	rw	rw	rw	rw	rw	rw	rw	rw	rw

位 31:24 DATA3[7:0]:数据字节 3	消息的数据字节 3
位 23:16 DATA2[7:0]:数据字节 2	消息的数据字节 2
位 15:8 DATA1[7:0]:数据字节 1	消息的数据字节 1
位 7:0 DATA0[7:0]:数据字节 0	消息的数据字节 0
一条消息可以包含 0~8 个数据字节,从字节 0 开始	

　　该寄存器用来存储将要发送的数据,这里只能存储低 4 个字节,另外还有一个寄存器 CAN_TDHxR,该寄存器用来存储高 4 个字节,这样总共就可以存储 8 个字节。CAN_TDHxR 的各位描述同 CAN_TDLxR 类似。

19.1.7.6　CAN 接收 FIFO 邮箱标识符寄存器(CAN_RIxR)(x=0/1)

　　该寄存器各位描述同 CAN_TIxR 寄存器几乎相同,只是最低位为保留位,该寄存器用于保存接收到的报文标识符等信息,可以通过读该寄存器获取相关信息。

19.1.7.7　CAN 过滤器模式寄存器(CAN_FM1R)

　　该寄存器用于设置 28 个滤波器组的工作模式,各位描述如表 19.7 所示。

表 19.7　寄存器 CAN_FM1R 各位描述

31	30	29	28	27	26	25	24	23	22	21	20	19	18	17	16
Reserved				FBM 27	FBM 26	FBM 25	FBM 24	FBM 23	FBM 22	FBM 21	FBM 20	FBM 19	FBM 18	FBM 17	FBM 16
				rw	rw	rw	rw	rw	rw	rw	rw	rw	rw	rw	rw
15	14	13	12	11	10	9	8	7	6	5	4	3	2	1	0
FBM 15	FBM 14	FBM 13	FBM 12	FBM 11	FBM 10	FBM 9	FBM 8	FBM 7	FBM 6	FBM 5	FBM 4	FBM 3	FBM 2	FBM 1	FBM 0
rw	rw	rw	rw	rw	rw	rw	rw	rw	rw	rw	rw	rw	rw	rw	rw

位 31:28	保留,必须保持复位值
位 27:0 FBMx:筛选器模式	筛选器 x 的寄存器的模式 0:筛选器存储区 x 的两个 32 位寄存器处于标识符屏蔽模式 1:筛选器存储区 x 的两个 32 位寄存器处于标识符列表模式

19.1.7.8　CAN 过滤器位宽寄存器（CAN_FS1R）

该寄存器用于设置 28 个滤波器组的位宽,各位描述如表 19.8 所示。

表 19.8　寄存器 CAN_FS1R 各位描述

31	30	29	28	27	26	25	24	23	22	21	20	19	18	17	16
				FSC 27	FSC 26	FSC 25	FSC 24	FSC 23	FSC 22	FSC 21	FSC 20	FSC 19	FSC 18	FSC 17	FSC 16
	Reserved														
				rw	rw	rw	rw	rw	rw	rw	rw	rw	rw	rw	rw
15	14	13	12	11	10	9	8	7	6	5	4	3	2	1	0
FSC 15	FSC 14	FSC 13	FSC 12	FSC 11	FSC 10	FSC 9	FSC 8	FSC 7	FSC 6	FSC 5	FSC 4	FSC 3	FSC 2	FSC 1	FSC 0
rw	rw	rw	rw	rw	rw	rw	rw	rw	rw	rw	rw	rw	rw	rw	rw
位 31 : 28				保留,必须保持复位值											
位 27 : 0 FSCx:筛选器尺度配置				这些位定义了筛选器 13~0 的尺度配置 0:双 16 位尺度配置 1:单 32 位尺度配置											

19.1.7.9　CAN 过滤器 FIFO 关联寄存器（CAN_FFA1R）

该寄存器各位描述如表 19.9 所示。

表 19.9　寄存器 CAN_FS1R 各位描述

31	30	29	28	27	26	25	24	23	22	21	20	19	18	17	16
				FFA 27	FFA 26	FFA 25	FFA 24	FFA 23	FFA 22	FFA 21	FFA 20	FFA 19	FFA 18	FFA 17	FFA 16
	Reserved														
				rw	rw	rw	rw	rw	rw	rw	rw	rw	rw	rw	rw
15	14	13	12	11	10	9	8	7	6	5	4	3	2	1	0
FFA 15	FFA 14	FFA 13	FFA 12	FFA 11	FFA 10	FFA 9	FFA 8	FFA 7	FFA 6	FFA 5	FFA 4	FFA 3	FFA 2	FFA 1	FFA 0
rw	rw	rw	rw	rw	rw	rw	rw	rw	rw	rw	rw	rw	rw	rw	rw
位 31 : 28				保留,必须保持复位值											
位 27 : 0 FFAx:筛选器 x 的筛选器 FIFO 分配				通过此筛选器的消息将存储在指定的 FIFO 中 0:筛选器分配到 FIFO0 1:筛选器分配到 FIFO1											

　　该寄存器设置报文通过滤波器组之后,被存入的 FIFO,如果对应位为 0,则存放到 FIFO0;如果为 1,则存放到 FIFO1。该寄存器也只能在过滤器处于初始化模式下配置。

19.1.7.10 CAN 过滤器激活寄存器(CAN_FA1R)

该寄存器各位对应滤波器组和前面的几个寄存器类似,对应位置1,即开启对应的滤波器组,置0则关闭该滤波器组。

19.1.7.11 CAN 的过滤器组 i 的寄存器 x(CAN_FiRx)(i=0~27;x=1/2)

该寄存器各位描述如表 19.10 所示。

表 19.10 寄存器 CAN_FiRx 各位描述

31	30	29	28	27	26	25	24	23	22	21	20	19	18	17	16
FB31	FB30	FB29	FB28	FB27	FB26	FB25	FB24	FB23	FB22	FB21	FB20	FB19	FB18	FB17	FB16
				rw	rw	rw	rw	rw	rw	rw	rw	rw	rw	rw	rw
15	14	13	12	11	10	9	8	7	6	5	4	3	2	1	0
FB15	FB14	FB13	FB12	FB11	FB10	FB9	FB8	FB7	FB6	FB5	FB4	FB3	FB2	FB1	FB0
rw	rw	rw	rw	rw	rw	rw	rw	rw	rw	rw	rw	rw	rw	rw	rw

位 31:0 FB[31:0]:筛选器位	标识符: 寄存器的每一位用于指定预期标识符相应位的级别 0:需要显性位 1:需要隐性位
	掩码: 寄存器的每一位用于指定相关标识符寄存器的位是否必须与预期标识符的相应位匹配 0:无关,不使用此位进行比较 1:必须匹配,传入标识符的此位必须与筛选器标识符寄存器中指定的级别相同

19.1.8 CAN 的配置步骤

19.1.8.1 配置相关引脚的复用功能(AF9),使能 CAN 时钟

要使用 CAN,第一步就要使能 CAN 的时钟,CAN 的时钟通过 APB1ENR 的第 25 位来设置。其次要设置 CAN 的相关引脚为复用输出,这里需要设置 PA11(CAN1_RX)和 PA12(CAN1_TX)为复用功能(AF9),并使能 PA 口的时钟。具体配置过程如下。

```
//使能相关时钟
RCC_AHB1PeriphClockCmd(RCC_AHB1Periph_GPIOA,ENABLE);//使能 PORTA 时钟
RCC_APB1PeriphClockCmd(RCC_APB1Periph_CAN1,ENABLE);//使能 CAN1 时钟
//初始化 GPIO
GPIO_InitStructure.GPIO_Pin = GPIO_Pin_11| GPIO_Pin_12;
GPIO_InitStructure.GPIO_Mode = GPIO_Mode_AF;//复用功能
```

GPIO_InitStructure. GPIO_OType = GPIO_OType_PP;//推挽输出
GPIO_InitStructure. GPIO_Speed = GPIO_Speed_100MHz;//100MHz
GPIO_InitStructure. GPIO_PuPd = GPIO_PuPd_UP;//上拉
GPIO_Init(GPIOA,&GPIO_InitStructure);//初始化 PA11,PA12
//引脚复用映射配置
GPIO_PinAFConfig(GPIOA,GPIO_PinSource11,GPIO_AF_CAN1);//PA11 复用为 CAN1
GPIO_PinAFConfig(GPIOA,GPIO_PinSource12,GPIO_AF_CAN1);//PA12 复用为 CAN1

19.1.8.2 设置 CAN 工作模式及波特率等

先设置 CAN_MCR 寄存器的 INRQ 位,让 CAN 进入初始化模式,然后设置 CAN_MCR 的其他相关控制位。再通过 CAN_BTR 设置波特率和工作模式(正常模式/环回模式)等信息。最后设置 INRQ 为 0,退出初始化模式。

在库函数中,提供了函数 CAN_Init()用来初始化 CAN 的工作模式以及波特率,CAN_Init()函数体中,在初始化之前,会设置 CAN_MCR 寄存器的 INRQ 为 1 让其进入初始化模式,然后在初始化 CAN_MCR 寄存器和 CRN_BTR 寄存器之后,会设置 CAN_MCR 寄存器的INRQ 为 0 让其退出初始化模式。所以在调用这个函数的前后不需要再进行初始化模式设置。

CAN_Init()函数的定义如下。

uint8_t CAN_Init(CAN_TypeDef * CANx,CAN_InitTypeDef * CAN_InitStruct);

第一个参数是 CAN 标号,这里只有一个 CAN,所以就是 CAN1。第二个参数是 CAN 初始化结构体指针,结构体类型是 CAN_InitTypeDef,其结构体的定义如下。

```
typedef struct
{
uint16_t CAN_Prescaler;
uint8_t CAN_Mode;
uint8_t CAN_SJW;
uint8_t CAN_BS1;
uint8_t CAN_BS2;
FunctionalState CAN_TTCM;
FunctionalState CAN_ABOM;
FunctionalState CAN_AWUM;
FunctionalState CAN_NART;
FunctionalState CAN_RFLM;
FunctionalState CAN_TXFP;
} CAN_InitTypeDef;
```

前 5 个参数是用来设置寄存器 CAN_BTR 模式以及波特率相关的参数,设置模式的参数是 CAN_Mode,实验中用到回环模式 CAN_Mode_LoopBack 和常规模式 CAN_Mode_Normal。其他相关的参数 CAN_Prescaler、CAN_SJW、CAN_BS1 和 CAN_BS2 分别用来设置波特率分频器,重新同步跳跃宽度,以及时间段 1 和时间段 2 占用的时间单元数。

后面 6 个成员变量用来设置寄存器 CAN_MCR,也就是设置 CAN 通信相关的控制位。初始化实例如下。

```
CAN_InitStructure. CAN_TTCM = DISABLE;    //非时间触发通信模式
CAN_InitStructure. CAN_ABOM = DISABLE;    //软件自动离线管理
CAN_InitStructure. CAN_AWUM = DISABLE;    //睡眠模式通过软件唤醒
CAN_InitStructure. CAN_NART = ENABLE;      //禁止报文自动传送
CAN_InitStructure. CAN_RFLM = DISABLE;    //报文不锁定,新的覆盖旧的
CAN_InitStructure. CAN_TXFP = DISABLE;    //优先级由报文标识符决定
CAN_InitStructure. CAN_Mode = CAN_Mode_LoopBack;  //模式设置 1,回环模式
CAN_InitStructure. CAN_SJW = CAN_SJW_1tq;  //重新同步跳跃宽度为 1 个时间单位
CAN_InitStructure. CAN_BS1 = CAN_BS1_8tq;   //时间段 1 占用 8 个时间单位
CAN_InitStructure. CAN_BS2 = CAN_BS2_7tq;   //时间段 2 占用 7 个时间单位
CAN_InitStructure. CAN_Prescaler = 5;      //分频系数(Fdiv)
CAN_Init(CAN1,&CAN_InitStructure);       // 初始化 CAN1
```

19.1.8.3 设置滤波器

本章设置滤波器组 0,并工作在 32 位标识符屏蔽位模式下。先设置 CAN_FMR 的 FINIT 位,让过滤器组工作在初始化模式下,然后设置滤波器组 0 的工作模式,以及标识符 ID 和屏蔽位。最后激活滤波器,并退出滤波器初始化模式。

在库函数中,提供了函数 CAN_FilterInit() 用来初始化 CAN 的滤波器相关参数,CAN_Init() 函数体中,在初始化之前,会设置 CAN_FMR 寄存器的 INRQ 为 INIT 让其进入初始化模式,然后在初始化 CAN 滤波器相关的寄存器之后,会设置 CAN_FMR 寄存器的 FINIT 为 0 让其退出初始化模式。所以在调用这个函数的前后不需要再进行初始化模式设置。

CAN_FilterInit() 函数的定义如下。

```
void CAN_FilterInit(CAN_FilterInitTypeDef * CAN_FilterInitStruct);
```

这个函数只有一个入口参数就是 CAN 滤波器初始化结构体指针,结构体类型为 CAN_FilterInitTypeDef,其类型定义如下。

```
typedef struct
{
```

uint16_t CAN_FilterIdHigh；

uint16_t CAN_FilterIdLow；　//设置过滤器的 32 位 id

uint16_t CAN_FilterMaskIdHigh；

uint16_t CAN_FilterMaskIdLow；　//设置过滤器的 32 位 mask id

uint16_t CAN_FilterFIFOAssignment；//设置 FIFO 和过滤器的关联关系,本章是关联的过滤器 0 到 FIFO0,值为 CAN_Filter_FIFO0

uint8_t CAN_FilterNumber；//设置初始化的过滤器组,取值范围为 0~13

uint8_t CAN_FilterMode；　//设置过滤器组的模式
　　　　　　　　　　　　　//取值为标识符列表模式 CAN_FilterMode_IdList 和标识符
　　　　　　　　　　　　　//屏蔽位模式 CAN_FilterMode_IdMask

uint8_t CAN_FilterScale；　//设置过滤器的位宽为 2 个 16 位 CAN_FilterScale_16bit
　　　　　　　　　　　　　//还是 1 个 32 位 CAN_FilterScale_32bit

FunctionalState CAN_FilterActivation；　//用来激活该过滤器
} CAN_FilterInitTypeDef；

过滤器初始化参考实例代码如下。

CAN_FilterInitStructure. CAN_FilterNumber = 0；　//过滤器 0
CAN_FilterInitStructure. CAN_FilterMode = CAN_FilterMode_IdMask；
CAN_FilterInitStructure. CAN_FilterScale = CAN_FilterScale_32bit；//32 位
CAN_FilterInitStructure. CAN_FilterIdHigh = 0x0000；////32 位 ID
CAN_FilterInitStructure. CAN_FilterIdLow = 0x0000；
CAN_FilterInitStructure. CAN_FilterMaskIdHigh = 0x0000；//32 位 MASK
CAN_FilterInitStructure. CAN_FilterMaskIdLow = 0x0000；
CAN_FilterInitStructure. CAN_FilterFIFOAssignment = CAN_Filter_FIFO0；// FIFO0
CAN_FilterInitStructure. CAN_FilterActivation = ENABLE；//激活过滤器 0
CAN_FilterInit(&CAN_FilterInitStructure)；//滤波器初始化

19.1.8.4　发送接收消息

库函数中提供了发送和接收消息的函数。发送消息的函数如下。

uint8_t CAN_Transmit(CAN_TypeDef * CANx, CanTxMsg * TxMessage)；

第一个参数是 CAN 标号,使用 CAN1。第二个参数是相关消息结构体 CanTxMsg 指针类型,CanTxMsg 结构体的成员变量用来设置标准标识符、扩展标识符、消息类型和消息帧长度等信息。

接收消息的函数如下。

void　CAN＿Receive（CAN＿TypeDef＊　CANx, uint8＿t　FIFONumber, CanRxMsg＊RxMessage）；

前面两个参数是 CAN 标号和 FIFO 号。第三个参数 RxMessage 用来存放接收到的消息信息。结构体 CanRxMsg 和结构体 CanTxMsg 比较接近,分别用来定义发送消息和描述接收消息。

19.1.8.5　CAN 状态获取

对于 CAN 发送消息的状态、挂起消息数目等之类的传输状态信息,库函数提供了一系列的函数,包括 CAN_TransmitStatus( )函数,CAN_MessagePending( )函数,CAN_GetFlagStatus( )函数等,可以根据需要来调用。如果用到中断,还需要进行中断相关的配置,本章没用到中断,所以不做说明。

19.2　硬件设计

实验中 KEY_UP 按键选择 CAN 的工作模式(正常模式/环回模式),然后通过 KEY0 控制数据发送,并通过查询的办法,将接收到的数据显示在 LCD 模块上。环回模式只需一个开发板即可测试。如果是正常模式,则要两个开发板,将它们的 CAN 接口连接起来。

本章用到的硬件资源有:指示灯 DS0,KEY0 和 KEY_UP 按键,TFTLCD 模块,CAN,CAN 收发芯片 JTA1050。

STM32F4 与 TJA1050 连接关系如图 19.13 所示。PA11 和 PA12 分别通过跳线帽与 CRX(CAN_RX)和 CTX(CAN_TX)相连。

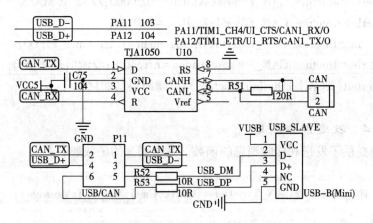

图 19.13　STM32F4 与 TJA1050 连接电路图

实验中用到两块开发板,还需将两个开发板 CAN 端子的 CAN_L 和 CAN_L,CAN_H 和 CAN_H 用导线连接起来。

19.3 软件设计

CAN 相关的固件库函数和定义分布在文件 stm32f4xx_can.c 和头文件 stm32f4xx_can.h 中。

19.3.1 建立头文件

建立 can.h 文件,编写如下代码。

```
#ifndef__CAN_H
#define__CAN_H
#include " sys.h"
//CAN1 接收 RX0 中断使能
#define CAN1_RX0_INT_ENABLE0//0 为不使能;1 为使能
u8 CAN1_Mode_Init(u8 tsjw,u8 tbs2,u8 tbs1,u16 brp,u8 mode);//CAN 初始化
u8 CAN1_Send_Msg(u8 * msg,u8 len);//发送数据
u8 CAN1_Receive_Msg(u8 * buf);//接收数据
#endif
```

19.3.2 函数定义

新建文件 can.c,部分函数代码如下。

```
//CAN 初始化
//tsjw:重新同步跳跃时间单元,范围:CAN_SJW_1tq~ CAN_SJW_4tq
//tbs2:时间段 2 的时间单元,范围:CAN_BS2_1tq~CAN_BS2_8tq
//tbs1:时间段 1 的时间单元,范围:CAN_BS1_1tq ~CAN_BS1_16tq
//brp :波特率分频器,范围:1~1024;tq=(brp) * tpclk1
//波特率=Fpclk1/((tbs1+1+tbs2+1+1) * brp);
//mode:CAN_Mode_Normal,普通模式;CAN_Mode_LoopBack,回环模式
u8 CAN1_Mode_Init(u8 tsjw,u8 tbs2,u8 tbs1,u16 brp,u8 mode)
{
    GPIO_InitTypeDef GPIO_InitStructure;
    CAN_InitTypeDef           CAN_InitStructure;
    CAN_FilterInitTypeDef   CAN_FilterInitStructure;
    #if CAN1_RX0_INT_ENABLE
        NVIC_InitTypeDef   NVIC_InitStructure;
    #endif
    //使能相关时钟
```

```
    RCC_AHB1PeriphClockCmd（RCC_AHB1Periph_GPIOA，ENABLE）;//使能 PORTA
时钟
    RCC_APB1PeriphClockCmd（RCC_APB1Periph_CAN1，ENABLE）;//使能 CAN1
时钟
    //初始化 GPIO
    GPIO_InitStructure. GPIO_Pin = GPIO_Pin_11| GPIO_Pin_12;
    GPIO_InitStructure. GPIO_Mode = GPIO_Mode_AF;//复用功能
    GPIO_InitStructure. GPIO_OType = GPIO_OType_PP;//推挽输出
    GPIO_InitStructure. GPIO_Speed = GPIO_Speed_100MHz;//100MHz
    GPIO_InitStructure. GPIO_PuPd = GPIO_PuPd_UP;//上拉
    GPIO_Init（GPIOA，&GPIO_InitStructure）;//初始化 PA11,PA12

    //引脚复用映射配置
    GPIO_PinAFConfig（GPIOA，GPIO_PinSource11，GPIO_AF_CAN1）;//PA11 复用
为 CAN1
    GPIO_PinAFConfig（GPIOA，GPIO_PinSource12，GPIO_AF_CAN1）;//PA12 复用
为 CAN1

    //CAN 单元设置
    CAN_InitStructure. CAN_TTCM = DISABLE;//非时间触发通信模式
    CAN_InitStructure. CAN_ABOM = DISABLE;//软件自动离线管理
    CAN_InitStructure. CAN_AWUM = DISABLE;//睡眠模式通过软件唤醒
    CAN_InitStructure. CAN_NART = ENABLE;//禁止报文自动传送
    CAN_InitStructure. CAN_RFLM = DISABLE;//报文不锁定,新的覆盖旧的
    CAN_InitStructure. CAN_TXFP = DISABLE;//优先级由报文标识符决定
    CAN_InitStructure. CAN_Mode = mode;  //模式设置
    CAN_InitStructure. CAN_SJW = tsjw;//重新同步跳跃宽度
    CAN_InitStructure. CAN_BS1 = tbs1;//Tbs1 范围 CAN_BS1_1tq ~ CAN_BS1_16tq
    CAN_InitStructure. CAN_BS2 = tbs2;//Tbs2 范围 CAN_BS2_1tq ~ CAN_BS2_8tq
    CAN_InitStructure. CAN_Prescaler = brp;  //分频系数（Fdiv）为 brp+1
    CAN_Init（CAN1，&CAN_InitStructure）;  // 初始化 CAN1

    //配置过滤器
    CAN_FilterInitStructure. CAN_FilterNumber = 0;  //过滤器 0
    CAN_FilterInitStructure. CAN_FilterMode = CAN_FilterMode_IdMask;
    CAN_FilterInitStructure. CAN_FilterScale = CAN_FilterScale_32bit;//32 位
    CAN_FilterInitStructure. CAN_FilterIdHigh = 0x0000;//32 位 ID
    CAN_FilterInitStructure. CAN_FilterIdLow = 0x0000;
```

```
CAN_FilterInitStructure. CAN_FilterMaskIdHigh = 0x0000 ;//32 位 MASK
CAN_FilterInitStructure. CAN_FilterMaskIdLow = 0x0000 ;
CAN_FilterInitStructure. CAN_FilterFIFOAssignment = CAN_Filter_FIFO0 ;
CAN_FilterInitStructure. CAN_FilterActivation = ENABLE ;//激活过滤器 0
CAN_FilterInit( &CAN_FilterInitStructure ) ;//滤波器初始化

#if CAN1_RX0_INT_ENABLE
    CAN_ITConfig( CAN1 , CAN_IT_FMP0 , ENABLE ) ;//FIFO0 消息挂号中断允许
    NVIC_InitStructure. NVIC_IRQChannel = CAN1_RX0_IRQn ;
    NVIC_InitStructure. NVIC_IRQChannelPreemptionPriority = 1 ;      // 主优先级
为 1
    NVIC_InitStructure. NVIC_IRQChannelSubPriority = 0 ;            // 次优先级
为 0
    NVIC_InitStructure. NVIC_IRQChannelCmd = ENABLE ;
    NVIC_Init( &NVIC_InitStructure ) ;
#endif
    return 0 ;
}

#if CAN1_RX0_INT_ENABLE //使能 RX0 中断
//中断服务函数
void CAN1_RX0_IRQHandler( void )
{
    CanRxMsg RxMessage ;
    int i = 0 ;
    CAN_Receive( CAN1 , 0 , &RxMessage ) ;
    for( i = 0 ; i < 8 ; i++ )
    printf( "rxbuf[ %d ] :%d \r\n" , i , RxMessage. Data[ i ] ) ;
}
#endif

//can 发送一组数据(固定格式:ID 为 0X12,标准帧,数据帧)
//len :数据长度(最大为 8)   msg :数据指针,最大为 8 个字节
//返回值:0 为成功,其他为失败;

u8 CAN1_Send_Msg( u8 * msg , u8 len )
{
    u8 mbox ;
```

```
        u16 i = 0;
        CanTxMsg TxMessage;
        TxMessage. StdId = 0x12;    // 标准标识符为 0
        TxMessage. ExtId = 0x12;    // 设置扩展标示符(29 位)
        TxMessage. IDE = 0;         // 使用扩展标识符
        TxMessage. RTR = 0;         // 消息类型为数据帧,一帧 8 位
        TxMessage. DLC = len;            // 发送两帧信息
        for(i = 0;i<len;i++)
        TxMessage. Data[i] = msg[i];       // 第一帧信息
        mbox = CAN_Transmit(CAN1,&TxMessage);
        i = 0;
        while((CAN_TransmitStatus(CAN1, mbox) = = CAN_TxStatus_Failed)&&(i<
0XFFF))i++;
        if(i>=0XFFF)return 1;
        return 0;
    }
    //can 口接收数据查询
    //buf:数据缓存区
    //返回值:0 为无数据被收到,其他为接收的数据长度
    u8 CAN1_Receive_Msg(u8 * buf)
    {
        u32 i;
        CanRxMsg RxMessage;
        if(CAN_MessagePending(CAN1,CAN_FIFO0) = = 0)return 0;//没有接收到数据,直接退出
        CAN_Receive(CAN1,CAN_FIFO0,&RxMessage);//读取数据
        for(i = 0;i<RxMessage. DLC;i++)
        buf[i] = RxMessage. Data[i];
        return RxMessage. DLC;//返回接收到的数据长度
    }
```

代码中共有以下 3 个函数。

19. 3. 2. 1　CAN_Mode_Init 函数

该函数用于 CAN 的初始化,共有 5 个参数,可以设置 CAN 通信的波特率和工作模式等。在该函数中,设计滤波器组 0 工作在 32 位标识符屏蔽模式,从设计值可以看出,该滤波器是不会对任何标识符进行过滤的,因为所有的标识符位都被设置成不需要关心,这样设计,主要是方便实验。

19.3.2.2　Can_Send_Msg 函数

该函数用于 CAN 报文的发送，主要是设置标识符 ID 等信息，写入数据长度和数据，并请求发送，实现一次报文的发送。

19.3.3.3　Can_Receive_Msg 函数

该函数用来接收数据并且将接收到的数据存放到 buf 中。

19.3.3　建立主函数

建立 main 函数，在 main 函数里面编写如下代码。

```
int main(void)
{
    u8 key,i=0,t=0. cnt=0,u8 canbuf[8],res;
    u8 mode=1;//CAN 工作模式:0 为普通模式,1 为环回模式
    NVIC_PriorityGroupConfig(NVIC_PriorityGroup_2);//设置系统中断优先级分组 2
    delay_init(168);  //初始化延时函数
    uart_init(115200);//初始化串口波特率为 115 200
    LED_Init();   //初始化 LED
    LCD_Init();     //LCD 初始化
    KEY_Init();   //按键初始化
    CAN1_Mode_Init(CAN_SJW_1tq,CAN_BS2_6tq,CAN_BS1_7tq,6,CAN_Mode_
LoopBack);
                    //CAN 初始化环回模式,波特率 500kbps
    POINT_COLOR=RED;//设置字体为红色
    LCD_ShowString(30,50,200,16,16,"Explorer STM32F4");
    LCD_ShowString(30,70,200,16,16,"CAN TEST");
    LCD_ShowString(30,90,200,16,16,"ATOM@ALIENTEK");
    LCD_ShowString(30,110,200,16,16,"2014/5/7");
    LCD_ShowString(30,130,200,16,16,"LoopBack Mode");
    LCD_ShowString(30,150,200,16,16,"KEY0:Send WK_UP:Mode");//显示提示
信息
    POINT_COLOR=BLUE;//设置字体为蓝色
    LCD_ShowString(30,170,200,16,16,"Count:");  //显示当前计数值
    LCD_ShowString(30,190,200,16,16,"Send Data:");  //提示发送的数据
    LCD_ShowString(30,250,200,16,16,"Receive Data:");//提示接收到的数据
    while(1)
    {
        key=KEY_Scan(0);
        if(key==KEY0_PRES)//KEY0 按下,发送一次数据
```

```
        {
    for(i=0;i<8;i++)
    {
        canbuf[i]=cnt+i;//填充发送缓冲区
        if(i<4)LCD_ShowxNum(30+i*32,210,canbuf[i],3,16,0X80);//显示数据
        else LCD_ShowxNum(30+(i-4)*32,230,canbuf[i],3,16,0X80);//显示数据
    }
    res=CAN1_Send_Msg(canbuf,8);//发送8个字节
    if(res)LCD_ShowString(30+80,190,200,16,16,"Failed");  //提示发送失败
    else LCD_ShowString(30+80,190,200,16,16,"OK");  //提示发送成功
}else if(key==WKUP_PRES)//WK_UP按下,改变CAN的工作模式
{
    mode=!mode;
    CAN1_Mode_Init(CAN_SJW_1tq,CAN_BS2_6tq,CAN_BS1_7tq,6,mode);
                    //CAN普通模式初始化,普通模式,波特率500kbps
    POINT_COLOR=RED;//设置字体为红色
    if(mode==0)//普通模式,需要2个开发板
    {
        LCD_ShowString(30,130,200,16,16,"Nnormal Mode ");
    }else //回环模式,只需1个开发板
    {
        LCD_ShowString(30,130,200,16,16,"LoopBack Mode");
    }
    POINT_COLOR=BLUE;//设置字体为蓝色
}
key=CAN1_Receive_Msg(canbuf);
if(key)//接收到有数据
{
    LCD_Fill(30,270,160,310,WHITE);//清除之前的显示
    for(i=0;i<key;i++)
    {
        if(i<4)LCD_ShowxNum(30+i*32,270,canbuf[i],3,16,0X80);//显示数据
        else LCD_ShowxNum(30+(i-4)*32,290,canbuf[i],3,16,0X80);//
```

显示数据

```
                    }
            }
            t++;delay_ms(10);
            if(t==20)
            {
                    LED0=！LED0;//提示系统正在运行
                    t=0;cnt++;
                    LCD_ShowxNum(30+48,170,cnt,3,16,0X80);//显示数据
            }
    }
}
```

上述代码中的 CAN1_Mode_Init 初始化代码如下。

CAN1_Mode_Init(CAN_SJW_1tq,CAN_BS2_6tq,CAN_BS1_7tq,6,mode);

该函数用于设置波特率和 CAN 的模式,根据波特率计算公式,这里的波特率被初始化为 500kbps。mode 参数用于设置 CAN 的工作模式(普通模式/环回模式),通过 KEY_UP 按键,可以随时切换模式。cnt 是一个累加数,一旦 KEY0 按下,就以这个数为基准连续发送 8 个数据。当 CAN 总线收到数据的时候,就将收到的数据直接显示在 LCD 屏幕上。

运行程序,DS0 闪烁。默认设置为环回模式,按下 KEY0 就可以在 LCD 模块上面看到自发自收的数据,如果选择普通模式(通过 KEY_UP 按键切换),就必须连接两个开发板的 CAN 接口,然后即可互发数据。

20　触摸屏控制

本章使用 STM32F4 驱动触摸屏,实现手写板功能。ALIENTEK 探索者 STM32F4 开发板本身并没有触摸屏控制器,但是它支持触摸屏,可以通过外接带触摸屏的 LCD 模块(如 ALIENTEK TFTLCD 模块),实现触摸屏控制。

20.1　触摸屏简介

20.1.1　电阻式触摸屏

目前最常用的触摸屏有两种:电阻式触摸屏与电容式触摸屏。

电阻式触摸屏利用压力感应进行触点检测控制,需要直接应力接触,通过检测电阻来定位触摸位置,电阻触摸屏精度高、价格便宜、抗干扰能力强、稳定性好,但容易被划伤、透光性不太好、不支持多点触摸。

触摸屏需要 A/D 转换器,一般来说是需要一个控制器的。ALIENTEK TFTLCD 模块选择的是四线电阻式触摸屏,这种触摸屏的控制芯片有很多,包括:ADS7843、ADS7846、TSC2046、XPT2046 和 AK4182 等。这几款芯片的驱动基本相同,封装也是一样的,完全 PIN TO PIN 兼容,所以替换起来很方便。

ALIENTEK TFTLCD 模块自带的触摸屏控制芯片为 XPT2046。XPT2046 是一款 4 导线制触摸屏控制器,内含 12 位分辨率逐步逼近型 A/D 转换器。XPT2046 支持从 1.5V 到 5.25V 的低电压 I/O 接口。XPT2046 能通过执行两次 A/D 转换查出被按的屏幕位置,除此之外,还可以测量加在触摸屏上的压力。内部自带 2.5V 参考电压可以作为辅助输入、温度测量和电池监测模式之用,电池监测的电压范围可以从 0V 到 6V。

XPT2046 片内集成有一个温度传感器。在 2.7V 的典型工作状态下,关闭参考电压,功耗可小于 0.75mW。XPT2046 采用微小的封装形式:TSSOP-16,QFN-16(0.75mm 厚度)和 VFBGA-48。工作温度范围为-40℃~85℃。该芯片完全是兼容 ADS7843 和 ADS7846 的。

20.1.2　电容式触摸屏

电容屏是利用人体感应进行触点检测控制,不需要直接接触或只需要轻微接触,通过检测感应电流来定位触摸坐标。ALIENTEK 4.3/7 寸 TFTLCD 模块自带的触摸屏采用的是电容式触摸屏。

电容式触摸屏主要分为两种:表面电容式电容触摸屏与投射式电容触摸屏。ALIENTEK 采用的是投射式电容屏(交互电容类型)。

电容触摸屏需要驱动 IC 来检测电容触摸。ALIENTEK 7′ TFTLCD 模块的电容触摸屏,采用的是 15×10 的驱动结构(10 个感应通道,15 个驱动通道),采用的是 GT811/FT 5206 作为驱动 IC。ALIENTEK4.3′ TFTLCD 模块有两种触摸屏:一种是使用 OTT2001A 作为驱动 IC,采用 13×8 的驱动结构(8 个感应通道,13 个驱动通道);另一种是使用 GT9147 作为驱动

IC,采用 17×10 的驱动结构(10 个感应通道,17 个驱动通道)。

这两个模块都只支持最多 5 点触摸,本章支持 ALIENTEK 的 4.3 寸屏模块和新版的 7 寸屏模块(采用 SSD1963 + FT5206 方案),电容触摸驱动 IC,这里只介绍 OTT2001A 和 GT9147。

20.1.2.1 OTT2001A 芯片

OTT2001A 是台湾旭曜科技生产的一颗电容触摸屏驱动 IC,最多支持 208 个通道。支持 SPI/IIC 接口,在 ALIENTEK 4.3' TFTLCD 电容触摸屏上,OTT2001A 只用了 104 个通道,采用 IIC 接口。IIC 接口模式下,该驱动 IC 与 STM32F4 的连接仅需 4 根线:SDA、SCL、RST 和 INT,SDA 和 SCL 是 IIC 通信用的,RST 是复位脚(低电平有效),INT 是中断输出信号。

OTT2001A 的器件地址为 0X59(不含最低位,换算成读写命令则是读:0XB3,写:0XB2)。它的几个重要的寄存器如下。

(1)手势 ID 寄存器。手势 ID 寄存器(00H)记录点的有效性,该寄存器各位描述如表 20.1 所示。

表 20.1　手势 ID 寄存器

位	BIT8	BIT6	BIT5	BIT4
说明	保留	保留	保留	0(X1,Y1)无效 1(X1.Y1)有效
位	BIT3	BIT2	BIT1	BIT0
说明	0,(X4,Y4)无效 1,(X4,Y4)有效	0,(X3,Y3)无效 1,(X3,Y3)有效	0,(X2,Y2)无效 1,(X2,Y2)有效	0,(X1,Y1)无效 1,(X1,Y1)有效

OTT2001A 支持最多 5 点触摸,所以表中只有 5 个位用来表示对应点坐标是否有效,其余位为保留位(读为 0),通过读取该寄存器,可以知道哪些点有数据,哪些点无数据,如果读到的全是 0,则说明没有任何触摸。

(2)传感器控制寄存器(0DH)。该寄存器也是 8 位,仅最高位有效,其他位都是保留,当最高位为 1 的时候,打开传感器(开始检测),当最高位设置为 0 的时候,关闭传感器(停止检测)。

(3)坐标数据寄存器(共 20 个)。坐标数据寄存器总共有 20 个,每个坐标占用 4 个寄存器,坐标寄存器与坐标的对应关系如表 20.2 所示。

表 20.2　坐标寄存器与坐标对应表

寄存器编号	01H	02H	03H	04H
坐标 1	X1[15:8]	X1[7:0]	Y1[15:8]	Y1[7:0]
寄存器编号	05H	06H	07H	08H
坐标 2	X2[15:8]	X2[7:0]	Y2[15:8]	Y2[7:0]
寄存器编号	10H	11H	12H	13H

坐标 3	X3[15:8]	X3[7:0]	Y3[15:8]	Y3[7:0]
寄存器编号	14H	15H	16H	17H
坐标 4	X4[15:8]	X4[7:0]	Y4[15:8]	Y4[7:0]
寄存器编号	18H	19H	1AH	1BH
坐标 5	X5[15:8]	X5[7:0]	Y5[15:8]	Y5[7:0]

OTT2001A 的初始化流程是:复位→延时 100ms→释放复位→设置传感器控制寄存器的最高位为 1,开启传感器检查。

需要注意以下几点。

第一,OTT2001A 的寄存器是 8 位的,但是发送的时候要发送 16 位(高 8 位有效),才可以正常使用。

第二,OTT2001A 的输出坐标,默认 X 坐标最大值是 2 700,Y 坐标最大值是 1 500,也就是输出范围为 X:0~2 700,Y:0~1 500;MCU 在读取到坐标后,必须根据 LCD 分辨率做一个换算,才能得到真实的 LCD 坐标。

20.1.2.2 GT9147 芯片

GT9147 芯片是深圳汇顶科技研发的一颗电容触摸屏驱动 IC,支持 100Hz 触点扫描频率,支持 5 点触摸,支持 18×10 个检测通道,适合小于 4.5 寸的电容触摸屏使用。

(1)控制命令寄存器(0X8040)。该寄存器可以写入不同值,实现不同的控制,一般使用 0 和 2 这两个值,写入 2,即可软复位 GT9147,在硬复位之后,一般要往该寄存器写 2,实行软复位。然后,写入 0 即可正常读取坐标数据(并且会结束软复位)。

(2)配置寄存器组(0X8047~0X8100)。这里共 186 个寄存器,用于配置 GT9147 的各个参数,这些配置一般由厂家提供(一个数组),将这些配置,写入到这些寄存器里面,即可完成 GT9147 的配置。

由于 GT9147 可以保存配置信息(可写入内部 FLASH,从而不需要每次上电都更新配置),有以下几点需要注意。

第一,0X8047 寄存器用于指示配置文件版本号,程序写入的版本号必须大于等于 GT9147 本地保存的版本号,才可以更新配置。

第二,0X80FF 寄存器用于存储校验,使得 0X8047~0X80FF 之间所有数据之和为 0。

第三,0X8100 用于控制是否将配置保存在本地,写 0 则不保存配置,写 1 则保存配置。

(3)产品 ID 寄存器(0X8140~0X8143)。这里总共由 4 个寄存器组成,用于保存产品 ID。对于 GT9147,这 4 个寄存器读出来就是:9,1,4,7 四个字符(ASCII 码格式)。因此,可以通过这 4 个寄存器的值,来判断驱动 IC 的型号,从而判断是 OTT2001A 还是 GT9147,以便执行不同的初始化。

(4)状态寄存器(0X814E)。该寄存器各位描述如表 20.3 所示。

表 20.3   状态寄存器各位描述

寄存器	bit7	bit6	bit5	bit4	bit3	bit2	bit1	bit0
0X814E	buffer 状态	大点	接近有效	按键	有效触点个数			

(5)坐标数据寄存器(共 30 个)。这里共分成 5 组(5 个点),每组 6 个寄存器存储数据,以触点 1 的坐标数据寄存器组为例,如表 20.4 所示。

表 20.4   触点 1 坐标寄存器组描述

寄存器	bit7~0	寄存器	bit7~0
0X8150	触点 1x 坐标低 8 位	0X8151	触点 1x 坐标低高位
0X8152	触点 1y 坐标低 8 位	0X8153	触点 1y 坐标低高位
0X8154	触点 1 触摸尺寸低 8 位	0X8155	触点 1 触摸尺寸高 8 位

GT9147 的初始化流程是:硬复位→延时 10ms→结束硬复位→设置 IIC 地址→延时 100ms→软复位→更新配置(需要时)→结束软复位。

20.2   硬件设计

实验要用到的硬件资源如下:指示灯 DS0,KEY0 按键,TFTLCD 模块(带电阻/电容式触摸屏),24C02。

其中 TFTLCD 模块的触摸屏(电阻触摸屏)总共有 5 跟线与 STM32F4 连接,连接电路如图 20.1 所示。

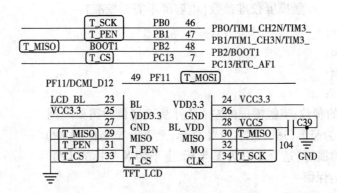

图 20.1   触摸屏与 STM32F4 的连接图

如果是电容式触摸屏,用的是 4 根线,分别是:T_PEN(CT_INT)、T_CS(CT_RST)、T_CLK(CT_SCL)和 T_MOSI(CT_SDA)。

20.3   软件设计

这部分只给出电阻触摸屏的部分代码,其余部分读者自行补全。

20.3.1 建立头文件

建立 touch.h 文件,部分代码如下。

```
#define TP_PRES_DOWN  0x80   //触屏被按下
#define TP_CATH_PRES  0x40   //有按键按下了
#define CT_MAX_TOUCH  5      //电容屏支持的点数,固定为5点
//触摸屏控制器
typedef struct
{
    u8 ( * init)(void);  //初始化触摸屏控制器
    u8 ( * scan)(u8);  //扫描触摸屏。0为屏幕扫描,1为物理坐标
    void ( * adjust)(void);   //触摸屏校准
    u16 x[CT_MAX_TOUCH];//当前坐标
    u16 y[CT_MAX_TOUCH];//电容屏有最多5组坐标,电阻屏则用x[0],y[0]代表
    //扫描时触屏的坐标,用x[4],y[4]存储第一次按下时的坐标
    u8   sta;   //笔的状态
                //b7:按下1/松开0
                //b6:0为没有按键按下,1为有按键按下
                //b5:保留
                //b4~b0:电容触摸屏按下的点数(0表示未按下,1表示按下)
                //触摸屏校准参数(电容屏不需要校准)
    float xfac;
    float yfac;
    short xoff;
    short yoff;
    //新增的参数,当触摸屏的左右上下完全颠倒时需要用到
    //b0:0为竖屏(适合左右为X坐标,上下为Y坐标的TP)
    //   1为横屏(适合左右为Y坐标,上下为X坐标的TP)
    //b1~6:保留
    //b7:0为电阻屏
    //   1为电容屏
    u8 touchtype;
}_m_tp_dev;
extern_m_tp_dev tp_dev;  //触屏控制器在touch.c里面定义
//电阻屏芯片连接引脚
#define PEN    PBin(1)   //T_PEN
#define DOUT  PBin(2)    //T_MISO
```

```
#define TDIN    PFout(11)    //T_MOSI
#define TCLK    PBout(0)     //T_SCK
#define TCS     PCout(13)    //T_CS
//电阻屏函数
void TP_Write_Byte(u8 num);        //向控制芯片写入一个数据
u16 TP_Read_AD(u8 CMD);            //读取 AD 转换值
u16 TP_Read_XOY(u8 xy);            //带滤波的坐标读取(X/Y)
……(//省略部分代码)
u8 TP_Scan(u8 tp);                 //扫描
u8 TP_Init(void);                  //初始化
```

20.3.2 函数定义

(1)新建文件 ott2001a.c,部分函数代码如下。

```
//向 OTT2001A 写入一次数据
//reg:起始寄存器地址
//buf:数据缓缓存区
//len:写数据长度
//返回值:0 为成功,1 为失败
u8 OTT2001A_WR_Reg(u16 reg,u8 * buf,u8 len)
{
    u8 i;u8 ret=0;
    CT_IIC_Start();
    CT_IIC_Send_Byte(OTT_CMD_WR);CT_IIC_Wait_Ack();//发送写命令
    CT_IIC_Send_Byte(reg>>8);CT_IIC_Wait_Ack();        //发送高8位地址
    CT_IIC_Send_Byte(reg&0XFF);CT_IIC_Wait_Ack();      //发送低8位地址
    for(i=0;i<len;i++)
    {
        CT_IIC_Send_Byte(buf[i]);ret=CT_IIC_Wait_Ack();//发数据
        if(ret)break;
    }
    CT_IIC_Stop();         //产生一个停止条件
    return ret;
}
//从 OTT2001A 读出一次数据
//reg:起始寄存器地址
//buf:数据缓存区
//len:读数据长度
```

```
void OTT2001A_RD_Reg(u16 reg,u8 * buf,u8 len)
{
    u8 i;
    CT_IIC_Start();
    CT_IIC_Send_Byte(OTT_CMD_WR);CT_IIC_Wait_Ack();//发送写命令
    CT_IIC_Send_Byte(reg>>8);CT_IIC_Wait_Ack();      //发送高8位地址
    CT_IIC_Send_Byte(reg&0XFF);CT_IIC_Wait_Ack();    //发送低8位地址
    CT_IIC_Start();
    CT_IIC_Send_Byte(OTT_CMD_RD);CT_IIC_Wait_Ack();//发送读命令
    for(i=0;i<len;i++) buf[i]=CT_IIC_Read_Byte(i==(len-1)? 0:1);//发数据
    CT_IIC_Stop();//产生一个停止条件
}

//传感器打开/关闭操作
//cmd:1 为打开传感器,0 为关闭传感器
void OTT2001A_SensorControl(u8 cmd)
{
    u8 regval=0X00;
    if(cmd)regval=0X80;
    OTT2001A_WR_Reg(OTT_CTRL_REG,&regval,1);
}

//初始化触摸屏
//返回值:0 为初始化成功,1 为初始化失败
u8 OTT2001A_Init(void)
{
    u8 regval=0;
    GPIO_InitTypeDef   GPIO_InitStructure;
    RCC_AHB1PeriphClockCmd(RCC_AHB1Periph_GPIOB|RCC_AHB1Periph_GPIOC,
ENABLE);//使能 GPIOB,C 时钟
    //GPIOB1 初始化设置
    GPIO_InitStructure.GPIO_Pin = GPIO_Pin_1;//PB1 设置为上拉输入
    GPIO_InitStructure.GPIO_Mode = GPIO_Mode_IN;//输入模式
    GPIO_InitStructure.GPIO_OType = GPIO_OType_PP;//推挽输出
    GPIO_InitStructure.GPIO_Speed = GPIO_Speed_100MHz;//100MHz
    GPIO_InitStructure.GPIO_PuPd = GPIO_PuPd_UP;//上拉
    GPIO_Init(GPIOB,&GPIO_InitStructure);//初始化
    GPIO_InitStructure.GPIO_Pin = GPIO_Pin_13;//PC13 设置为推挽输出
    GPIO_InitStructure.GPIO_Mode = GPIO_Mode_OUT;//输出模式
    GPIO_Init(GPIOC,&GPIO_InitStructure);//初始化
```

```
        CT_IIC_Init();          //初始化电容屏的I2C总线
        OTT_RST=0;   //复位
        delay_ms(100);
        OTT_RST=1;   //释放复位
        delay_ms(100);   OTT2001A_SensorControl(1);//打开传感器
        OTT2001A_RD_Reg(OTT_CTRL_REG,&regval,1);//读取传感器运行寄存器的值来
判断
        //I2C通信是否正常
        printf("CTP ID:%x\r\n",regval);
        if(regval==0x80)return 0;
        return 1;
    }
    const u16 OTT_TPX_TBL[5]={OTT_TP1_REG,OTT_TP2_REG,OTT_TP3_REG,OTT_
TP4_REG,OTT_TP5_REG};
    //扫描触摸屏(采用查询方式)
    //mode:0为正常扫描
    //返回值:当前触屏状态
    //0为触屏无触摸,1为触屏有触摸
    u8 OTT2001A_Scan(u8 mode)
    {
        u8 buf[4],i=0,res=0;
        static u8 t=0;//控制查询间隔,从而降低CPU占用率
        t++;
        if((t%10)==0||t<10)//空闲时,每进入10次,才检测1次,从而节省CPU使用率
        {
            OTT2001A_RD_Reg(OTT_GSTID_REG,&mode,1);//读取触摸点的状态
            if(mode&0X1F)
            {
                tp_dev.sta=(mode&0X1F)|TP_PRES_DOWN|TP_CATH_PRES;
                for(i=0;i<5;i++)
                {
                    if(tp_dev.sta&(1<<i))  //触摸有效
                    {
                        OTT2001A_RD_Reg(OTT_TPX_TBL[i],buf,4);//读取XY坐标值
                        if(tp_dev.touchtype&0X01)//横屏
                        {
                            tp_dev.y[i]=(((u16)buf[2]<<8)+buf[3])*OTT_SCAL_Y;
                            tp_dev.x[i]=800-((((u16)buf[0]<<8)+buf[1])*OTT_
```

20

触
摸
屏
控
制

241

SCAL_X);

```
                    }else
                    {
                        tp_dev.x[i]=(((u16)buf[2]<<8)+buf[3])*OTT_SCAL_Y;
                        tp_dev.y[i]=(((u16)buf[0]<<8)+buf[1])*OTT_SCAL_X;
                    }
                    //printf("x[%d]:%d,y[%d]:%d\r\n",i,tp_dev.x[i],i,tp_
dev.y[i]);
                }
            }
            res=1;
            if(tp_dev.x[0]==0 && tp_dev.y[0]==0)mode=0;//数据全0,则忽略此
次数据
            t=0;    //触发一次,则会最少连续监测10次,从而提高命中率
        }
    }
    if((mode&0X1F)==0)//无触摸点按下
    {
        if(tp_dev.sta&TP_PRES_DOWN) tp_dev.sta&=~(1<<7);//之前是按下,标记松开
        else //之前就没有被按下
        {
            tp_dev.x[0]=0xffff;   tp_dev.y[0]=0xffff;
            tp_dev.sta&=0XE0;//清除点有效标记
        }
    }
    if(t>240)t=10;//重新从10开始计数
    return res;
}
```

　　此部分总共5个函数,其中OTT2001A_WR_Reg和OTT2001A_RD_Reg分别用于读写OTT2001A芯片。OTT2001A_Scan函数用于扫描电容触摸屏是否有按键按下,由于采用查询的方式读取OTT2001A的数据。对OTT2001A数据的读取,则是先读取手势ID寄存器(OTT_GSTID_REG),判断是不是有有效数据,如果有,则读取,否则直接忽略。

　　(2)新建文件gt9147.c,部分函数代码如下。

```
//初始化GT9147触摸屏
//返回值:0为初始化成功,1为初始化失败
u8 GT9147_Init(void)
```

```c
    {
        u8 temp[5];
        GPIO_InitTypeDef    GPIO_InitStructure;
        RCC_AHB1PeriphClockCmd(RCC_AHB1Periph_GPIOB|RCC_AHB1Periph_GPIOC,
ENABLE);//使能 GPIOB,C 时钟
        GPIO_InitStructure. GPIO_Pin = GPIO_Pin_1;//PB1 设置为上拉输入
        GPIO_InitStructure. GPIO_Mode = GPIO_Mode_IN;//输入模式
        GPIO_InitStructure. GPIO_OType = GPIO_OType_PP;//推挽输出
        GPIO_InitStructure. GPIO_Speed = GPIO_Speed_100MHz;//100MHz
        GPIO_InitStructure. GPIO_PuPd = GPIO_PuPd_UP;//上拉
        GPIO_Init(GPIOB,&GPIO_InitStructure);//初始化
        GPIO_InitStructure. GPIO_Pin = GPIO_Pin_13;//PC13 设置为推挽输出
        GPIO_InitStructure. GPIO_Mode = GPIO_Mode_OUT;//输出模式
        GPIO_Init(GPIOC,&GPIO_InitStructure);//初始化
        CT_IIC_Init();//初始化电容屏的 I2C 总线
        GT_RST=0;delay_ms(10);//复位
        GT_RST=1;delay_ms(10);//释放复位
        GPIO_Set(GPIOB,PIN1,GPIO_MODE_IN,0,0,GPIO_PUPD_NONE);//PB1 浮空
输入
        delay_ms(100);
        GT9147_RD_Reg(GT_PID_REG,temp,4);//读取产品 ID
        temp[4]=0;   printf("CTP ID:%s\r\n",temp);   //打印 ID
        if(strcmp((char * )temp,"9147")= =0) //ID==9147
        {
            temp[0]=0X02;
            GT9147_WR_Reg(GT_CTRL_REG,temp,1);//软复位 GT9147
            GT9147_RD_Reg(GT_CFGS_REG,temp,1);//读取 GT_CFGS_REG 寄存器
            if(temp[0]<0X60)//默认版本比较低,需要更新 FLASH 配置
            {
                printf("Default Ver:%d\r\n",temp[0]);
                GT9147_Send_Cfg(1);//更新并保存配置
            }
            delay_ms(10);
            temp[0]=0X00;
            GT9147_WR_Reg(GT_CTRL_REG,temp,1);//结束复位
            return 0;
        }
        return 1;
```

```
        }
    const u16 GT9147_TPX_TBL[5] = {GT_TP1_REG,GT_TP2_REG,GT_TP3_REG,GT_
TP4_REG,GT_TP5_REG};
    //扫描触摸屏(采用查询方式)
    //mode:0,正常扫描
    //返回值:当前触屏状态
    //0 为触屏无触摸,1 为触屏有触摸
    u8 GT9147_Scan(u8 mode)
    {
        u8 buf[4];u8 i=0;u8 res=0;u8 temp;
        static u8 t=0;//控制查询间隔,从而降低 CPU 占用率
        t++;
        if((t%10)= =0||t<10)//空闲时,每进入 10 次,函数才检测 1 次,从而节省 CPU 使
用率
        {
            GT9147_RD_Reg(GT_GSTID_REG,&mode,1);//读取触摸点的状态
            if((mode&0XF)&&((mode&0XF)<6))
            {
                temp = 0XFF<<(mode&0XF);//将点的个数转换为 1 的位数,匹配 tp_
dev. sta 定义
                tp_dev. sta=(~temp)|TP_PRES_DOWN|TP_CATH_PRES;
                for(i=0;i<5;i++)
                {
                    if(tp_dev. sta&(1<<i))  //触摸有效?
                    {
                        GT9147_RD_Reg(GT9147_TPX_TBL[i],buf,4);//读取 XY 坐
标值
                        if(tp_dev. touchtype&0X01)//横屏
                        {
                            tp_dev. y[i]=((u16)buf[1]<<8)+buf[0];
                            tp_dev. x[i]=800-(((u16)buf[3]<<8)+buf[2]);
                        }else
                        {
                            tp_dev. x[i]=((u16)buf[1]<<8)+buf[0];
                            tp_dev. y[i]=((u16)buf[3]<<8)+buf[2];
                        }
                    }
                }
            }
        }
```

```
                res = 1;
                if(tp_dev.x[0]==0 && tp_dev.y[0]==0)mode=0;//数据全 0,则忽略此
次数据
                t=0;    //触发一次,则会最少连续监测 10 次,从而提高命中率
            }
            if(mode&0X80&&((mode&0XF)<6)) //清标志?
            { temp=0;GT9147_WR_Reg(GT_GSTID_REG,&temp,1);}
        }
        if((mode&0X8F)==0X80)//无触摸点按下
        {
            if(tp_dev.sta&TP_PRES_DOWN) tp_dev.sta&=~(1<<7);//之前是按下,标记
松开
            else //之前就没有被按下
            {
                tp_dev.x[0]=0xffff;
                tp_dev.y[0]=0xffff;
                tp_dev.sta&=0XE0;//清除点有效标记
            }
        }
    }
    if(t>240)t=10;//重新从 10 开始计数
    return res;
}
```

以上代码,GT9147_Init 用于初始化 GT9147,该函数通过读取 0X8140~0X8143 这 4 个寄存器,并判断是否是:"9147",来确定是不是 GT9147 芯片,在读取到正确的 ID 后,软复位 GT9147,然后根据当前芯片版本号,确定是否需要更新配置,通过 GT9147_Send_Cfg 函数,发送配置信息(一个数组),配置完后,结束软复位,即完成 GT9147 初始化。

GT9147_Scan 函数,用于读取触摸屏坐标数据,这个查看源码即可。

(3)新建文件 touch.c,部分函数代码如下。

```
//连续 2 次读取触摸屏 IC,且这两次的偏差不能超过 ERR_RANGE
//满足条件,则认为读数正确,否则读数错误
//该函数能大大提高准确度
//x,y:读取到的坐标值
//返回值:0 为失败,1 为成功
#define ERR_RANGE 50 //误差范围
u8 TP_Read_XY2(u16 *x,u16 *y)
{
```

245

20

触
摸
屏
控
制

```
        u16 x1,y1;
        u16 x2,y2;
        u8 flag;
        flag=TP_Read_XY(&x1,&y1);
        if(flag==0)return(0);
        flag=TP_Read_XY(&x2,&y2);
        if(flag==0)return(0);
        //前后两次采样在±50内
        if((((x2<=x1&&x1<x2+ERR_RANGE)||(x1<=x2&&x2<x1+ERR_RANGE)) &&
((y2<=y1&&y1<y2+ERR_RANGE)||(y1<=y2&&y2<y1+ERR_RANGE))))
        {
                *x=(x1+x2)/2; *y=(y1+y2)/2;
            return 1;
        }else return 0;
    }


//触摸屏校准代码
//得到4个校准参数
void TP_Adjust(void)
{
        u16 pos_temp[4][2];//坐标缓存值
        u8   cnt=0;u32 tem1,tem2;
        u16 d1,d2;u16 outtime=0;
        double fac;
        POINT_COLOR=BLUE;
        BACK_COLOR =WHITE;
        LCD_Clear(WHITE);//清屏
        POINT_COLOR=RED;//红色
        LCD_Clear(WHITE);//清屏
        POINT_COLOR=BLACK;
        LCD_ShowString(40,40,160,100,16,(u8 *)TP_REMIND_MSG_TBL);//显示提示
信息
        TP_Drow_Touch_Point(20,20,RED);//画点1
        tp_dev.sta=0;//消除触发信号
        tp_dev.xfac=0;//xfac用来标记是否校准过,所以校准之前必须清掉!以免错误
        while(1)//如果连续10秒钟没有按下,则自动退出
        {
            tp_dev.scan(1);        //扫描物理坐标
```

```c
if((tp_dev.sta&0xc0)= =TP_CATH_PRES)  //按键按下了一次(此时按键松开了)
{
    outtime=0;
    tp_dev.sta&= ~(1<<6);//标记按键已经被处理过了
    pos_temp[cnt][0]=tp_dev.x;
    pos_temp[cnt][1]=tp_dev.y;
    cnt++;
    switch(cnt)
    {
        case 1:
            TP_Drow_Touch_Point(20,20,WHITE);  //清除点 1
            TP_Drow_Touch_Point(lcddev.width-20,20,RED);//画点 2
            break;
        case 2:
            TP_Drow_Touch_Point(lcddev.width-20,20,WHITE);//清除点 2
            TP_Drow_Touch_Point(20,lcddev.height-20,RED);//画点 3
            break;
        case 3:
            TP_Drow_Touch_Point(20,lcddev.height-20,WHITE);//清除点 3
            TP_Drow_Touch_Point(lcddev.width-20,lcddev.height-20,RED);
            //画点 4
            break;
        case 4://全部 4 个点已经得到
        //对边相等
        tem1=abs(pos_temp[0][0]-pos_temp[1][0]);//x1-x2
        tem2=abs(pos_temp[0][1]-pos_temp[1][1]);//y1-y2
        tem1*=tem1;
        tem2*=tem2;
        d1=sqrt(tem1+tem2);//得到 1,2 的距离
        tem1=abs(pos_temp[2][0]-pos_temp[3][0]);//x3-x4
        tem2=abs(pos_temp[2][1]-pos_temp[3][1]);//y3-y4
        tem1*=tem1;tem2*=tem2;
        d2=sqrt(tem1+tem2);//得到 3,4 的距离
        fac=(float)d1/d2;
        if(fac<0.95||fac>1.05||d1= =0||d2= =0)//不合格
        {
            cnt=0;
            TP_Drow_Touch_Point(lcddev.width-20,lcddev.height-20,
```

WHITE); //清除点 4

```
                        TP_Drow_Touch_Point(20,20,RED);//画点 1
                        TP_Adj_Info_Show(pos_temp[0][0],pos_temp[0][1],pos_
temp[1][0],
                                pos_temp[1][1],
                            pos_temp[2][0],pos_temp[2][1],pos_temp[3][0],
                            pos_temp[3][1],fac*100);//显示数据
                continue;
        }
        tem1=abs(pos_temp[0][0]-pos_temp[2][0]);//x1-x3
        tem2=abs(pos_temp[0][1]-pos_temp[2][1]);//y1-y3
        tem1*=tem1;tem2*=tem2;
        d1=sqrt(tem1+tem2);//得到 1,3 的距离
        tem1=abs(pos_temp[1][0]-pos_temp[3][0]);//x2-x4
        tem2=abs(pos_temp[1][1]-pos_temp[3][1]);//y2-y4
        tem1*=tem1;tem2*=tem2;
        d2=sqrt(tem1+tem2);//得到 2,4 的距离
        fac=(float)d1/d2;
        if(fac<0.95||fac>1.05)//不合格
        {
                cnt=0;
                TP_Drow_Touch_Point(lcddev.width-20,lcddev.height-20,
WHITE);//清除点 4
                TP_Drow_Touch_Point(20,20,RED);//画点 1
                TP_Adj_Info_Show(pos_temp[0][0],pos_temp[0][1],pos_
temp[1][0],
                pos_temp[1][1],pos_temp[2][0],pos_temp[2][1],pos_temp[3][0],
                pos_temp[3][1],fac*100);//显示数据
                continue;
        }//正确了
        //对角线相等
        tem1=abs(pos_temp[1][0]-pos_temp[2][0]);//x1-x3
        tem2=abs(pos_temp[1][1]-pos_temp[2][1]);//y1-y3
        tem1*=tem1;tem2*=tem2;
        d1=sqrt(tem1+tem2);//得到 1,4 的距离
        tem1=abs(pos_temp[0][0]-pos_temp[3][0]);//x2-x4
        tem2=abs(pos_temp[0][1]-pos_temp[3][1]);//y2-y4
        tem1*=tem1;tem2*=tem2;
```

d2 = sqrt(tem1+tem2);//得到 2,3 的距离

fac = (float)d1/d2;

if(fac<0.95||fac>1.05)//不合格
{
    cnt = 0;
    TP_Drow_Touch_Point(lcddev. width-20, lcddev. height-20, WHITE);//清除点 4
    TP_Drow_Touch_Point(20,20,RED);//画点 1
    TP_Adj_Info_Show(pos_temp[0][0],pos_temp[0][1],pos_temp[1][0],

pos_temp[1][1],pos_temp[2][0],pos_temp[2][1],pos_temp[3][0],

pos_temp[3][1],fac*100);//显示数据
    continue;
}//正确了
//计算结果
tp_dev. xfac = (float)(lcddev. width-40)/(pos_temp[1][0]-pos_temp[0][0]);
//得到 xfac
tp_dev. xoff = (lcddev. width-tp_dev. xfac * (pos_temp[1][0]+pos_temp[0][0]))/2;//得到 xoff
tp_dev. yfac = (float)(lcddev. height-40)/(pos_temp[2][1]-pos_temp[0][1]);//得到 yfac
tp_dev. yoff = (lcddev. height-tp_dev. yfac * (pos_temp[2][1]+pos_temp[0][1]))/2;//得到 yoff
if(abs(tp_dev. xfac)>2||abs(tp_dev. yfac)>2)//触屏和预设的相反了
{
    cnt = 0;
    TP_Drow_Touch_Point(lcddev. width-20, lcddev. height-20, WHITE);//清除点 4
    TP_Drow_Touch_Point(20,20,RED);//画点 1
    LCD_ShowString(40,26,lcddev. width, lcddev. height,16," TP Need readjust!");
    tp_dev. touchtype = ! tp_dev. touchtype;//修改触屏类型
    if(tp_dev. touchtype)//X,Y 方向与屏幕相反
    {CMD_RDX = 0X90;CMD_RDY = 0XD0;}
    else {CMD_RDX = 0XD0;CMD_RDY = 0X90;}   //X,Y 方向与屏幕相同
    continue;

```
                    }
                    POINT_COLOR = BLUE;
                    LCD_Clear(WHITE);//清屏
                     LCD_ShowString(35,110,lcddev.width,lcddev.height,16,"Touch
Screen   Adjust OK!");//校正完成
                    delay_ms(1000);
                    TP_Save_Adjdata();
                    LCD_Clear(WHITE);//清屏
                    return;//校正完成
                }
            }
            delay_ms(10);outtime++;
            if(outtime>1000) { TP_Get_Adjdata();break;}
        }
    }
```

TP_Adjust 是校准函数,应用触摸屏的系统启动后,先要执行校准程序,要在程序中把物理坐标首先转换为像素坐标,然后再赋给 POS 结构,达到坐标转换的目的。从物理坐标到像素坐标的转换关系如下。

$$LCDx = xfac \times Px + xoff$$
$$LCDy = yfac \times Py + yoff$$

其中(LCDx,LCDy)是在 LCD 上的像素坐标,(Px,Py)是从触摸屏读到的物理坐标。xfac,yfac 分别是 X 轴方向和 Y 轴方向的比例因子,而 xoff 和 yoff 则是这两个方向的偏移量。

```
//触摸屏初始化
//返回值:0 为没有进行校准,1 为进行过校准
u8 TP_Init(void)
{
    if(lcddev.id = = 0X5510)    //电容触摸屏
    {
        if(GT9147_Init() = = 0) //是 GT9147
        {
            tp_dev.scan = GT9147_Scan;//扫描函数指向 GT9147 触摸屏扫描
        }else
        {
            OTT2001A_Init();
            tp_dev.scan = OTT2001A_Scan;//扫描函数指向 OTT2001A 触摸屏扫描
        }
```

```
            tp_dev. touchtype | = 0X80;//电容屏
            tp_dev. touchtype | = lcddev. dir&0X01;//横屏还是竖屏
            return 0;
        } else if( lcddev. id = = 0X1963 )
        {
            FT5206_Init( );
            tp_dev. scan = FT5206_Scan;    //扫描函数指向 GT9147 触摸屏扫描
            tp_dev. touchtype | = 0X80;    //电容屏
            tp_dev. touchtype | = lcddev. dir&0X01;//横屏还是竖屏
            return 0;
        } else
        {
            RCC _ AHB1PeriphClockCmd ( RCC _ AHB1Periph _ GPIOB | RCC _ AHB1Periph _
GPIOC | RCC_AHB1Periph_GPIOF, ENABLE);//使能 GPIOB,C,F 时钟
            //GPIOB1,2 初始化设置
            GPIO_InitStructure. GPIO_Pin = GPIO_Pin_1 | GPIO_Pin_2;//PB1/2 设置为
上拉输入
            GPIO_InitStructure. GPIO_Mode = GPIO_Mode_IN;//输入模式
            GPIO_InitStructure. GPIO_OType = GPIO_OType_PP;//推挽输出
            GPIO_InitStructure. GPIO_Speed = GPIO_Speed_100MHz;//100MHz
            GPIO_InitStructure. GPIO_PuPd = GPIO_PuPd_UP;//上拉
            GPIO_Init( GPIOB,&GPIO_InitStructure);//初始化

            GPIO_InitStructure. GPIO_Pin = GPIO_Pin_0;//PB0 设置为推挽输出
            GPIO_InitStructure. GPIO_Mode = GPIO_Mode_OUT;//输出模式
            GPIO_Init( GPIOB,&GPIO_InitStructure);//初始化

            GPIO_InitStructure. GPIO_Pin = GPIO_Pin_13;//PC13 设置为推挽输出
            GPIO_InitStructure. GPIO_Mode = GPIO_Mode_OUT;//输出模式
            GPIO_Init( GPIOC,&GPIO_InitStructure);//初始化

            GPIO_InitStructure. GPIO_Pin = GPIO_Pin_11;//PF11 设置推挽输出
            GPIO_InitStructure. GPIO_Mode = GPIO_Mode_OUT;//输出模式
            GPIO_Init( GPIOF,&GPIO_InitStructure);//初始化
            TP_Read_XY(&tp_dev. x[0],&tp_dev. y[0]);//第一次读取初始化
            AT24CXX_Init( );    //初始化 24CXX
            if( TP_Get_Adjdata( )) return 0;//已经校准
            else        //未校准
```

20

触
摸
屏
控
制

```
        {
            LCD_Clear(WHITE);//清屏
            TP_Adjust();    //屏幕校准
            TP_Save_Adjdata();
        }
        TP_Get_Adjdata();
    }
    return 1;
}
```

其中,tp_dev. scan 这个结构体函数指针,默认是指向 TP_Scan 的,如果是电阻屏则用默认的即可,如果是电容屏,则指向新的扫描函数 GT9147_Scan、OTT2001A_Scan 或 FT5206_Scan(根据芯片 ID 判断指向哪个)。

20.3.3 建立主函数

建立 main 函数,这里只给出如下部分代码。

```
//5 个触控点的颜色(电容触摸屏用)
const u16 POINT_COLOR_TBL[5] = {RED,GREEN,BLUE,BROWN,GRED};
//电阻触摸屏测试函数
void rtp_test(void)
{
    u8 key;u8 i=0;
    while(1)
    {
        key=KEY_Scan(0);
        tp_dev. scan(0);
        if(tp_dev. sta&TP_PRES_DOWN)   //触摸屏被按下
        {
            if(tp_dev. x[0]<lcddev. width&&tp_dev. y[0]<lcddev. height)
            {
                if(tp_dev. x[0]>(lcddev. width-24)&&tp_dev. y[0]<16) Load_Drow_
Dialog();
                else TP_Draw_Big_Point(tp_dev. x[0],tp_dev. y[0],RED);//画图
            }
        } else delay_ms(10);//没有按键按下的时候
        if(key==KEY0_PRES) //KEY0 按下,则执行校准程序
        {
```

```c
            LCD_Clear(WHITE);//清屏
            TP_Adjust();        //屏幕校准
            TP_Save_Adjdata();
            Load_Drow_Dialog();
        }
        i++;
        if(i%20==0)LED0=! LED0;
    }
}
//电容触摸屏测试函数
void ctp_test(void)
{
    u8 t=0;u8 i=0;
    u16 lastpos[5][2];    //最后一次的数据
    while(1)
    {
        tp_dev.scan(0);
        for(t=0;t<5;t++)
        {
            if((tp_dev.sta)&(1<<t))
            {
                if(tp_dev.x[t]<lcddev.width&&tp_dev.y[t]<lcddev.height)
                {
                    if(lastpos[t][0]==0XFFFF)
                    {
                        lastpos[t][0] = tp_dev.x[t];
                        lastpos[t][1] = tp_dev.y[t];
                    }
                    lcd_draw_bline(lastpos[t][0],lastpos[t][1],tp_dev.x[t],tp_dev.y
[t],2,POINT_COLOR_TBL[t]);//画线
                    lastpos[t][0]=tp_dev.x[t];
                    lastpos[t][1]=tp_dev.y[t];
                    if(tp_dev.x[t]>(lcddev.width-24)&&tp_dev.y[t]<20)
                    {
                        Load_Drow_Dialog();//清除
                    }
                }
            } else lastpos[t][0]=0XFFFF;
```

```
        if( i%20 = = 0)LED0 =! LED0;
    }
}

int main( void)
{
    NVIC_PriorityGroupConfig( NVIC_PriorityGroup_2);//设置系统中断优先级分组 2
    delay_init(168);   //初始化延时函数
    uart_init(115200);   //初始化串口波特率为 115 200
    LED_Init( );      //初始化 LED
    LCD_Init( );      //LCD 初始化
    KEY_Init( );      //按键初始化
    tp_dev. init( );     //触摸屏初始化
    POINT_COLOR = RED;//设置字体为红色
    LCD_ShowString(30,50,200,16,16," Explorer STM32F4");
    LCD_ShowString(30,70,200,16,16," TOUCH TEST");
    LCD_ShowString(30,90,200,16,16," ATOM@ ALIENTEK");
    LCD_ShowString(30,110,200,16,16," 2014/5/7");
    if( tp_dev. touchtype!   = 0XFF)LCD_ShowString(30,130,200,16,16," Press KEY0 to
Adjust");
        //电阻屏才显示
    delay_ms(1500);
    Load_Drow_Dialog( );
    if( tp_dev. touchtype&0X80)ctp_test( );//电容屏测试
    else rtp_test( );       //电阻屏测试
}
```

rtp_test 函数用于电阻触摸屏的测试、扫描按键和触摸屏,如果触摸屏有按下,则在触摸屏上面划线,如果按中"RST"区域,则执行清屏。如果按键 KEY0 按下,则执行触摸屏校准。

ctp_test 函数用于电容触摸屏的测试,由于采用 tp_dev. sta 来标记当前按下的触摸屏点数,所以可以判断是否有电容触摸屏按下,也就是判断 tp_dev. sta 的最低 5 位,如果有数据,则划线,如果没数据则忽略,且 5 个点划线的颜色各不一样,方便区分。另外,电容触摸屏不需要校准,所以没有校准程序。

main 函数初始化相关外设,然后根据触摸屏类型,去选择执行 ctp_test 还是 rtp_test。

运行程序,如果是电阻屏,在屏幕上写下内容,右上角的 RST 可以用来清屏,单击该区域,即可清屏重画。另外,按 KEY0 可以进入校准模式,如果发现触摸屏不准,则可以按 KEY0,进入校准,重新校准一下,即可正常使用。如果是电容触摸屏,最多可以 5 点触摸。同样,按右上角的 RST 标志,可以清屏。

21 外部温度传感器的应用

本章将通过 STM32 读取外部数字温度传感器的温度,显示在 TFTLCD 模块上。

21.1 DS18B20 简介

DS18B20 是由 DALLAS 半导体公司推出的一种"一线总线"接口的温度传感器。与传统的热敏电阻等测温元件相比,它是一种新型的体积小、适用电压宽、与微处理器接口简单的数字化温度传感器。一线总线结构具有简洁且经济的特点,可使用户轻松地组建传感器网络,从而为测量系统的构建引入全新概念,测量温度范围为 $-55 \sim 125\,^{\circ}\mathrm{C}$,精度为 $\pm 0.5\,^{\circ}\mathrm{C}$。现场温度直接以"一线总线"的数字方式传输,大大提高了系统的抗干扰性。它能直接读出被测温度,并且可根据实际要求通过简单的编程实现 $9 \sim 12$ 位的数值读数方式。它工作在 $3.0 \sim 5.5\mathrm{V}$ 的电压范围,采用多种封装形式,从而使系统设计灵活、方便,设定分辨率及用户设定的报警温度存储在 EEPROM 中,断电后依然保存。其内部结构如图 21.1 所示。

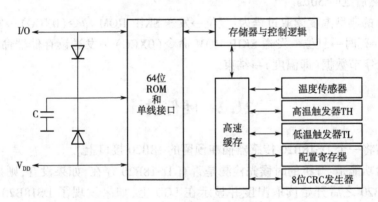

图 21.1 DS18B20 内部结构图

ROM 中的 64 位序列号是出厂前被标记好的,它可以看作是该 DS18B20 的地址序列码,每个 DS18B20 的 64 位序列号均不相同。64 位 ROM 的排列是:前 8 位是产品家族码,接着 48 位是 DS18B20 的序列号,最后 8 位是前面 56 位的循环冗余校验码(CRC = X8+X5+X4+1)。ROM 作用是使每一个 DS18B20 都各不相同,这样就可实现一根总线上挂接多个 DS18B20。

所有的单总线器件要求采用严格的信号时序,以保证数据的完整性。DS18B20 共有 6 种信号类型:复位脉冲、应答脉冲、写 0、写 1、读 0 和读 1。所有这些信号,除了应答脉冲以外,都由主机发出同步信号,并且发送所有的命令和数据都是字节的低位在前。

21.1.1 复位脉冲和应答脉冲

单总线上的所有通信都是以初始化序列开始的。主机输出低电平,保持低电平时间至少 $480\mu\mathrm{s}$,以产生复位脉冲。接着主机释放总线,$4.7\mathrm{k}\Omega$ 的上拉电阻将单总线拉高,延时 15~

60μs,并进入接收模式(Rx)。接着 DS18B20 拉低总线 60~240μs,以产生低电平应答脉冲,若为低电平,再延时 480μs。

21.1.2 写时序

写时序包括写 0 时序和写 1 时序。所有写时序至少需要 60μs,且在两次独立的写时序之间至少需要 1μs 的恢复时间,两种写时序均起始于主机拉低总线。写 1 时序:主机输出低电平,延时 2μs,然后释放总线,延时 60μs。写 0 时序:主机输出低电平,延时 60μs,然后释放总线,延时 2μs。

21.1.3 读时序

单总线器件仅在主机发出读时序时,才向主机传输数据,所以,在主机发出读数据命令后,必须马上产生读时序,以便从机能够传输数据。所有读时序至少需要 60μs,且在两次独立的读时序之间至少需要 1μs 的恢复时间。每个读时序都由主机发起,至少拉低总线 1μs。主机在读时序期间必须释放总线,并且在时序起始后的 15μs 之内采样总线状态。典型的读时序过程为:主机输出低电平延时 2μs,然后主机转入输入模式延时 12μs,然后读取单总线当前的电平,然后延时 50μs。

DS18B20 的典型温度读取过程为:复位→发送 SKIP ROM 命令(0XCC)→发送开始转换命令(0X44)→延时→复位→发送 SKIP ROM 命令(0XCC)→发送读存储器命令(0XBE)→连续读出两个字节数据(即温度)→结束。

21.2 硬件设计

实验前需将一个 DS18B20 传感器插在预留的 18B20 接口上。

本章实验功能是:开机的时候先检测是否有 DS18B20 存在,如果没有,则提示错误。在检测到 DS18B20 之后开始读取温度并显示在 LCD 上,如果发现了 DS18B20,则程序每隔 100ms 左右读取一次数据,并把温度显示在 LCD 上。利用 DS0 来指示程序正在运行。

本节所要用到的硬件资源如下:指示灯 DS0,TFTLCD 模块,DS18B20 温度传感器。

DS18B20 温度传感器属于外部器件,板上没有直接焊接,其接口和 STM32 的连接电路如图 21.2 所示。

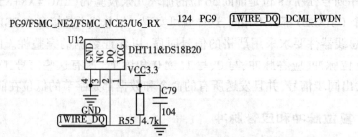

图 21.2　DS18B20 接口与 STM32 的连接电路图

21.3 软件设计

21.3.1 建立头文件

建立 ds18b20.h 文件,编写如下代码。

```
#ifndef__DS18B20_H
#define__DS18B20_H
#include "sys.h"
//I/O 方向设置
#define DS18B20_IO_IN()
    {GPIOG→MODER& = ~(3<<(9*2));GPIOG→MODER| = 0<<9*2;}//PG9 输入
模式
#define DS18B20_IO_OUT()
    {GPIOG→MODER& = ~(3<<(9*2));GPIOG→MODER| = 1<<9*2;}//PG9 输出
模式

////IO 操作函数
#defineDS18B20_DQ_OUT PGout(9)  //数据端口 PG9
#defineDS18B20_DQ_IN  PGin(9)   //数据端口 PG9

u8 DS18B20_Init(void);              //初始化 DS18B20
short DS18B20_Get_Temp(void);   //获取温度
void DS18B20_Start(void);           //开始温度转换
void DS18B20_Write_Byte(u8 dat);//写入一个字节
u8 DS18B20_Read_Byte(void);      //读出一个字节
u8 DS18B20_Read_Bit(void);        //读出一个位
u8 DS18B20_Check(void);           //检测是否存在 DS18B20
void DS18B20_Rst(void);            //复位 DS18B20
#endif
```

21.3.2 函数定义

新建文件 ds18b20.c,部分函数代码如下。

```
//复位 DS18B20
void DS18B20_Rst(void)
{
```

```
    DS18B20_IO_OUT();//SET PG11 OUTPUT
    DS18B20_DQ_OUT=0;//拉低 DQ
    delay_us(750);        //拉低 750μs
    DS18B20_DQ_OUT=1;//DQ=1
    delay_us(15);         //15μs
}
//等待 DS18B20 的回应
//返回 1:未检测到 DS18B20 的存在
//返回 0:存在
u8 DS18B20_Check(void)
{
    u8 retry=0;
    DS18B20_IO_IN();//SET PG11 INPUT
    while (DS18B20_DQ_IN&&retry<200){retry++;delay_us(1);};
    if(retry>=200)return 1;
    else retry=0;
    while (! DS18B20_DQ_IN&&retry<240){retry++;delay_us(1);};
    if(retry>=240)return 1;
    return 0;
}
//从 DS18B20 读取一个位
//返回值:1/0
u8 DS18B20_Read_Bit(void)
{
    u8 data;
    DS18B20_IO_OUT();//SET PG11 OUTPUT
    DS18B20_DQ_OUT=0;
    delay_us(2);
    DS18B20_DQ_OUT=1;
    DS18B20_IO_IN();//SET PG11 INPUT
    delay_us(12);
    if(DS18B20_DQ_IN)data=1;
    else data=0;
    delay_us(50);
    return data;
}
//从 DS18B20 读取一个字节
//返回值:读到的数据
```

```c
u8 DS18B20_Read_Byte(void)
{
    u8 i,j,dat;
    dat=0;
    for (i=1;i<=8;i++)
    {
        j=DS18B20_Read_Bit();
        dat=(j<<7)|(dat>>1);
    }
    return dat;
}
//写一个字节到 DS18B20
//dat:要写入的字节
void DS18B20_Write_Byte(u8 dat)
{
    u8 j;
    u8 testb;
    DS18B20_IO_OUT();//SET PG11 OUTPUT;
    for (j=1;j<=8;j++)
    {
        testb=dat&0x01;
        dat=dat>>1;
        if (testb)
        {
            DS18B20_DQ_OUT=0;// Write 1
            delay_us(2);
            DS18B20_DQ_OUT=1;
            delay_us(60);
        }
        else
        {
            DS18B20_DQ_OUT=0;// Write 0
            delay_us(60);
            DS18B20_DQ_OUT=1;
            delay_us(2);
        }
    }
}
```

259

```c
//开始温度转换
void DS18B20_Start(void)
{
    DS18B20_Rst();
    DS18B20_Check();
    DS18B20_Write_Byte(0xcc);// skip rom
    DS18B20_Write_Byte(0x44);// convert
}

//初始化 DS18B20 的 I/O 口,同时 DQ 检测 DS 的存在
//返回 1:不存在
//返回 0:存在
u8 DS18B20_Init(void)
{
    GPIO_InitTypeDef   GPIO_InitStructure;
    RCC_AHB1PeriphClockCmd(RCC_AHB1Periph_GPIOG,ENABLE);//使能 GPIOG
时钟   //GPIOG9
    GPIO_InitStructure. GPIO_Pin = GPIO_Pin_9;
    GPIO_InitStructure. GPIO_Mode = GPIO_Mode_OUT;//普通输出模式
    GPIO_InitStructure. GPIO_OType = GPIO_OType_PP;//推挽输出
    GPIO_InitStructure. GPIO_Speed = GPIO_Speed_50MHz;//50MHz
    GPIO_InitStructure. GPIO_PuPd = GPIO_PuPd_UP;//上拉
    GPIO_Init(GPIOG,&GPIO_InitStructure);//初始化

    DS18B20_Rst();
    return DS18B20_Check();
}///从 DS18B20 得到温度值
//精度:0.1℃
//返回值:温度值（-550~1250℃）
short DS18B20_Get_Temp(void)
{
    u8 temp;
    u8 TL,TH;   short tem;
    DS18B20_Start();// ds1820 start convert
    DS18B20_Rst();
    DS18B20_Check();
    DS18B20_Write_Byte(0xcc);// skip rom
    DS18B20_Write_Byte(0xbe);// convert
    TL=DS18B20_Read_Byte();// LSB
```

```
        TH = DS18B20_Read_Byte( ) ; //MSB
        if( TH>7)
        {
                TH = ~ TH;
                TL = ~ TL;
                temp = 0;   //温度为负
        } else temp = 1; //温度为正
        tem = TH;   //获得高 8 位
        tem<< = 8;
        tem+ = TL;   //获得低 8 位
        tem = ( double) tem * 0. 625; //转换
        if( temp) return tem;   //返回温度值
        else return −tem;
}
```

21. 3. 3　建立主函数

建立 main 函数,在 main 函数里面编写如下代码。

```
int main( void)
{
    u8 t = 0;
    short temperature;
    NVIC_PriorityGroupConfig( NVIC_PriorityGroup_2) ; //设置系统中断优先级分组 2
    delay_init( 168) ;   //初始化延时函数
    uart_init( 115200) ;   //初始化串口波特率为 115 200
    LED_Init( ) ;   //初始化 LED
    LCD_Init( ) ;
    POINT_COLOR = RED; //设置字体为红色
    LCD_ShowString( 30,50,200,16,16," Explorer STM32F4") ;
    LCD_ShowString( 30,70,200,16,16," DS18B20 TEST") ;
    LCD_ShowString( 30,90,200,16,16," ATOM@ ALIENTEK") ;
    LCD_ShowString( 30,110,200,16,16," 2014/5/7") ;
    while( DS18B20_Init( ) ) //DS18B20 初始化
        {
                LCD_ShowString( 30,130,200,16,16," DS18B20 Error") ;
                delay_ms( 200) ;
                LCD_Fill( 30,130,239,130+16,WHITE) ;
                delay_ms( 200) ;
```

```
        }
        LCD_ShowString(30,130,200,16,16,"DS18B20 OK");
        POINT_COLOR=BLUE;//设置字体为蓝色
        LCD_ShowString(30,150,200,16,16,"Temp： . C");
        while(1)
        {
            if(t%10==0)//每 100ms 读取一次
            {
                temperature=DS18B20_Get_Temp();
                if(temperature<0)
                {
                    LCD_ShowChar(30+40,150,'-',16,0);   //显示负号
                    temperature=-temperature;        //转为正数
                }else LCD_ShowChar(30+40,150,'',16,0);   //去掉负号
                LCD_ShowNum(30+40+8,150,temperature/10,2,16);//显示正数部分
                LCD_ShowNum(30+40+32,150,temperature%10,1,16);//显示小数
部分
            }
            delay_ms(10);t++;
            if(t==20)
            {
                t=0;LED0=! LED0;
            }
        }
    }
```

主函数代码经过一系列硬件初始化后,在循环中调用 DS18B20_Get_Temp 函数获取温度值,然后显示在 LCD 上。

运行程序,LCD 开始显示当前的温度值。该程序还可以读取并显示负温度值。

22 无线通信控制

本章将使用两块开发板实现无线数据传输。

ALIENTKE 探索者 STM32F4 开发板带有一个无线模块(WIRELESS)接口,采用 8 脚插针方式与开发板连接,可以用来连接 NRF24L01/RFID 等无线模块。

22.1 无线模块简介

NRF24L01 无线模块,采用的芯片是 NRF24L01,该芯片的主要特点如下。

- 2.4G 全球开放的 ISM 频段,免许可证使用。
- 最高工作速率 2Mbps,高效的 GFSK 调制,抗干扰能力强。
- 125 个可选的频道,满足多点通信和调频通信的需要。
- 内置 CRC 检错和点对多点的通信地址控制。
- 低工作电压(1.9~3.6V)。
- 可设置自动应答,确保数据可靠传输。

该芯片通过 SPI 与外部 MCU 通信,最大的 SPI 速度可以达到 10MHz。该模块的外形和引脚图如图 22.1 所示。

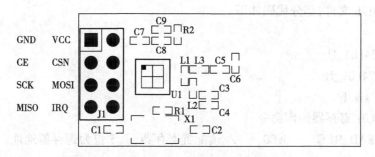

图 22.1 NRF24L01 无线模块外观引脚图

22.2 硬件设计

本章实验功能是:开机的时候先检测 NRF24L01 模块是否存在,在检测到 NRF24L01 模块之后,根据 KEY0 和 KEY1 的设置来决定模块的工作模式,在设定好工作模式之后,就会不停地发送/接收数据,同样用 DS0 来指示程序正在运行。

本章用到的硬件资源有:指示灯 DS0,KEY0 和 KEY1 按键,TFTLCD 模块,NRF24L01 模块。

NRF24L01 模块属于外部模块,模块的接口和 STM32F4 的连接关系如图 22.2 所示。

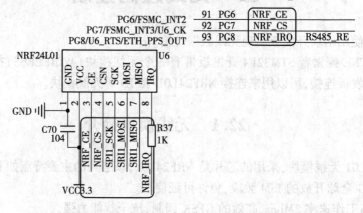

图 22.2　NRF24L01 模块接口与 STM32F4 连接原理图

22.3　软件设计

22.3.1　建立头文件

建立 24l01.h 文件,部分代码如下。

```
#ifndef__24L01_H
#define__24L01_H
#include " sys. h"
//NRF24L01 寄存器操作命令
#define READ_REG      0x00      //读配置寄存器,低 5 位为寄存器地址
```

……//省略部分定义

```
#define FIFO_STATUS      0x17      //FIFO 状态寄存器;bit0 为 RX FIFO 寄存器空标志
//bit1 为 RX FIFO 满标志;bit2,3 为保留;bit4 为 TX FIFO 空标志;bit5 为 TX FIFO 满标志
//bit6,1 为循环发送上一数据包,0 为不循环
//24L01 操作线
#define NRF24L01_CE      PGout(6)      //24L01 片选信号
#define NRF24L01_CSN   PGout(7)      //SPI 片选信号
#define NRF24L01_IRQ   PGin(8)      //IRQ 主机数据输入
//24L01 发送接收数据宽度定义
#define TX_ADR_WIDTH      5      //5 字节的地址宽度
```

```
#define RX_ADR_WIDTH      5       //5 字节的地址宽度
#define TX_PLOAD_WIDTH    32      //32 字节的用户数据宽度
#define RX_PLOAD_WIDTH    32      //32 字节的用户数据宽度

void NRF24L01_Init(void);      //初始化

……//省略部分函数申明

u8 NRF24L01_RxPacket(u8 * rxbuf);  //接收一个包的数据
#endif
```

这部分代码,主要定义了一些 24L01 的命令字(这里省略了一部分),以及函数声明,这里还通过 TX_PLOAD_WIDTH 和 RX_PLOAD_WIDTH 决定了发射和接收的数据宽度,也就是每次发射和接收的有效字节数。NRF24L01 每次最多传输 32 个字节,再多的字节传输则需要多次传送。

22.3.2　函数定义

新建文件 24l01.c,部分函数代码如下。

```
const u8 TX_ADDRESS[TX_ADR_WIDTH] = {0x34,0x43,0x10,0x10,0x01};//发送地址
const u8 RX_ADDRESS[RX_ADR_WIDTH] = {0x34,0x43,0x10,0x10,0x01};//发送
地址
void NRF24L01_SPI_Init(void)
{
    SPI_InitTypeDef   SPI_InitStructure;
    SPI_Cmd(SPI1,DISABLE);//失能 SPI 外设
    SPI_InitStructure.SPI_Direction = SPI_Direction_2Lines_FullDuplex;//全双工
    SPI_InitStructure.SPI_Mode = SPI_Mode_Master;//工作模式:主 SPI
    SPI_InitStructure.SPI_DataSize = SPI_DataSize_8b;// 8 位帧结构
    SPI_InitStructure.SPI_CPOL = SPI_CPOL_Low;//空闲状态为低电平
    SPI_InitStructure.SPI_CPHA = SPI_CPHA_1Edge;//第 1 个跳变沿数据被采样
    SPI_InitStructure.SPI_NSS = SPI_NSS_Soft;//NSS 信号软件管理
    SPI_InitStructure.SPI_BaudRatePrescaler = SPI_BaudRatePrescaler_256;//预分频值
为 256
    SPI_InitStructure.SPI_FirstBit = SPI_FirstBit_MSB;//数据传输从 MSB 位开始
    SPI_InitStructure.SPI_CRCPolynomial = 7;//CRC 值计算的多项式
    SPI_Init(SPI1,&SPI_InitStructure);   //初始化外设 SPIx 寄存器
    SPI_Cmd(SPI1,ENABLE);//使能 SPI 外设
```

265

```
        }
//初始化 24L01 的 I/O 口
void NRF24L01_Init(void)
{
        GPIO_InitTypeDef    GPIO_InitStructure;
        RCC_AHB1PeriphClockCmd(RCC_AHB1Periph_GPIOB|RCC_AHB1Periph_GPIOG,
ENABLE);//使能 GPIOB,G 时钟
        //GPIOB14 初始化设置:推挽输出
        GPIO_InitStructure. GPIO_Pin = GPIO_Pin_14;
        GPIO_InitStructure. GPIO_Mode = GPIO_Mode_OUT;//普通输出模式
        GPIO_InitStructure. GPIO_OType = GPIO_OType_PP;//推挽输出
        GPIO_InitStructure. GPIO_Speed = GPIO_Speed_100MHz;//100MHz
        GPIO_InitStructure. GPIO_PuPd = GPIO_PuPd_UP;//上拉
        GPIO_Init(GPIOB,&GPIO_InitStructure);//初始化 PB14
        //GPIOG6,7 推挽输出
        GPIO_InitStructure. GPIO_Pin = GPIO_Pin_6|GPIO_Pin_7;
        GPIO_InitStructure. GPIO_Mode = GPIO_Mode_OUT;//普通输出模式
        GPIO_InitStructure. GPIO_OType = GPIO_OType_PP;//推挽输出
        GPIO_InitStructure. GPIO_Speed = GPIO_Speed_100MHz;//100MHz
        GPIO_InitStructure. GPIO_PuPd = GPIO_PuPd_UP;//上拉
        GPIO_Init(GPIOG,&GPIO_InitStructure);//初始化 PG6,7
        //GPIOG. 8 上拉输入
        GPIO_InitStructure. GPIO_Pin = GPIO_Pin_8;
        GPIO_InitStructure. GPIO_Mode = GPIO_Mode_IN;//输入
        GPIO_InitStructure. GPIO_PuPd = GPIO_PuPd_UP;//上拉
        GPIO_Init(GPIOG,&GPIO_InitStructure);//初始化 PG8
        GPIO_SetBits(GPIOB,GPIO_Pin_14);//PB14 输出 1,防止 SPI FLASH 干扰 NRF
的通信
        SPI1_Init();          //初始化 SPI1
        NRF24L01_SPI_Init();//针对 NRF 的特点修改 SPI 的设置
        NRF24L01_CE=0;        //使能
        24L01 NRF24L01_CSN=1;  //SPI 片选取消
}
//检测 24L01 是否存在
//返回值:0 为成功,1 为失败
u8 NRF24L01_Check(void)
{
        u8 buf[5] = {0XA5,0XA5,0XA5,0XA5,0XA5};
```

```
        u8 i;
        SPI1_SetSpeed(SPI_BaudRatePrescaler_8);
        NRF24L01_Write_Buf(NRF_WRITE_REG+TX_ADDR,buf,5);//写入 5 个字节的
地址
        NRF24L01_Read_Buf(TX_ADDR,buf,5);//读出写入的地址
        for(i=0;i<5;i++)if(buf[i]! =0XA5)break;
        if(i! =5)return 1;//检测 24L01 错误
        return 0;   //检测到 24L01
}
//SPI 写寄存器
//reg:指定寄存器地址
//value:写入的值
u8 NRF24L01_Write_Reg(u8 reg,u8 value)
{
        u8 status;
        NRF24L01_CSN=0;      //使能 SPI 传输
        status =SPI1_ReadWriteByte(reg);//发送寄存器号
        SPI1_ReadWriteByte(value);       //写入寄存器的值
        NRF24L01_CSN=1;       //禁止 SPI 传输
        return(status);        //返回状态值
}
//读取 SPI 寄存器值
//reg:要读的寄存器
u8 NRF24L01_Read_Reg(u8 reg)
{
        u8 reg_val;
        NRF24L01_CSN = 0;              //使能 SPI 传输
        SPI1_ReadWriteByte(reg);   //发送寄存器号
        reg_val =SPI1_ReadWriteByte(0XFF);//读取寄存器内容
        NRF24L01_CSN = 1;              //禁止 SPI 传输
        return(reg_val);              //返回状态值
}
//在指定位置读出指定长度的数据
//reg:寄存器(位置)
// * pBuf:数据指针
//len:数据长度
//返回值,此次读到的状态寄存器值
u8 NRF24L01_Read_Buf(u8 reg,u8 * pBuf,u8 len)
```

```
    {
        u8 status,u8_ctr;
        NRF24L01_CSN = 0;          //使能 SPI 传输
        status=SPI1_ReadWriteByte(reg);//发送寄存器值(位置),并读取状态值
        for(u8_ctr=0;u8_ctr<len;u8_ctr++)pBuf[u8_ctr]=SPI1_ReadWriteByte(0XFF);
        NRF24L01_CSN=1;            //关闭 SPI 传输
        return status;             //返回读到的状态值
    }
    //在指定位置写指定长度的数据
    //reg:寄存器(位置)
    // * pBuf:数据指针
    //len:数据长度
    //返回值,此次读到的状态寄存器值
    u8 NRF24L01_Write_Buf(u8 reg,u8 * pBuf,u8 len)
    {
        u8 status,u8_ctr;
        NRF24L01_CSN = 0;                 //使能 SPI 传输
        status = SPI1_ReadWriteByte(reg);//发送寄存器值(位置),并读取状态值
        for(u8_ctr=0;u8_ctr<len;u8_ctr++)SPI1_ReadWriteByte( * pBuf++);//写入数据
        NRF24L01_CSN = 1;          //关闭 SPI 传输
        return status;             //返回读到的状态值
    }
    //启动 NRF24L01 发送一次数据
    //txbuf:待发送数据首地址
    //返回值:发送完成状况
    u8 NRF24L01_TxPacket(u8 * txbuf)
    {
        u8 sta;
        SPI1_SetSpeed(SPI_BaudRatePrescaler_8);//S24L01 的最大 SPI 时钟为 10MHz
        NRF24L01_CE=0;
        NRF24L01_Write_Buf(WR_TX_PLOAD,txbuf,TX_PLOAD_WIDTH);//写数据到
TX BUF 32 个字节
        NRF24L01_CE=1;//启动发送
        while(NRF24L01_IRQ! =0);//等待发送完成
        sta=NRF24L01_Read_Reg(STATUS);    //读取状态寄存器的值
        NRF24L01_Write_Reg(NRF_WRITE_REG+STATUS,sta);//清除 TX_DS 或 MAX_
RT 中断标志
        if(sta&MAX_TX)//达到最大重发次数
```

```
        {
            NRF24L01_Write_Reg(FLUSH_TX,0xff);//清除 TX FIFO 寄存器
            return MAX_TX;
        }
        if(sta&TX_OK)//发送完成
        {
            return TX_OK;
        }
        return 0xff;//其他原因发送失败
    }
    //启动 NRF24L01 发送一次数据
    //txbuf:待发送数据首地址
    //返回值:0 为接收完成,其他为错误代码
    u8 NRF24L01_RxPacket(u8 * rxbuf)
    {
        u8 sta;
        SPI1_SetSpeed(SPI_BaudRatePrescaler_8);//24L01 的最大 SPI 时钟为 10MHz
        sta=NRF24L01_Read_Reg(STATUS);   //读取状态寄存器的值
        NRF24L01_Write_Reg(NRF_WRITE_REG+STATUS,sta);//清除 TX_DS 或 MAX_
RT 中断标志
        if(sta&RX_OK)//接收到数据
        {
            NRF24L01_Read_Buf(RD_RX_PLOAD,rxbuf,RX_PLOAD_WIDTH);//读取
数据
            NRF24L01_Write_Reg(FLUSH_RX,0xff);//清除 RX FIFO 寄存器
            return 0;
        }
        return 1;//没收到任何数据
    }
    //该函数初始化 NRF24L01 到 RX 模式
    //设置 RX 地址,写 RX 数据宽度,选择 RF 频道,波特率和 LNA HCURR
    //当 CE 变高后,即进入 RX 模式,即可接收数据
    void NRF24L01_RX_Mode(void)
    {
        NRF24L01_CE=0;
        NRF24L01_Write_Buf(NRF_WRITE_REG+RX_ADDR_P0,(u8 * )RX_ADDRESS,
RX_ADR_WIDTH);//写 RX 节点地址
        NRF24L01_Write_Reg(NRF_WRITE_REG+EN_AA,0x01);//使能通道 0 的自动
```

应答

```
        NRF24L01_Write_Reg(NRF_WRITE_REG+EN_RXADDR,0x01);//使能通道 0 的
接收地址
        NRF24L01_Write_Reg(NRF_WRITE_REG+RF_CH,40);//设置 RF 通信频率
        NRF24L01_Write_Reg(NRF_WRITE_REG+RX_PW_P0,RX_PLOAD_WIDTH);//选
择通道 0 的有效数据宽度
        NRF24L01_Write_Reg(NRF_WRITE_REG+RF_SETUP,0x0f);//设置 TX 发射参数,
0db 增益,2Mbps,低噪声增益开启
        NRF24L01_Write_Reg(NRF_WRITE_REG+CONFIG,0x0f);//配置基本工作模式的
参数;PWR_UP,EN_CRC,16BIT_CRC,接收模式
        NRF24L01_CE = 1;//CE 为高,进入接收模式
    }
    //该函数初始化 NRF24L01 到 TX 模式
    //设置 TX 地址,写 TX 数据宽度,设置 RX 自动应答的地址,填充 TX 发送数据
    //选择 RF 频道,波特率和 LNA HCURR
    //PWR_UP,CRC 使能
    //当 CE 变高后,即进入 RX 模式,即可接收数据
    //CE 为大于 10μs,则启动发送
    void NRF24L01_TX_Mode(void)
    {
        NRF24L01_CE = 0;
        NRF24L01_Write_Buf(NRF_WRITE_REG+TX_ADDR,(u8 * )TX_ADDRESS,TX_
ADR_WIDTH) //写 TX 节点地址
        NRF24L01_Write_Buf(NRF_WRITE_REG+RX_ADDR_P0,(u8 * )RX_ADDRESS,
RX_ADR_WIDTH);//设置 TX 节点地址,主要为了使能 ACK
        NRF24L01_Write_Reg(NRF_WRITE_REG+EN_AA,0x01);//使能通道 0 的自动
应答
        NRF24L01_Write_Reg(NRF_WRITE_REG+EN_RXADDR,0x01);//使能通道 0 的接
收地址
        NRF24L01_Write_Reg(NRF_WRITE_REG+SETUP_RETR,0x1a);//设置自动重发
间隔时间:500μs+86μs;最大自动重发次数:10 次
        NRF24L01_Write_Reg(NRF_WRITE_REG+RF_CH,40);//设置 RF 通道为 40
        NRF24L01_Write_Reg(NRF_WRITE_REG+RF_SETUP,0x0f);//设置 TX 发射参数,
0db 增益,2Mbps,低噪声增益开启
        NRF24L01_Write_Reg(NRF_WRITE_REG+CONFIG,0x0e);//配置基本工作模式的
参数;PWR_UP,EN_CRC,16BIT_CRC,接收模式,开启所有中断
        NRF24L01_CE = 1;//CE 为高,10μs 后启动发送
    }
```

22.3.3 建立主函数

建立 main 函数,在 main 函数里面编写如下代码。

```
//要写入到 W25Q16 的字符串数组
const u8 TEXT_Buffer[ ] = { "Explorer STM32F4 SPI TEST" } ;
#define SIZE sizeof( TEXT_Buffer)
int main( void)
{
    u8 key,mode,tmp_buf[ 33] ;    u16 t = 0;
    NVIC_PriorityGroupConfig( NVIC_PriorityGroup_2) ;//设置系统中断优先级分组 2
    delay_init( 168) ;    //初始化延时函数
    uart_init( 115200) ;    //初始化串口波特率为 115 200
    LED_Init( ) ;        //初始化 LED
    LCD_Init( ) ;        //LCD 初始化
    KEY_Init( ) ;        //按键初始化
    NRF24L01_Init( ) ;        //初始化 NRF24L0
    POINT_COLOR = RED;//设置字体为红色
    LCD_ShowString( 30,50,200,16,16," Explorer STM32F4") ;
    LCD_ShowString( 30,70,200,16,16," NRF24L01 TEST") ;
    LCD_ShowString( 30,90,200,16,16," ATOM@ ALIENTEK") ;
    LCD_ShowString( 30,110,200,16,16,"2014/5/9") ;
    while( NRF24L01_Check( ))
    {
        LCD_ShowString( 30,130,200,16,16," NRF24L01 Error") ;
        delay_ms( 200) ;
        LCD_Fill( 30,130,239,130+16,WHITE) ;
        delay_ms( 200) ;
    }
    LCD_ShowString( 30,130,200,16,16," NRF24L01 OK") ;
    while( 1)
    {
        key = KEY_Scan( 0) ;
        if( key = = KEY0_PRES)
        {
            mode = 0;break;
        } else if( key = = KEY1_PRES)
        {
```

```
                    mode=1;break;
            }
        t++;
        if(t==100)
                LCD_ShowString(10,150,230,16,16,"KEY0:RX_Mode    KEY1:TX_
Mode");//闪烁显示提示信息
        if(t==200)
            {
                LCD_Fill(10,150,230,150+16,WHITE);t=0;
            }
        delay_ms(5);
    }
LCD_Fill(10,150,240,166,WHITE);//清空上面的显示
POINT_COLOR=BLUE;//设置字体为蓝色
if(mode==0)//RX 模式
    {
        LCD_ShowString(30,150,200,16,16,"NRF24L01 RX_Mode");
        LCD_ShowString(30,170,200,16,16,"Received DATA:");
        NRF24L01_RX_Mode();
        while(1)
            {
                if(NRF24L01_RxPacket(tmp_buf)==0)//一旦接收到信息,则显示出来
                    {
                        tmp_buf[32]=0;//加入字符串结束符
                        LCD_ShowString(0,190,lcddev.width-1,32,16,tmp_buf);
                    }else delay_us(100);
                t++;
                if(t==10000)//大约 1s 钟改变一次状态
                    {
                        t=0;LED0=! LED0;
                    }
            };
    }else//TX 模式
    {
        LCD_ShowString(30,150,200,16,16,"NRF24L01 TX_Mode");
        NRF24L01_TX_Mode();
        mode=' ';//从空格键开始
        while(1)
```

```
    {
        if( NRF24L01_TxPacket( tmp_buf) = =TX_OK)
        {
            LCD_ShowString( 30,170,239,32,16,"Sended DATA:") ;
            LCD_ShowString( 0,190,lcddev. width-1,32,16,tmp_buf) ;
            key = mode;
            for( t=0;t<32;t++)
            {
                key++;
                if( key>(' ~') )key ='' ;
                tmp_buf[ t] =key;
            }
            mode++;
            if( mode>' ~') mode ='' ;
            tmp_buf[ 32] =0;//加入结束符
        }else
        {
            LCD_Fill( 0,170,lcddev. width,170+16 * 3,WHITE) ;//清空显示
            LCD_ShowString( 30,170,lcddev. width-1,32,16,"Send Failed ") ;
        } ;
        LED0 = ! LED0;delay_ms( 1500) ;
    } ;
    }
}
```

程序运行时先通过 NRF24L01_Check 函数检测 NRF24L01 是否存在,如果存在,则让用户选择发送模式(KEY1)还是接收模式(KEY0),在确定模式之后,设置 NRF24L01 的工作模式,然后执行相应的数据发送/接收处理。

运行程序,通过 KEY0 和 KEY1 来选择 NRF24L01 模块所要进入的工作模式,两个开发板一个选择发送,一个选择接收即可。

23 外部存储器管理

很多单片机系统都需要大容量存储设备,用以存储数据。SD 卡容量大,支持 SPI/SDIO 驱动,而且有多种容量可供选择,能满足不同应用的要求。

本章将通过开发板自带的 SD 卡接口与驱动,实现 SD 卡的读取。

23.1 SDIO 简介

23.1.1 SDIO 特性

STM32F4 的 SDIO 控制器支持多媒体卡(MMC 卡)、SD 存储卡、SDI/O 卡和 CE-ATA 设备等。SDIO 的主要功能如下。

(1)与多媒体卡系统规格书版本 4.2 全兼容。支持 3 种不同的数据总线模式:1 位(默认)、4 位和 8 位。

(2)与较早的多媒体卡系统规格版本全兼容(向前兼容)。

(3)与 SD 存储卡规格版本 2.0 全兼容。

(4)与 SDI/O 卡规格版本 2.0 全兼容:支持两种不同的数据总线模式[1 位(默认)和 4 位]。

(5)完全支持 CE-ATA 功能(与 CE-ATA 数字协议版本 1.1 全兼容)。8 位总线模式下数据传输速率可达 48MHz(分频器旁路时)。

(6)数据和命令输出使能信号,用于控制外部双向驱动器。

STM32F4 的 SDIO 控制器包含两个部分:SDIO 适配器模块和 APB2 总线接口,其功能框图如图 23.1 所示。

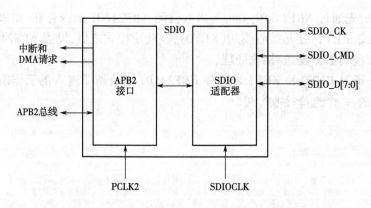

图 23.1　STM32F4 的 SDIO 控制器功能框图

复位后默认情况下 SDIO_D0 用于数据传输。初始化后主机可以改变数据总线的宽度(通过 ACMD6 命令设置)。

如果一个 SD 或 SDI/O 卡接到了总线上,通过主机配置数据传输使用 SDIO_D0 或 SDIO_D [3:0]。所有的数据线都工作在推挽模式。

SDIO_CMD 有以下两种操作模式。

第一,用于初始化时的开路模式(仅用于 MMC 版本 V3.31 或之前版本)。

第二,用于命令传输的推挽模式(SD/SD I/O 卡和 MMC V4.2 在初始化时也使用推挽驱动)。

23.1.2 SDIO 的时钟

SDIO 总共有以下 3 个时钟。

23.1.2.1 卡时钟(SDIO_CK)

每个时钟周期在命令和数据线上传输 1 位命令或数据。对于多媒体卡 V3.31 协议,时钟频率可以在 0 至 20MHz 间变化;对于多媒体卡 V4.0/4.2 协议,时钟频率可以在 0 至 48MHz 间变化;对于 SD 或 SD I/O 卡,时钟频率可以在 0 至 25MHz 间变化。

23.1.2.2 SDIO 适配器时钟(SDIOCLK)

该时钟用于驱动 SDIO 适配器,来自 PLL48CK,一般为 48MHz,并用于产生 SDIO_CK 时钟。

23.1.2.3 APB2 总线接口时钟(PCLK2)

该时钟用于驱动 SDIO 的 APB2 总线接口,其频率为 HCLK/2,一般为 84MHz。

根据卡的不同,SD 卡时钟(SDIO_CK)可能有好几个区间,这就涉及时钟频率的设置,SDIO_CK 与 SDIOCLK 的关系(时钟分频器不旁路时)如下。

$$SDIO\_CK = SDIOCLK/(2+CLKDIV)$$

其中,SDIOCLK 为 PLL48CK,一般是 48MHz,而 CLKDIV 则是分配系数,可以通过 SDIO 的 SDIO_CLKCR 寄存器进行设置(确保 SDIO_CK 不超过卡的最大操作频率)。

以上公式,是时钟分频器不旁路时的计算公式,当时钟分频器旁路时,SDIO_CK 直接等于 SDIOCLK。

23.1.3 SDIO 的命令与响应

SDIO 的命令分为应用相关命令(ACMD)和通用命令(CMD)两部分,应用相关命令(ACMD)的发送,必须先发送通用命令(CMD55),然后才能发送应用相关命令(ACMD)。SDIO 的所有命令和响应都是通过 SDIO_CMD 引脚传输的,任何命令的长度都是固定为 48 位,SDIO 的命令格式如表 23.1 所示。

表 23.1 SDIO 命令格式

位的位置	宽度	值	说明
47	1	0	起始位
46	1	1	传输位
[45:40]	6	—	命令索引

位的位置	宽度	值	说明
[39:8]	32	—	参数
[7:1]	7	—	CRC7
0	1	1	结束位

所有的命令都是由 STM32F4 发出,其中开始位、传输位、CRC7 和结束位由 SDIO 硬件控制,其中命令索引(如 CMD0,CMD1 之类的)在 SDIO_CMD 寄存器里面设置,命令参数则由寄存器 SDIO_ARG 设置。

SD 存储卡总共有 5 类响应(R1、R2、R3、R6、R7),其中 R1 响应的格式如表 23.2 所示。

表 23.2　R1 响应格式

位的位置	宽度	值	说明
47	1	0	起始位
46	1	0	传输位
[45:40]	6	X	命令索引
[39:8]	32	X	卡状态
[7:1]	7	X	CRC7
0	1	1	结束位

对于 SDI/SDIO 存储器,数据是以数据块的形式传输的,SDIO(多)数据块读操作,如图 23.2 所示。

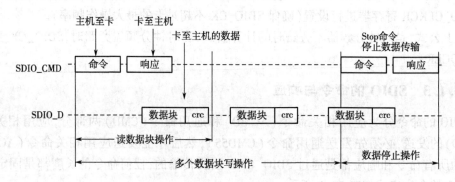

图 23.2　SDIO(多)数据块读操作

由上图,从机在收到主机相关命令后,开始发送数据块给主机,所有数据块都带有 CRC 校验值(CRC 由 SDIO 硬件自动处理),单个数据块读的时候,在收到一个数据块以后即可停止,不需要发送停止命令(CMD12)。但是多块数据读的时候,SD 卡将一直发送数据给主机,直到接到主机发送的 STOP 命令(CMD12)。

SDIO(多)数据块写操作,如图 23.3 所示。

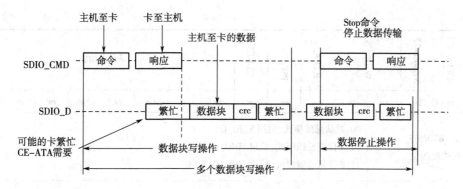

图 23.3　SDIO(多)数据块写操作

数据块写操作同数据块读操作基本类似,只是数据块写的时候,多了一个繁忙判断,新的数据块必须在 SD 卡非繁忙的时候发送。

23.1.4　SDIO 相关寄存器介绍

23.1.4.1　SDIO 电源控制寄存器(SDIO_POWER)

该寄存器定义如表 23.3 所示。

表 23.3　SDIO_POWER 寄存器位定义

31	30	29	28	27	26	25	24	23	22	21	20	19	18	17	16
Reserved															

15	14	13	12	11	10	9	8	7	6	5	4	3	2	1	0
Reserved														PWRCTRL	
														rw	rw

位 31:2	保留,必须保持复位值
位 1:0 PWRCTRL 电源控制位	这些位用于定义卡时钟的当前功能状态 00:掉电,停止为卡提供时钟　　　10:保留,上电 01:保留　　　11:通电,为卡提供时钟

23.1.4.2　SDIO 时钟控制寄存器(SDIO_CLKCR)

该寄存器主要用于设置 SDIO_CK 的分配系数、开关等,并可以设置 SDIO 的数据位宽,该寄存器的定义如表 23.4 所示。

表 23.4　SDIO_CLKCR 寄存器位定义

31	30	29	28	27	26	25	24	23	22	21	20	19	18	17	16
Reserved															

15	14	13	12	11	10	9	8	7	6	5	4	3	2	1	0

HWFC_EN	NEGEDGE		WIDBUS	BYPASS	PWRSAV	CLKEN			CLKDIV					
rw	rw	rw	rw	rw	rw	rw	rw	rw	rw	rw	rw	rw	rw	rw

位 12∶11 WIDBUS 宽总线模式使能位	00：默认总线模式，使用 SDIO_D0 01：4 位宽总线模式，使用 SDIO_D[3∶0] 11：8 位宽总线模式，使用 SDIO_D[7∶0]
位 10 BYPASS 时钟分频器旁路使能位	0：禁止旁路，在驱动 SDIO_CK 输出信号前，根据 CLKDIV 值对 SDIOCLK 进行分频 1：使能旁路，SDIOCLK 直接驱动 SDIO_CK 输出信号
位 8 CLKEN 时钟使能位	0：禁止 SDIO_CK 1：使能 SDIO_CK
位 7∶0 CLKDIV 时钟分频系数	该字段定义输入时钟（SDIOCLK）与输出时钟（SDIO_CK）之间的分频系数：SDIO_CK 频率=SDIOCLK/[CLKDIV+2]

24.1.4.3 SDIO 参数制寄存器(SDIO_ARG)

该寄存器是一个 32 位寄存器,用于存储命令参数,注意,必须在写命令之前先写这个参数寄存器。

24.1.4.4 SDIO 命令响应寄存器(SDIO_RESPCMD)

该寄存器为 32 位,但只有低 6 位有效,用于存储最后收到的命令响应中的命令索引。如果传输的命令响应不包含命令索引,则该寄存器的内容不可预知。

24.1.4.5 SDIO 响应寄存器组(SDIO_RESP1~SDIO_RESP4)

该寄存器组总共由 4 个 32 位寄存器组成,用于存放接收到的卡响应部分信息。如果收到短响应,则数据存放在 SDIO_RESP1 寄存器里面,其他 3 个寄存器没有用到。而如果收到长响应,则依次存放在 SDIO_RESP1~SDIO_RESP4 里面,如表 23.5 所示。

表 23.5 响应类型和 SDIO_RESPx 寄存器

寄存器	短响应	长响应
SDIO_RESP1	卡状态[31∶0]	卡状态[127∶96]
SDIO_RESP2	未使用	卡状态[95∶64]
SDIO_RESP3	未使用	卡状态[63∶32]
SDIO_RESP4	未使用	卡状态[31∶1]0b

24.1.4.6 SDIO 命令寄存器(SDIO_CMD)

该寄存器各位定义如表 23.6 所示。

表 23.6   SDIO_CMD 寄存器位定义

31	30	29	28	27	26	25	24	23	22	21	20	19	18	17	16
Reserved															
15	14	13	12	11	10	9	8	7	6	5	4	3	2	1	0
	CE-ATACMD	nIEN	ENDMDcompl	SDIOSuspend	CPSMEN	WAITPEND	WAITINT	WAITRESP		CMDINDEX					
	rw	rw	rw	rw	rw	rw	rw	rw	rw	rw	rw	rw	rw	rw	rw

位 10 CPSMEN 命令路径状态机使能位	此位置 1,则使能 CPSM
位 7:6 WAITRESP 等待响应位	这些用于配置 CPSM 是否等待响应,将等待哪种类型的响应 00:无响应,但 CMDSENT 标志除外 01:短响应,但 CMDSEND 或 CCRCFAIL 标志除外 10:无响应,但 CMDSENT 标志除外 11:长响应,但 CMDSEND 或 CCRCFAIL 标志除外
位 5:0 CMDINDEX 命令索引	命令索引作为命令消息的一部分发送给卡

24.1.4.7   SDIO 数据定时器寄存器(SDIO_DTIMER)

该寄存器用于存储以卡总线时钟(SDIO_CK)为周期的数据超时时间,一个计数器将从 SDIO_DTIMER 寄存器加载数值,并在数据通道状态机(DPSM)进入 Wait_R 或繁忙状态时进行递减计数,当 DPSM 处在这些状态时,如果计数器减为 0,则设置超时标志。

24.1.4.8   SDIO 数据长度寄存器(SDIO_DLEN)

该寄存器低 25 位有效,用于设置需要传输的数据字节长度。对于块数据传输,该寄存器的数值,必须是数据块长度(通过 SDIO_DCTRL 设置)的倍数。

24.1.4.9   SDIO 数据控制寄存器(SDIO_DCTRL)

该寄存器各位定义如表 23.7 所示。

表 23.7   SDIO_DCTRL 寄存器位定义

31	30	29	28	27	26	25	24	23	22	21	20	19	18	17	16
Reserved															
15	14	13	12	11	10	9	8	7	6	5	4	3	2	1	0
				SDIOEN	RWMOD	RWSTOP	RWSTART	DBLOCKSIZE				DMAEN	DTMODE	DTDIR	DTEN
				rw	rw	rw	rw	rw	rw	rw	rw	rw	rw	rw	rw

位 11 SDIOEN SD I/O 使能功能	如果将该位置 1,则 DPSM 执行特定于 SD I/O 卡的操作
位 10 RWMOD 读取等待模式	0:通过停止 SDIO_D2 进行读取等待控制 1:使用 SDIO_CK 进行读取等待控制
位 9 RWSTOP RWSTOP	读取等待停止 0:如果将 RWSTART 置位 1,则读取等待正在进行中 1:如果将 RWSTART 置位 1,则使能读取等待停止
位 8 RWSTART 读取等待开始	如果将该位置 1,则读取等待操作开始
位 7：4 DBLOCKSIZE 数据块大小	定义在选择了块数据传输模式时数据块的长度 0000:1 字节 1000:256 字节 0001:2 字节 1001:512 字节 0010:4 字节 1010:1 024 字节 0011:8 字节 1011:2 048 字节 0100:16 字节 1100:4 096 字节 0101:32 字节 1101:8 192 字节 0110:64 字节 1110:16 384 字节 0111:128 字节 1111:保留
位 3 DMAEN DMA 使能位	0:禁止 DMA 1:使能 DMA
位 2 DTMODE 数据传输模式选择	0:块数据传输 1:流工 SDIO 多字节数据传输
位 1 DTDIR 数据传输方向选择	0:从控制器到卡 1:从卡到控制器
位 0 DTEN 数据传输使能位	如果 1 写入 DTEN 中,则数据传输开始。根据方向位 DTDIR,如果在传输开始时立即交 RW 置 1 开始,则 DPSM 变为 Wait_R 状态或读取等待状态。在数据传输结束后不需要将使能位清零,但盘面更新 SDIO_DCTRL 以使能新的数据传输

24.1.4.10 状态寄存器(SDIO_STA)

该寄存器各位定义如表 23.8 所示。

表 23.8　SDIO_STA 寄存器位定义

31	30	29	28	27	26	25	24	23	22	21	20	19	18	17	16
				Reserved				CEATAEND	SDIOIT	RXDAVL	TXDAVL	RXFIFOE	TXFIFOE	RXFIFOF	TXFIFOHF
								r	r	r	r	r	r	r	r

15	14	13	12	11	10	9	8	7	6	5	4	3	2	1	0
RXFIFOHF	TXFIFOHE	RXACT	TXACT	CMDACT	DBCKEND	STBITERR	DATAEND	CMDSENT	CMDREND	RXOVERR	TXUNDERR	DTIMEOUT	CTIMEOUT	DCRCFAIL	CCRCFAIL
r	r	r	r	r	r	r	r	r	r	r	r	r	r	r	r

位 23 CEATAEND	针对 CMD61 收到了 CE-ATA 命令完成信号
位 22 SDIOIT	收到了 SDIO 中断
位 21 RXDAVL	接收 FIFO 中有数据可用
位 20 TXDAVL	传输 FIFO 中有数据可用
位 19 RXFIFOE	接收到 FIFO 为空
位 18 TXFIFFOE	发送 FIFO 为空,如果使能了硬件流控制,则 TXFIFOE 信号在 FIFO 包含 2 个字时激活
位 17 RXFIFOF	接收 FIFO 已满,如果使能了硬件流控制,则 RXFIFOF 信号在 FIFO 差 2 个字在变满之前激活
位 16 TXFIFOF	传输 FIFO 已满
位 15 RXFIFOHF	接收 FIFO 半满
位 14 TXFIFOHE	传输 FIFO 半空,至少可以写入 8 个字到 FIFO
位 13 RXACT	数据接收正在进行中
位 12 TXACT	数据传输正在进行中
位 11 CMDACT	命令传输正在进行中
位 10 DBCKEND	已发送/接收数据块(CRC 校验通过)
位 9 STBITERR	在宽总线模式下,并非在所有数据信号上都检测到了起始位
位 8 DATAEND	数据结束(数据计数器 SDIDCOUNT)为零
位 7 CMDSENT	命令已发送(不需要响应)
位 6 CMDREND	已接收命令响应(CRC 校验通过)
位 5 RXOVERR	收到了 FIFO 上溢错误
位 4 TXUNCRCDERR	传输 FIFO 下溢错误
位 3 DTIMEOUT	数据超时
位 2 CTIMEOUT	命令响应超时,命令超时周期为固定值 64 个 SDIO_CK 时钟周期
位 1 DCRCFAIL	已发送/接收数据块(CRC 校验失败)
位 0 CCRCFAIL	已接收命令响应(CRC 校验失败)

24.1.4.11 数据 FIFO 寄存器(SDIO_FIFO)

数据 FIFO 寄存器包括接收和发送 FIFO,由一组连续的 32 个地址上的 32 个寄存器组成,CPU 可以使用 FIFO 读写多个操作数。

23.1.5　SD 卡初始化流程

要实现 SDIO 驱动 SD 卡,最重要的步骤就是 SD 卡的初始化。SD 卡初始化流程如下。

(1)执行卡上电(设置 SDIO_POWER[1:0]=11),上电后发送 CMD0,对卡进行软复位,发送 CMD8 命令,用于区分 SD 卡 2.0。

(2)发送 CMD8 后,发送 CMD55 与 ACMD41 命令,确认卡的操作电压范围,并通过 HCS 位来告诉 SD 卡,主机是否支持高容量卡(SDHC)。

(3)SD 卡在接收到 ACMD41 后,返回判断信息,如果是 2.0 的卡,主机判断是 SDHC 还是 SDSC;如果是 1.x 的卡,则忽略该位。

对于 MMC 卡,在发送 CMD0 后,发送 CMD1(作用同 ACMD41),检查 MMC 卡的 OCR 寄存器,实现 MMC 卡的初始化。

(4)区分了 SD 卡的类型后,发送 CMD2 和 CMD3 命令,用于获得卡 CID 寄存器数据和卡相对地址(RCA)。

(5)在获得卡 RCA 之后,发送 CMD9(带 RCA 参数),获得 SD 卡的 CSD 寄存器内容,从 CSD 寄存器,可以得到 SD 卡的容量和扇区大小等十分重要的信息。

(6)最后通过 CMD7 命令,选中要操作的 SD 卡,即可开始对 SD 卡进行读写操作了。

23.2　硬件设计

本章功能是:开机的时候先初始化 SD 卡,如果 SD 卡初始化完成,则提示 LCD 初始化成功。按下 KEY0,读取 SD 卡扇区 0 的数据,然后通过串口发送到电脑。如果初始化没通过,则在 LCD 上提示初始化失败。同样用 DS0 来指示程序正在运行。

本章用到的硬件资源有:指示灯 DS0,KEY0 按键,串口,TFTLCD 模块,SD 卡。

开发板板载的 SD 卡接口和 STM32F4 的连接关系,如图 23.4 所示。

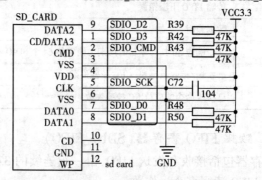

图 23.4　SD 卡接口与 STM32F4 连接原理图

23.3 软件设计

SDIO 的固件库存在于文件 stm32f4xx_sdio.c 以及头文件 stm32f4xx_sdio.h 中。

23.3.1 建立头文件

这里只给出定义框架及主要结构体定义,省略的部分可参阅 stm32f4xx_sdio.h。
建立 sdio_sdcard.h 文件,部分代码如下。

```
#ifndef__SDIO_SDCARD_H
#define__SDIO_SDCARD_H
#include "stm32f4xx.h"

//SDIO 相关标志位
......

#define SDIO_INIT_CLK_DIV        0x76//SDIO 初始化频率,最大 400kHz
#define SDIO_TRANSFER_CLK_DIV    0x00//SDIO 传输频率,该值太小可能会导致读
写文件出错
//SDIO 工作模式定义,通过 SD_SetDeviceMode 函数设置
#define SD_POLLING_MODE    0     //查询模式,该模式下,如果读写有问题,建议增
大 SDIO_TRANSFER_CLK_DIV 的设置
#define SD_DMA_MODE        1     //DMA 模式,该模式下,如果读写有问题,建议
增大 SDIO_TRANSFER_CLK_DIV 的设置

//SDIO 各种错误枚举定义
......

//SD 卡 CSD 寄存器数据
......

//SD 卡 CID 寄存器数据
typedef struct
{
    u8   ManufacturerID;        /*! < ManufacturerID */
    u16  OEM_AppliID;           /*! < OEM/Application ID */
    u32  ProdName1;             /*! < Product Name part1 */
    u8   ProdName2;             /*! < Product Name part2 */
```

```
    u8   ProdRev;                    /*! < Product Revision */
    u32 ProdSN;                      /*! < Product Serial Number */
    u8   Reserved1;                  /*! < Reserved1 */
    u16 ManufactDate;                /*! < Manufacturing Date */
    u8   CID_CRC;                    /*! < CID CRC */
    u8   Reserved2;                  /*! < always 1 */
} SD_CID;
//SD 卡状态
typedef enum
{
    SD_CARD_READY                 = ((uint32_t)0x00000001),
    SD_CARD_IDENTIFICATION        = ((uint32_t)0x00000002),
    SD_CARD_STANDBY               = ((uint32_t)0x00000003),
    SD_CARD_TRANSFER              = ((uint32_t)0x00000004),
    SD_CARD_SENDING               = ((uint32_t)0x00000005),
    SD_CARD_RECEIVING             = ((uint32_t)0x00000006),
    SD_CARD_PROGRAMMING           = ((uint32_t)0x00000007),
    SD_CARD_DISCONNECTED          = ((uint32_t)0x00000008),
    SD_CARD_ERROR                 = ((uint32_t)0x000000FF)
}SDCardState;

//SD 卡信息,包括 CSD、CID 等数据
typedef struct
{
    SD_CSD SD_csd;
    SD_CID SD_cid;
    long long CardCapacity;//SD 卡容量,单位:字节,最大支持 2^64 字节大小的卡
    u32 CardBlockSize;//SD 卡块大小
    u16 RCA;//卡相对地址
    u8 CardType;//卡类型
} SD_CardInfo;
extern SD_CardInfo SDCardInfo;//SD 卡信息

//SDIO 指令集
……


//支持的 SD 卡定义
……
```

```
//SDIO 相关参数定义
……

//CMD8 指令
#define SDIO_SEND_IF_COND              ((u32)0x00000008)

//相关函数定义
……
#endif
```

23.3.2 函数定义

新建文件 sdio_sdcard.c,部分函数代码如下。

```
//初始化 SD 卡
//返回值:错误代码(0,无错误)
SD_Error SD_Init(void)
{
    SD_Error errorstatus = SD_OK;
    GPIO_InitTypeDef  GPIO_InitStructure;
    NVIC_InitTypeDef NVIC_InitStructure;
    RCC_AHB1PeriphClockCmd(RCC_AHB1Periph_GPIOC|RCC_AHB1Periph_GPIOD|
RCC_AHB1Periph_DMA2,ENABLE);//使能 GPIOC,GPIOD DMA2 时钟
    RCC_APB2PeriphClockCmd(RCC_APB2Periph_SDIO,ENABLE);//SDIO 时钟使能

    RCC_APB2PeriphResetCmd(RCC_APB2Periph_SDIO,ENABLE);//SDIO 复位

    GPIO_InitStructure.GPIO_Pin = GPIO_Pin_8|GPIO_Pin_9|GPIO_Pin_10|GPIO_
Pin_11|GPIO_Pin_12//PC8,9,10,11,12 复用功能输出
    GPIO_InitStructure.GPIO_Mode = GPIO_Mode_AF;//复用功能
    GPIO_InitStructure.GPIO_Speed = GPIO_Speed_50MHz;//100M
    GPIO_InitStructure.GPIO_OType = GPIO_OType_PP;
    GPIO_InitStructure.GPIO_PuPd = GPIO_PuPd_UP;//上拉
    GPIO_Init(GPIOC,&GPIO_InitStructure);// PC8,9,10,11,12 复用功能输出

    GPIO_InitStructure.GPIO_Pin =GPIO_Pin_2;
    GPIO_Init(GPIOD,&GPIO_InitStructure);//PD2 复用功能输出
```

```
//引脚复用映射设置
GPIO_PinAFConfig(GPIOC,GPIO_PinSource8,GPIO_AF_SDIO);//PC8,AF12
GPIO_PinAFConfig(GPIOC,GPIO_PinSource9,GPIO_AF_SDIO);
GPIO_PinAFConfig(GPIOC,GPIO_PinSource10,GPIO_AF_SDIO);
GPIO_PinAFConfig(GPIOC,GPIO_PinSource11,GPIO_AF_SDIO);
GPIO_PinAFConfig(GPIOC,GPIO_PinSource12,GPIO_AF_SDIO);
GPIO_PinAFConfig(GPIOD,GPIO_PinSource2,GPIO_AF_SDIO);

RCC_APB2PeriphResetCmd(RCC_APB2Periph_SDIO,DISABLE);//SDIO 结束复位
SDIO_Register_Deinit();//SDIO 外设寄存器设置为默认值

NVIC_InitStructure. NVIC_IRQChannel = SDIO_IRQn;
NVIC_InitStructure. NVIC_IRQChannelPreemptionPriority=0;//抢占优先级 3
NVIC_InitStructure. NVIC_IRQChannelSubPriority = 0;   //响应优先级 3
NVIC_InitStructure. NVIC_IRQChannelCmd = ENABLE;   //IRQ 通道使能
NVIC_Init(&NVIC_InitStructure);//根据指定的参数初始化 VIC 寄存器

errorstatus=SD_PowerON();   //SD 卡上电
if(errorstatus==SD_OK)   errorstatus=SD_InitializeCards();   //初始化 SD 卡
if(errorstatus==SD_OK)   errorstatus=SD_GetCardInfo(&SDCardInfo);//获取卡信息
if(errorstatus==SD_OK)   errorstatus=SD_SelectDeselect((u32)(SDCardInfo. RCA<
<16));//选中 SD 卡
if(errorstatus==SD_OK)   errorstatus=SD_EnableWideBusOperation(SDIO_BusWide_
4b);//4 位宽度,如果是 MMC 卡,则不能用 4 位模式
if((errorstatus==SD_OK)||(SDIO_MULTIMEDIA_CARD==CardType))
{
    //设置时钟频率,SDIO 时钟计算公式:SDIO_CK 时钟=SDIOCLK/[clkdiv+2];
    //其中,SDIOCLK 固定为 48MHz
    SDIO_Clock_Set(SDIO_TRANSFER_CLK_DIV);
    //errorstatus=SD_SetDeviceMode(SD_DMA_MODE);//设置为 DMA 模式
    errorstatus=SD_SetDeviceMode(SD_POLLING_MODE);//设置为查询模式
}
return errorstatus;
}

//初始化所有的卡,并让卡进入就绪状态
//返回值:错误代码
SD_Error SD_InitializeCards(void)
```

```
        SD_Error errorstatus = SD_OK;
        u16 rca = 0x01;
        if (SDIO_GetPowerState( ) = = SDIO_PowerState_OFF) //检查电源状态,确保为上
电状态
        {
            errorstatus = SD_REQUEST_NOT_APPLICABLE;
            return (errorstatus);
        }
        if( SDIO _ SECURE _ DIGITAL _ IO _ CARD! = CardType )//非 SECURE _ DIGITAL _
IO_CARD
        {
            SDIO_CmdInitStructure. SDIO_Argument = 0x0;//发送 CMD2,取得 CID,长响应
            SDIO_CmdInitStructure. SDIO_CmdIndex = SD_CMD_ALL_SEND_CID;
            SDIO_CmdInitStructure. SDIO_Response = SDIO_Response_Long;
            SDIO_CmdInitStructure. SDIO_Wait = SDIO_Wait_No;
            SDIO_CmdInitStructure. SDIO_CPSM = SDIO_CPSM_Enable;
            SDIO_SendCommand(&SDIO_CmdInitStructure);//发送 CMD2,取得 CID,长响应

            errorstatus = CmdResp2Error( );        //等待 R2 响应
            if( errorstatus! =SD_OK)return errorstatus;        //响应错误
            CID_Tab[0]=SDIO→RESP1;
            CID_Tab[1]=SDIO→RESP2;
            CID_Tab[2]=SDIO→RESP3;
            CID_Tab[3]=SDIO→RESP4;
        }
        if( (SDIO_STD_CAPACITY_SD_CARD_V1_1 = =CardType)||
            (SDIO_STD_CAPACITY_SD_CARD_V2_0 = =CardType)||
            (SDIO_SECURE_DIGITAL_IO_COMBO_CARD = =CardType)||
            (SDIO_HIGH_CAPACITY_SD_CARD = =CardType))        //判断卡类型
        {
            SDIO_CmdInitStructure. SDIO_Argument = 0x00;//发送 CMD3,短响应
            SDIO_CmdInitStructure. SDIO_CmdIndex = SD_CMD_SET_REL_ADDR;//CMD3
            SDIO_CmdInitStructure. SDIO_Response = SDIO_Response_Short;//R6
            SDIO_CmdInitStructure. SDIO_Wait = SDIO_Wait_No;
            SDIO_CmdInitStructure. SDIO_CPSM = SDIO_CPSM_Enable;
            SDIO_SendCommand(&SDIO_CmdInitStructure);//发送 CMD3,短响应
```

```
            errorstatus=CmdResp6Error(SD_CMD_SET_REL_ADDR,&rca);//等待 R6 响应
            if(errorstatus！=SD_OK)return errorstatus；      //响应错误
        }
    if(SDIO_MULTIMEDIA_CARD==CardType)
        {
            SDIO_CmdInitStructure.SDIO_Argument = (u32)(rca<<16);//发送 CMD3,短响应
            SDIO_CmdInitStructure.SDIO_CmdIndex = SD_CMD_SET_REL_ADDR;//CMD3
            SDIO_CmdInitStructure.SDIO_Response = SDIO_Response_Short;//R6
            SDIO_CmdInitStructure.SDIO_Wait = SDIO_Wait_No;
            SDIO_CmdInitStructure.SDIO_CPSM = SDIO_CPSM_Enable;
            SDIO_SendCommand(&SDIO_CmdInitStructure);//发送 CMD3,短响应
            errorstatus=CmdResp2Error();         //等待 R2 响应
            if(errorstatus！=SD_OK)return errorstatus；      //响应错误
        }
    if(SDIO_SECURE_DIGITAL_IO_CARD！=CardType)//非 SECURE_DIGITAL_
IO_CARD
        {
            RCA = rca;
            SDIO_CmdInitStructure.SDIO_Argument = (uint32_t)(rca << 16);//发送
CMD9+卡 RCA,取得 CSD,长响应
            SDIO_CmdInitStructure.SDIO_CmdIndex = SD_CMD_SEND_CSD;
            SDIO_CmdInitStructure.SDIO_Response = SDIO_Response_Long;
            SDIO_CmdInitStructure.SDIO_Wait = SDIO_Wait_No;
            SDIO_CmdInitStructure.SDIO_CPSM = SDIO_CPSM_Enable;
            SDIO_SendCommand(&SDIO_CmdInitStructure);

            errorstatus=CmdResp2Error();         //等待 R2 响应
            if(errorstatus！=SD_OK)return errorstatus；      //响应错误

            CSD_Tab[0]=SDIO→RESP1;
            CSD_Tab[1]=SDIO→RESP2;
            CSD_Tab[2]=SDIO→RESP3;
            CSD_Tab[3]=SDIO→RESP4;
        }
    return SD_OK;//卡初始化成功
}


//SD 卡读取一个块
```

```
//buf:读数据缓存区(必须4字节对齐)
//addr:读取地址
//blksize:块大小
SD_Error SD_ReadBlock(u8 * buf,long long addr,u16 blksize)
{
    SD_Error errorstatus = SD_OK;
    u8 power;
    u32 count = 0, * tempbuff = (u32 * )buf;//转换为u32指针
    u32 timeout = SDIO_DATATIMEOUT;
    if(NULL == buf)return SD_INVALID_PARAMETER;
    SDIO→DCTRL = 0x0;//数据控制寄存器清零(关DMA)
    if(CardType == SDIO_HIGH_CAPACITY_SD_CARD)//大容量卡
    {
        blksize = 512;
        addr>>= 9;
    }
    SDIO_DataInitStructure.SDIO_DataBlockSize = 0;//清除DPSM状态机配置
    SDIO_DataInitStructure.SDIO_DataLength = 0;
    SDIO_DataInitStructure.SDIO_DataTimeOut = SD_DATATIMEOUT;
    SDIO_DataInitStructure.SDIO_DPSM = SDIO_DPSM_Enable;
    SDIO_DataInitStructure.SDIO_TransferDir = SDIO_TransferDir_ToCard;
    SDIO_DataInitStructure.SDIO_TransferMode = SDIO_TransferMode_Block;
    SDIO_DataConfig(&SDIO_DataInitStructure);

    if(SDIO→RESP1&SD_CARD_LOCKED)return SD_LOCK_UNLOCK_FAILED;//卡锁了
    if((blksize>0)&&(blksize<= 2048)&&((blksize&(blksize-1))== 0))
    {
        power = convert_from_bytes_to_power_of_two(blksize);

        SDIO_CmdInitStructure.SDIO_Argument =    blksize;
                        //发送CMD16+设置数据长度为blksize,短响应
        SDIO_CmdInitStructure.SDIO_CmdIndex = SD_CMD_SET_BLOCKLEN;
        SDIO_CmdInitStructure.SDIO_Response = SDIO_Response_Short;
        SDIO_CmdInitStructure.SDIO_Wait = SDIO_Wait_No;
        SDIO_CmdInitStructure.SDIO_CPSM = SDIO_CPSM_Enable;
        SDIO_SendCommand(&SDIO_CmdInitStructure);

        errorstatus = CmdResp1Error(SD_CMD_SET_BLOCKLEN);//等待R1响应
```

```
        if(errorstatus!=SD_OK)return errorstatus;        //响应错误
    } else return SD_INVALID_PARAMETER;

SDIO_DataInitStructure.SDIO_DataBlockSize = power<<4;;//清除 DPSM 状态机配置
SDIO_DataInitStructure.SDIO_DataLength = blksize;
SDIO_DataInitStructure.SDIO_DataTimeOut = SD_DATATIMEOUT;
SDIO_DataInitStructure.SDIO_DPSM = SDIO_DPSM_Enable;
SDIO_DataInitStructure.SDIO_TransferDir = SDIO_TransferDir_ToSDIO;
SDIO_DataInitStructure.SDIO_TransferMode = SDIO_TransferMode_Block;
SDIO_DataConfig(&SDIO_DataInitStructure);

SDIO_CmdInitStructure.SDIO_Argument =  addr;//发送 CMD17+从 addr 地址读取
数据,短响应
SDIO_CmdInitStructure.SDIO_CmdIndex = SD_CMD_READ_SINGLE_BLOCK;
SDIO_CmdInitStructure.SDIO_Response = SDIO_Response_Short;
SDIO_CmdInitStructure.SDIO_Wait = SDIO_Wait_No
SDIO_CmdInitStructure.SDIO_CPSM = SDIO_CPSM_Enable;
SDIO_SendCommand(&SDIO_CmdInitStructure);

errorstatus=CmdResp1Error(SD_CMD_READ_SINGLE_BLOCK);//等待 R1 响应
if(errorstatus!=SD_OK)return errorstatus;        //响应错误
if(DeviceMode==SD_POLLING_MODE)        //查询模式,轮询数据
    {
        INTX_DISABLE();//关闭总中断(POLLING 模式,严禁中断打断 SDIO 读写操作)
        while(!(SDIO→STA&((1<<5)|(1<<1)|(1<<3)|(1<<10)|(1<<9))))
                        //无上溢/CRC/超时/完成(标志)/起始位错误
        {
            if(SDIO_GetFlagStatus(SDIO_FLAG_RXFIFOHF)!=RESET)//接收区
半满,表示至少存了 8 个字
            {
                for(count=0;count<8;count++)    //循环读取数据
                { *(tempbuff+count)=SDIO→FIFO;    }
                tempbuff+=8;
                timeout=0X7FFFF;
            }else    //处理超时
            {
                if(timeout==0)return SD_DATA_TIMEOUT;
                timeout--;
```

```
        }
    }
    if( SDIO_GetFlagStatus(SDIO_FLAG_DTIMEOUT)! = RESET)//数据超时错误
    {
        SDIO_ClearFlag(SDIO_FLAG_DTIMEOUT);//清错误标志
        return SD_DATA_TIMEOUT;
    } else if (SDIO_GetFlagStatus(SDIO_FLAG_DCRCFAIL)! = RESET)//数据块
```
CRC 错误
```
    {
        SDIO_ClearFlag(SDIO_FLAG_DCRCFAIL);   //清错误标志
        return SD_DATA_CRC_FAIL;
    } else if(SDIO_GetFlagStatus(SDIO_FLAG_RXOVERR)! = RESET)//接收
```
FIFO 上溢错误
```
    {
        SDIO_ClearFlag(SDIO_FLAG_RXOVERR);   //清错误标志
        return SD_RX_OVERRUN;
    } else if(SDIO_GetFlagStatus(SDIO_FLAG_STBITERR)! = RESET)//接收起
```
始位错误
```
    {
        SDIO_ClearFlag(SDIO_FLAG_STBITERR);//清错误标志
        return SD_START_BIT_ERR;
    }
    while(SDIO_GetFlagStatus(SDIO_FLAG_RXDAVL)! = RESET)//FIFO 还存在
```
可用数据
```
    {
        * tempbuff=SDIO→FIFO;//循环读取数据
        tempbuff++;
    }
    INTX_ENABLE();//开启总中断
    SDIO_ClearFlag(SDIO_STATIC_FLAGS);//清除所有标记
} else if(DeviceMode = =SD_DMA_MODE)
{
    TransferError = SD_OK;   StopCondition = 0;   //单块读,不需要发送停止传输
```
指令
```
    TransferEnd=0;       //传输结束标置位,在中断服务置 1
    SDIO→MASK| =(1<<1)|(1<<3)|(1<<8)|(1<<5)|(1<<9);//配置需要的
```
中断
```
    SDIO→DCTRL| =1<<3;       //SDIO DMA 使能
```

```
        SD_DMA_Config((u32 * )buf,blksize,DMA_DIR_PeripheralToMemory);
         while (((DMA _ GetFlagStatus ( DMA2 _ Stream3, DMA _ FLAG _ TCIF3 ) = =
RESET)&&
         ( TransferEnd = = 0)&&( TransferError = = SD_OK)&&timeout) timeout--;//等待
传输完成
        if( timeout = = 0) return SD_DATA_TIMEOUT;//超时
        if( TransferError !  = SD_OK) errorstatus = TransferError;
    }
    return errorstatus;
}


//读 SD 卡
//buf:读数据缓存区
//sector:扇区地址
//cnt:扇区个数
//返回值:错误状态(0 为正常,其他为错误代码)
u8 SD_ReadDisk( u8 * buf,u32 sector,u8 cnt)
{
    u8 sta = SD_OK;
    long long lsector = sector;
    u8 n;
    lsector<< = 9;
    if(( u32) buf%4 !  = 0)
    {
        for( n = 0;n<cnt;n++)
        {
            sta = SD_ReadBlock( SDIO_DATA_BUFFER,lsector+512 * n,512);//单扇
区读操作
            memcpy( buf,SDIO_DATA_BUFFER,512);
            buf+ = 512;
        }
    } else
    {
        if( cnt = = 1) sta = SD_ReadBlock( buf,lsector,512);      //单个 sector 的读操作
        else sta = SD_ReadMultiBlocks( buf,lsector,512,cnt);//多个 sector
    }
    return sta;
}
```

```
//写 SD 卡
//buf:写数据缓存区
//sector:扇区地址
//cnt:扇区个数
//返回值:错误状态(0 为正常,其他为错误代码)
u8 SD_WriteDisk(u8 * buf,u32 sector,u8 cnt)
{
    u8 sta = SD_OK;
    u8 n;
    long long lsector = sector;
    lsector<<=9;
    if((u32)buf%4! =0)
    {
        for(n=0;n<cnt;n++)
        {
            memcpy(SDIO_DATA_BUFFER,buf,512);
            sta = SD_WriteBlock(SDIO_DATA_BUFFER,lsector+512 * n,512);//单扇
区写操作
            buf+=512;
        }
    } else
    {
        if(cnt==1)sta=SD_WriteBlock(buf,lsector,512);      //单个 sector 的写操作
        else sta=SD_WriteMultiBlocks(buf,lsector,512,cnt);//多个 sector
    }
    return sta;
}
```

23.3.3 建立主函数

建立 main 函数,在 main 函数里面编写如下代码。

```
//通过串口打印 SD 卡相关信息
void show_sdcard_info(void)
{
    switch(SDCardInfo. CardType)
    {
        case SDIO_STD_CAPACITY_SD_CARD_V1_1: printf("Card Type:SDSC V1. 1\r
\n");break;
```

```c
            case SDIO_STD_CAPACITY_SD_CARD_V2_0: printf("Card Type:SDSC V2.0\r
\n");break;
            case SDIO_HIGH_CAPACITY_SD_CARD: printf("Card Type:SDHC V2.0\r\
n");break;
            case SDIO_MULTIMEDIA_CARD: printf("Card Type:MMC Card\r\n");break;
    }
    printf("Card ManufacturerID:%d\r\n",SDCardInfo.SD_cid.ManufacturerID);//制造
商 ID
    printf("Card RCA:%d\r\n",SDCardInfo.RCA);//卡相对地址
    printf("Card Capacity:%d MB\r\n",(u32)(SDCardInfo.CardCapacity>>20));//显
示容量
    printf("Card BlockSize:%d\r\n\r\n",SDCardInfo.CardBlockSize);//显示块大小
}
int main(void)
{
    u8 key;u8 t=0;u8 *buf;
    u32 sd_size;
    NVIC_PriorityGroupConfig(NVIC_PriorityGroup_2);//设置系统中断优先级分组 2
    delay_init(168);   //初始化延时函数
    uart_init(115200);   //初始化串口波特率为 115 200
    LED_Init();      //初始化 LED
    LCD_Init();      //LCD 初始化
    KEY_Init();       //按键初始化
    my_mem_init(SRAMIN);//初始化内部内存池
    my_mem_init(SRAMCCM);//初始化 CCM 内存池
    POINT_COLOR=RED;//设置字体为红色
    LCD_ShowString(30,50,200,16,16,"Explorer STM32F4");
    LCD_ShowString(30,70,200,16,16,"SD CARD TEST");
    LCD_ShowString(30,90,200,16,16,"ATOM@ ALIENTEK");
    LCD_ShowString(30,110,200,16,16,"2014/5/15");
    LCD_ShowString(30,130,200,16,16,"KEY0:Read Sector 0");
    while(SD_Init())//检测不到 SD 卡
    {
        LCD_ShowString(30,150,200,16,16,"SD Card Error!");delay_ms(500);
        LCD_ShowString(30,150,200,16,16,"Please Check!");delay_ms(500);
        LED0=!LED0;//DS0 闪烁
    }
    show_sdcard_info();//打印 SD 卡相关信息
```

```
POINT_COLOR=BLUE;//设置字体为蓝色
//检测 SD 卡成功
LCD_ShowString(30,150,200,16,16,"SD Card OK        ");
LCD_ShowString(30,170,200,16,16,"SD Card Size：    MB");
LCD_ShowNum(30+13*8,170,SDCardInfo. CardCapacity>>20,5,16);//显示 SD 卡
容量
        while(1)
        {
            key=KEY_Scan(0);
            if(key==KEY0_PRES)//KEY0 按下了
            {
                buf=mymalloc(0,512);   //申请内存
                if(SD_ReadDisk(buf,0,1)==0) //读取 0 扇区的内容
                {
                    LCD_ShowString(30,190,200,16,16,"USART1 Sending Data...");
                    printf("SECTOR 0 DATA:\r\n");
                     for(sd_size=0;sd_size<512;sd_size++) printf("%x ",buf[sd_
size]);//扇区数据
                    printf("\r\nDATA ENDED\r\n");
                    LCD_ShowString(30,190,200,16,16,"USART1 Send Data Over!");
                }
                myfree(0,buf);//释放内存
            }
            t++;
            delay_ms(10);
            if(t==20) { LED0=! LED0;t=0;}
        }
    }
```

这里总共有两个函数,show_sdcard_info 函数用于从串口输出 SD 卡相关信息。而 main
函数,则先初化 SD 卡,初始化成功后,调用 show_sdcard_info 函数,输出 SD 卡相关信息,并在
LCD 上面显示 SD 卡容量,然后进入死循环,如果有按键 KEY0 按下,则通过 SD_ReadDisk 读
取 SD 卡的扇区 0(物理磁盘,扇区 0),并将数据通过串口打印出来。

运行程序,屏幕显示 SD 卡信息,打开串口调试助手,按下 KEY0 能显示从开发板发回来
的数据。不同的 SD 卡,读出来的扇区 0 不尽相同。

24 图片显示控制

本章通过 STM32F4 解码 BMP/JPG/JPEG/GIF 等格式的图片,并在 LCD 上显示出来。

24.1 光敏传感器简介

常用的图片格式有 3 种:JPEG(或 JPG)、BMP 和 GIF。其中 JPEG(或 JPG)和 BMP 是静态图片,而 GIF 则是可以实现动态的图片。

24.1.1 BMP 格式

BMP(全称 Bitmap)是 Windows 操作系统中的标准图像文件格式,文件后缀名为".bmp",使用非常广。它采用位映射存储格式,除了图像深度可选以外,不采用任何压缩,因此,BMP 文件所占用的空间很大,但是没有失真。BMP 文件的图像深度可选 1bit、4bit、8bit、16bit、24bit 及 32bit。BMP 文件存储数据时,图像的扫描方式是按从左到右、从下到上的顺序。

典型的 BMP 图像文件由以下四部分组成。

(1)位图头文件数据结构,它包含 BMP 图像文件的类型、显示内容等信息。

(2)位图信息数据结构,它包含 BMP 图像的宽、高、压缩方法,以及定义颜色等信息。

(3)调色板,这个部分是可选的,有些位图需要调色板,有些位图,如真彩色图(24 位的 BMP)就不需要调色板。

(4)位图数据,这部分的内容根据 BMP 位图使用的位数不同而不同,在 24 位图中直接使用 RGB,且其小于 24 位的使用调色板中颜色索引值。

24.1.2 JPEG 格式

JPEG 格式是最常用的图像文件格式,是一种有损压缩格式,能够将图像压缩在很小的储存空间,图像中重复或不重要的资料会被丢失,因此容易造成图像数据的损伤(BMP 不会,但是 BMP 占用空间大)。JPEG 是一种很灵活的格式,具有调节图像质量的功能,允许用不同的压缩比例对文件进行压缩,支持多种压缩级别,压缩比率通常为 10。

JPEG/JPG 的解码过程如下。

(1)从头文件读出文件的相关信息。

(2)从图像数据流读取一个最小编码单元(MCU),并提取出里边的各个颜色分量单元。

(3)将颜色分量单元从数据流恢复成矩阵数据。

(4)对 8×8 的数据矩阵进一步解码。

(5)颜色系统 YcrCb 向 RGB 转换。

(6)排列整合各个 MCU 的解码数据。

不断读取数据流中的 MCU 并对其解码,直至读完所有 MCU 为止,将各 MCU 解码后的数据正确排列成完整的图像。

24.1.3 GIF 格式

BMP 和 JPEG 这两种图片格式均不支持动态效果,而 GIF 则可以支持动态效果。

GIF(graphics interchange format)是 CompuServe 公司开发的图像文件存储格式,GIF 图像文件以数据块(block)为单位来存储图像的相关信息。一个 GIF 文件由表示图形/图像的数据块、数据子块,以及显示图形/图像的控制信息块组成,称为 GIF 数据流(datastream)。数据流中的所有控制信息块和数据块都必须在文件头(header)和文件结束块(trailer)之间。

GIF 文件格式采用了 LZW(lempel-ziv walch)压缩算法来存储图像数据,定义了允许用户为图像设置背景的透明(transparency)属性。此外,GIF 文件格式可在一个文件中存放多幅彩色图形/图像。如果在 GIF 文件中存放有多幅图,它可以像幻灯片那样显示或者像动画那样演示。

一个 GIF 文件的结构可分为文件头(file header)、GIF 数据流(gif data stream)和文件终结器(trailer)3 个部分。文件头包含 GIF 文件署名(signature)和版本号(version);GIF 数据流由控制标识符、图像块(image block)和其他一些扩展块组成;文件终结器只有一个值为 0x3B 的字符(';'),表示文件结束。

24.2 硬件设计

本章实验功能简介:开机的时候先检测字库,然后检测 SD 卡是否存在,如果 SD 卡存在,则开始查找 SD 卡根目录下的 PICTURE 文件夹,如果找到则显示该文件夹下面的图片文件(支持 bmp、jpg、jpeg 或 gif 格式),循环显示,通过按 KEY0 和 KEY2 快速浏览图片,KEY_UP 按键用于暂停/继续播放,DS1 用于指示当前是否处于暂停状态。如果未找到 PICTURE 文件夹/任何图片文件,则提示错误。用 DS0 来指示程序正在运行。

本节所要用到的硬件资源如下:指示灯 DS0 和 DS1,KEY0、KEY2 和 KEY_UP 三个按键,串口,TFTLCD 模块,SD 卡,SPI FLASH。

24.3 软件设计

24.3.1 建立头文件

建立 piclib.h 文件,编写如下代码。

```
#ifndef__PICLIB_H
#define__PICLIB_H

……//头文件引入

#define PIC_FORMAT_ERR  0x27 //格式错误
```

```
#define PIC_SIZE_ERR    0x28 //图片尺寸错误
#define PIC_WINDOW_ERR 0x29 //窗口设定错误
#define PIC_MEM_ERR    0x11   //内存错误
#ifndef TRUE #define TRUE        1
#endif #ifndef FALSE #define FALSE   0
#endif


//图片显示物理层接口
//在移植的时候,必须由用户自己实现这几个函数
typedef struct
{
    u16( * read_point)(u16,u16);
    //u16 read_point(u16 x,u16 y)读点函数
    void( * draw_point)(u16,u16,u16);
    //void draw_point(u16 x,u16 y,u16 color)画点函数
    void( * fill)(u16,u16,u16,u16,u16);
    ///void fill(u16 sx,u16 sy,u16 ex,u16 ey,u16 color)单色填充函数
    void( * draw_hline)(u16,u16,u16,u16);
    //void draw_hline(u16 x0,u16 y0,u16 len,u16 color) 画水平线函数
    void( * fillcolor)(u16,u16,u16,u16,u16 * );
    //void piclib_fill_color(u16 x,u16 y,u16 width,u16 height,u16 * color) 颜色填充
}_pic_phy;
extern_pic_phy pic_phy;
//图像信息
typedef struct
[
    u16 lcdwidth;   //LCD 的宽度
    u16 lcdheight;   //LCD 的高度
    u32 ImgWidth;    //图像的实际宽度和高度
    u32 ImgHeight;
    u32 Div_Fac;    //缩放系数 (扩大了 8 192 倍的)
    u32 S_Height;    //设定的高度和宽度
    u32 S_Width;
    u32 S_XOFF;       //x 轴和 y 轴的偏移量
    u32 S_YOFF;   u32 staticx;   //当前显示到的 x,y 坐标
    u32 staticy;
}_pic_info;
extern_pic_info picinfo;//图像信息
```

```
void piclib_fill_color(u16 x,u16 y,u16 width,u16 height,u16 * color);
void piclib_init(void);           //初始化画图
u16 piclib_alpha_blend(u16 src,u16 dst,u8 alpha);//alphablend 处理
void ai_draw_init(void);           //初始化智能画图
u8 is_element_ok(u16 x,u16 y,u8 chg);       //判断像素是否有效
u8 ai_load_picfile(const u8 * filename,u16 x,u16 y,u16 width,u16 height,u8 fast);//智
能画图
void * pic_memalloc (u32 size);//pic 申请内存
void pic_memfree (void * mf);//pic 释放内存
#endif
```

24.3.2 函数定义

新建文件 piclib.c,部分函数代码如下。

```
_pic_info picinfo;   //图片信息
_pic_phy pic_phy;    //图片显示物理接口
//lcd.h 没有提供画横线函数,需要自己实现
void piclib_draw_hline(u16 x0,u16 y0,u16 len,u16 color)
{
    if((len==0)||(x0>lcddev.width)||(y0>lcddev.height))return;
    LCD_Fill(x0,y0,x0+len-1,y0,color);
}
//填充颜色
//x,y:起始坐标
//width,height:宽度和高度
// * color:颜色数组
void piclib_fill_color(u16 x,u16 y,u16 width,u16 height,u16 * color)
{
    LCD_Color_Fill(x,y,x+width-1,y+height-1,color);
}
//画图初始化,在画图之前,必须先调用此函数
//指定画点/读点
void piclib_init(void)
{
    pic_phy.read_point=LCD_ReadPoint;   //读点函数实现,仅 BMP 需要
    pic_phy.draw_point=LCD_Fast_DrawPoint;//画点函数实现
    pic_phy.fill=LCD_Fill;       //填充函数实现,仅 GIF 需要
    pic_phy.draw_hline=piclib_draw_hline;  //画线函数实现,仅 GIF 需要
```

```
        pic_phy. fillcolor=piclib_fill_color;        //颜色填充函数实现,仅 TJPGD 需要
        picinfo. lcdwidth=lcddev. width;       //得到 LCD 的宽度像素
        picinfo. lcdheight=lcddev. height;     //得到 LCD 的高度像素
        picinfo. ImgWidth=0;//初始化宽度为 0
        picinfo. ImgHeight=0;//初始化高度为 0
        picinfo. Div_Fac=0;      //初始化缩放系数为 0
        picinfo. S_Height=0;//初始化设定的高度为 0
        picinfo. S_Width=0;      //初始化设定的宽度为 0
        picinfo. S_XOFF=0;//初始化 x 轴的偏移量为 0
        picinfo. S_YOFF=0;//初始化 y 轴的偏移量为 0
        picinfo. staticx=0;      //初始化当前显示到的 x 坐标为 0
        picinfo. staticy=0;      //初始化当前显示到的 y 坐标为 0
    }
    //快速 ALPHA BLENDING 算法
    //src:源颜色
    //dst:目标颜色
    //alpha:透明程度(0~32)
    //返回值:混合后的颜色
    u16 piclib_alpha_blend(u16 src,u16 dst,u8 alpha)
    {
        u32 src2;u32 dst2;
        //Convert to 32bit |-----GGGGGG-----RRRRR------BBBBB|
        src2=((src<<16)|src)&0x07E0F81F;
        dst2=((dst<<16)|dst)&0x07E0F81F;
        //Perform blending R:G:B with alpha in range 0..32
        //Note that the reason that alpha may not exceed 32 is that there are only
        //5bits of space between each R:G:B value,any higher value will overflow
        //into the next component and deliver ugly result.
        dst2=((((dst2-src2) * alpha)>>5)+src2)&0x07E0F81F;
        return (dst2>>16)|dst2;
    }
    //初始化智能画点
    void ai_draw_init(void)
    {
        float temp,temp1;
        temp=(float)picinfo. S_Width/picinfo. ImgWidth;
        temp1=(float)picinfo. S_Height/picinfo. ImgHeight;
        if(temp<temp1)temp1=temp;//取较小的那个
```

```c
        if(temp1>1)temp1=1;
        //使图片处于所给区域的中间
        picinfo. S_XOFF+=(picinfo. S_Width-temp1 * picinfo. ImgWidth)/2;
        picinfo. S_YOFF+=(picinfo. S_Height-temp1 * picinfo. ImgHeight)/2;
        temp1 * =8192;//扩大 8 192 倍
        picinfo. Div_Fac=temp1;
        picinfo. staticx=0xffff;
        picinfo. staticy=0xffff;//放到一个不可能的值上面
    }
}
//判断这个像素是否可以显示
//(x,y):像素原始坐标
//chg:功能变量
//返回值:0 为不需要显示,1 为需要显示
u8 is_element_ok(u16 x,u16 y,u8 chg)
{
    if(x! =picinfo. staticx||y! =picinfo. staticy)
    {
        if(chg==1) { picinfo. staticx=x;picinfo. staticy=y;}
        return 1;
    } else return 0;
}
//智能画图
//FileName:要显示的图片文件    BMP/JPG/JPEG/GIF
//x,y,width,height:坐标及显示区域尺寸
//fast:使能 jpeg/jpg 小图片(图片尺寸小于等于液晶分辨率)快速解码。0 为不使能,1
为使能
//图片在开始和结束的坐标点范围内显示
u8 ai_load_picfile(const u8 * filename,u16 x,u16 y,u16 width,u16 height,u8 fast)
{
    u8 res;//返回值
    u8 temp;
    if((x+width)>picinfo. lcdwidth)return PIC_WINDOW_ERR;//x 坐标超范围了
    if((y+height)>picinfo. lcdheight)return PIC_WINDOW_ERR;//y 坐标超范围了
    //得到显示方框大小
    if(width==0||height==0)return PIC_WINDOW_ERR;//窗口设定错误
    picinfo. S_Height=height;
    picinfo. S_Width=width;
    //显示区域无效
```

```
        if( picinfo. S_Height = = 0 | | picinfo. S_Width = = 0)
        {
                picinfo. S_Height = lcddev. height;
                picinfo. S_Width = lcddev. width;
                return FALSE;
        }
        if( pic_phy. fillcolor = = NULL) fast = 0;//颜色填充函数未实现,不能快速显示
        //显示的开始坐标点
        picinfo. S_YOFF = y;
        picinfo. S_XOFF = x;
        //文件名传递
        temp = f_typetell(( u8 * ) filename) ;//得到文件的类型
        switch( temp)
        {
                case T_BMP :
                        res = stdbmp_decode( filename) ;        //解码 bmp
                        break;
                case T_JPG :
                case T_JPEG :
                        res = jpg_decode( filename, fast) ;    //解码 JPG/JPEG
                        break;
                case T_GIF :
                        res = gif_decode( filename, x, y, width, height) ;//解码 gif
                        break;
                default :
                        res = PIC_FORMAT_ERR;          //非图片格式
                        break;
        }
        return res;
}
//动态分配内存
void * pic_memalloc ( u32 size)
{
        return ( void * ) mymalloc( SRAMIN, size) ;
}
//释放内存
void pic_memfree ( void * mf)
{
```

```
    myfree(SRAMIN,mf);
}
```

24.3.3 建立主函数

建立 main 函数,在 main 函数里面编写如下代码。

```
//得到 path 路径下,目标文件的总个数
//path:路径
//返回值:总有效文件数
u16 pic_get_tnum(u8 * path)
{
    u8 res;u16 rval=0;
    DIR tdir;        //临时目录
    FILINFO tfileinfo;//临时文件信息
    u8 * fn;
    res=f_opendir(&tdir,(const TCHAR * )path);  //打开目录
    tfileinfo. lfsize = _MAX_LFN * 2+1;        //长文件名最大长度
    tfileinfo. lfname = mymalloc(SRAMIN,tfileinfo. lfsize);//为长文件缓存区分配内存
    if(res= =FR_OK&&tfileinfo. lfname! =NULL)
    {
        while(1)//查询总的有效文件数
        {
            res=f_readdir(&tdir,&tfileinfo);        //读取目录下的一个文件
            if(res! =FR_OK||tfileinfo. fname[0]= =0) break;//错误了/到末尾了,
退出
            fn=(u8 * )( * tfileinfo. lfname? tfileinfo. lfname:tfileinfo. fname);
            res=f_typetell(fn);
            if((res&0XF0)= =0X50) rval++;//取高4位,判断是否为图片文件,是则
加1
        }
    }
    return rval;
}
int main(void)
{
    u8 res;u8 t;
    u16 temp;
    DIR picdir;        //图片目录
```

```
FILINFO picfileinfo;//文件信息
u8 * fn;         //长文件名
u8 * pname;     //带路径的文件名
u16 totpicnum;    //图片文件总数
u16 curindex;     //图片当前索引
u8 key;         //键值
u8 pause = 0;    //暂停标记
u16 * picindextbl;  //图片索引表
NVIC_PriorityGroupConfig(NVIC_PriorityGroup_2);//设置系统中断优先级分组2
delay_init(168);    //初始化延时函数
uart_init(115200);   //初始化串口波特率为115 200
LED_Init();         //初始化 LED
usmart_dev. init(84);   //初始化 USMART
LCD_Init();         //LCD 初始化
KEY_Init();         //按键初始化
W25QXX_Init();    //初始化 W25Q128
my_mem_init(SRAMIN);//初始化内部内存池
my_mem_init(SRAMCCM);//初始化 CCM 内存池
exfuns_init();       //为 fatfs 相关变量申请内存
f_mount(fs[0],"0:",1);   //挂载 SD 卡
f_mount(fs[1],"1:",1);   //挂载 FLASH
POINT_COLOR = RED;
while(font_init())     //检查字库
{
    LCD_ShowString(30,50,200,16,16," Font Error!");delay_ms(200);
    LCD_Fill(30,50,240,66,WHITE);delay_ms(200);//清除显示
}
Show_Str(30,50,200,16,"Explorer STM32F4 开发板",16,0);
Show_Str(30,70,200,16,"图片显示程序",16,0);
Show_Str(30,90,200,16,"KEY0:NEXT KEY2:PREV",16,0);
Show_Str(30,110,200,16,"WK_UP:PAUSE",16,0);
Show_Str(30,130,200,16,"正点原子@ ALIENTEK",16,0);
Show_Str(30,150,200,16,"2014 年 5 月 15 日",16,0);
while(f_opendir(&picdir,"0:/PICTURE"))//打开图片文件夹
{
    Show_Str(30,170,240,16,"PICTURE 文件夹错误!",16,0);delay_ms(200);
    LCD_Fill(30,170,240,186,WHITE);delay_ms(200);//清除显示
}
```

```
totpicnum = pic_get_tnum("0:/PICTURE");//得到总有效文件数
while(totpicnum == NULL)//图片文件为 0
{
    Show_Str(30,170,240,16,"没有图片文件!",16,0);delay_ms(200);
    LCD_Fill(30,170,240,186,WHITE);delay_ms(200);//清除显示
}
picfileinfo.lfsize = _MAX_LFN * 2+1;       //长文件名最大长度
picfileinfo.lfname = mymalloc(SRAMIN,picfileinfo.lfsize);//长文件缓存区分配内存
pname = mymalloc(SRAMIN,picfileinfo.lfsize);//为带路径的文件名分配内存
picindextbl = mymalloc(SRAMIN,2 * totpicnum);//申请内存,用于存放图片索引
while(picfileinfo.lfname == NULL || pname == NULL || picindextbl == NULL)//分配
出错
{
    Show_Str(30,170,240,16,"内存分配失败!",16,0);delay_ms(200);
    LCD_Fill(30,170,240,186,WHITE);delay_ms(200);//清除显示
}
//记录索引
res = f_opendir(&picdir,"0:/PICTURE");//打开目录
if(res == FR_OK)
{
    curindex = 0;//当前索引为 0
    while(1)//全部查询一遍
    {
        temp = picdir.index;           //记录当前 index
        res = f_readdir(&picdir,&picfileinfo);        //读取目录下的一个文件
        if(res! = FR_OK||picfileinfo.fname[0] == 0)break;//错误了/到末尾了,
退出
        fn = (u8 *)(* picfileinfo.lfname? picfileinfo.lfname:picfileinfo.fname);
        res = f_typetell(fn);
        if((res&0XF0) == 0X50)//取高 4 位,看是否为图片文件
        {
            picindextbl[curindex] = temp;//记录索引
            curindex++;
        }
    }
}
Show_Str(30,170,240,16,"开始显示...",16,0);
delay_ms(1500);
```

```
    piclib_init();              //初始化画图
    curindex=0;                 //从 0 开始显示
    res=f_opendir(&picdir,(const TCHAR *)"0:/PICTURE");   //打开目录
    while(res= =FR_OK)//打开成功
    {
        dir_sdi(&picdir,picindextbl[curindex]);       //改变当前目录索引
        res=f_readdir(&picdir,&picfileinfo);           //读取目录下的一个文件
        if(res! =FR_OK||picfileinfo.fname[0]= =0)break;  //错误了/到末尾了,则
退出
        fn=(u8 *)(*picfileinfo.lfname? picfileinfo.lfname:picfileinfo.fname);
        strcpy((char *)pname,"0:/PICTURE/");          //复制路径(目录)
        strcat((char *)pname,(const char *)fn);        //将文件名接在后面
        LCD_Clear(BLACK);
        ai_load_picfile(pname,0,0,lcddev.width,lcddev.height,1);//显示图片
        Show_Str(2,2,240,16,pname,16,1);            //显示图片名字
        t=0;
        while(1)
        {
            key=KEY_Scan(0);   //扫描按键
            if(t>250)key=1;    //模拟一次按下 KEY0
            if((t%20)= =0)LED0=! LED0;//LED0 闪烁,提示程序正在运行
            if(key= =KEY2_PRES)   //上一张
            {
                if(curindex)curindex--;
                else curindex=totpicnum-1;
                break;
            }else if(key= =KEY0_PRES)//下一张
            {
                curindex++;
                if(curindex>=totpicnum)curindex=0;//到末尾的时候,自动从头开始
                break;
            }else if(key= =WKUP_PRES){pause=! pause;LED1=! pause;}//暂停
            if(pause= =0)t++;
            delay_ms(10);
        }
        res=0;
    }
    myfree(SRAMIN,picfileinfo.lfname);//释放内存
```

```
        myfree(SRAMIN,pname);    //释放内存
        myfree(SRAMIN,picindextbl);    //释放内存
}
```

设计前在 SD 卡根目录下要建一个 PICTURE 的文件夹,用来存放 JPEG、JPG、BMP 或 GIF 等格式的图片。

运行程序,可以看到 LCD 开始显示图片,按 KEY0 和 KEY2 可以快速切换到下一张或上一张,KEY_UP 按键可以暂停自动播放,同时 DS1 亮,指示处于暂停状态,再按一次 KEY_UP 则继续播放。

图
片
显
示
控
制

307

25 音频输出控制

本章将利用开发板实现一个简单的音乐播放器(仅支持 WAV 播放)。

25.1 WAV & WM8978&I2S 简介

25.1.1 WAV 简介

WAV 即 WAVE 文件,WAV 是计算机领域最常用的数字化音频文件格式之一,它是微软专门为 Windows 系统定义的波形文件格式(waveform audio),其扩展名为"*.wav",符合 RIFF(resource interchange file format)文件规范,用于保存 Windows 平台的音频信息资源。该格式支持 MSADPCM、CCITT A LAW 等多种压缩运算法,支持多种音频数字、取样频率和声道,标准格式化的 WAV 文件和 CD 格式一样,也是 44.1K 的取样频率、16 位量化数字,因此其音频文件质量和 CD 相差无几。

WAV 一般采用线性 PCM(脉冲编码调制)编码。

WAV 是由若干个 Chunk 组成的。按照在文件中的出现位置包括:RIFF WAVE Chunk、Format Chunk、Fact Chunk(可选)和 Data Chunk。每个 Chunk 由块标识符、数据大小和数据 3 部分组成,如表 25.1 所示。

表 25.1　Chunk 结构示意图

块的标志符(4BYTES)
数据大小(4BYTES)
数据

其中块标识符由 4 个 ASCII 码构成,数据大小则标出后面数据的长度(单位为字节)。

25.1.1.1　RIFF 块(riff wave chunk)

该块以"RIFF"作为标示,紧跟 wav 文件大小(该大小是 wav 文件的总大小−8),然后数据段为"WAVE",表示是 wav 文件。

25.1.1.2　Format 块(format chunk)

该块以"fmt"作为标示(注意有个空格),一般情况下,该段的大小为 16 个字节,但是有些软件生成的 wav 格式,该部分可能有 18 个字节,含有 2 个字节的附加信息。

25.1.1.3　Fact 块(fact chunk)

该块为可选块,以"fact"作为标示,不是每个 WAV 文件都有,在非 PCM 格式的文件中,一般会在 Format 结构后面加入一个 Fact 块。

25.1.1.4　数据块(data chunk)

该块是真正保存 wav 数据的地方,以"data"作为该 Chunk 的标示,然后是数据的大小。

308

根据 Format Chunk 中的声道数以及采样 bit 数,wav 数据的 bit 位置可以分成如表 25.2 所示的几种形式。

表 25.2　WAVE 文件数据采样格式

单声道	取样 1	取样 2	取样 3	取样 4	取样 5	取样 6
8 位量化	声道 0	声道 0	声道 0	声道 0	声道 0	声道 0
双声道	取样 1		取样 2		取样 3	
8 位量化	声道 0(左)	声道 1(右)	声道 0(左)	声道 1(右)	声道 0(左)	声道 1(右)
单声道	取样 1		取样 2		取样 3	
16 位量化	声道 0 (低字节)	声道 0 (高字节)	声道 0 (低字节)	声道 0 (高字节)	声道 0 (低字节)	声道 0 (高字节)
双声道	取样 1				取样 2	
16 位量化	声道 0 (低字节)	声道 0 (高字节)	声道 1 (低字节)	声道 1 (高字节)	声道 0 (低字节)	声道 0 (高字节)
单声道	取样 1			取样 2		
24 位量化	声道 0 (低字节)	声道 0 (中字节)	声道 0 (高字节)	声道 0 (低字节)	声道 0 (中字节)	声道 0 (高字节)
双声道	取样 1					
24 位量化	声道 0 (低字节)	声道 0 (中字节)	声道 0 (高字节)	声道 1 (低字节)	声道 1 (中字节)	声道 1 (高字节)

25.1.2　WM8978 简介

WM8978 是欧胜(Wolfson)推出的一款全功能音频处理器。它带有一个 HI-FI 级数字信号处理内核,支持增强 3D 硬件环绕音效,以及 5 频段的硬件均衡器,一个可编程的陷波滤波器,用以去除屏幕开、切换等噪声。

WM8978 集成了对麦克风的支持,提供高达 900mW 的高质量音响效果扬声器功率。

WM8988 的主要特性如下。

- I2S 接口,支持最高 192K,24bit 音频播放。
- DAC 信噪比 98dB;ADC 信噪比 90dB。
- 支持无电容耳机驱动(提供 40mW@16Ω 的输出能力)。
- 支持扬声器输出(提供 0.9W@8Ω 的驱动能力)。
- 支持立体声差分输入/麦克风输入。
- 支持左右声道音量独立调节。
- 支持 3D 效果,支持 5 路 EQ 调节。

WM8978 通过 I2S 接口(即数字音频接口)同 MCU 进行音频数据传输(支持音频接收和发送)。WM8978 的 I2S 接口,由以下 4 个引脚组成。

- ADCDAT:ADC 数据输出。
- DACDAT:DAC 数据输入。
- LRC:数据左/右对齐时钟。
- BCLK:位时钟,用于同步。

WM8978 可作为 I2S 主机,输出 LRC 和 BLCK 时钟,一般使用 WM8978 作为从机,接收 LRC 和 BLCK。另外,WM8978 的 I2S 接口支持 5 种不同的音频数据模式:左(MSB)对齐标准、右(LSB)对齐标准、飞利浦(I2S)标准、DSP 模式 A 和 DSP 模式 B。

飞利浦标准模式的 I2S 数据传输协议如图 25.1 所示。

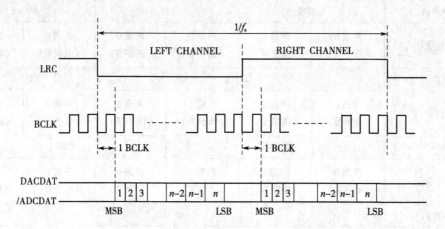

图 25.1　飞利浦标准模式 I2S 数据传输图

图中 f_s 即音频信号的采样率,如 44.1kHz,因此,LRC 的频率就是音频信号的采样率。另外,WM8978 还需要一个 MCLK,MCLK 的频率必须等于 $256f_s$,也就是音频采样率的 256 倍。

WM8978 的引脚如图 25.2 所示。

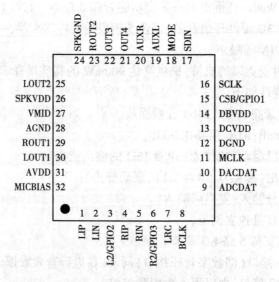

图 25.2　WM8978 引脚图

本章通过 I2C 接口(MODE=0)连接 WM8978,WM8978 的 I2C 接口比较特殊:只支持写数据,不支持读数据;寄存器长度为 7 位,数据长度为 9 位;寄存器字节的最低位用于传输数据的最高位(也就是 9 位数据的最高位,7 位寄存器的最低位)。WM8978 的 I2C 地址固定为:0X1A。

要正常使用 WM8978 来播放音乐,应该执行的配置如下。

25.1.2.1　寄存器 R0(00h)

该寄存器用于控制 WM8978 的软复位,写任意值到该寄存器地址,即可实现软复位 WM8978。

25.1.2.2　寄存器 R1(01h)

该寄存器主要要设置 BIASEN(bit3),该位设置为 1,模拟部分的放大器才会工作,才可以听到声音。

25.1.2.3　寄存器 R2(02h)

该寄存器要设置 ROUT1EN(bit8),LOUT1EN(bit7)和 SLEEP(bit6)等 3 个位,ROUT1EN 和 LOUT1EN 设置为 1,使能耳机输出,SLEEP 设置为 0,进入正常工作模式。

25.1.2.4　寄存器 R3(03h)

该寄存器要设置 LOUT2EN(bit6),ROUT2EN(bit5),RMIXER(bit3),LMIXER(bit2),DACENR(bit1)和 DACENL(bit0)等 6 个位。LOUT2EN 和 ROUT2EN 设置为 1,使能喇叭输出;LMIXER 和 RMIXER 设置为 1,使能左右声道混合器;DACENL 和 DACENR 使能左右声道的 DAC,必须设置为 1。

25.1.2.5　寄存器 R4(04h)

该寄存器设置 WL(bit6:5)和 FMT(bit4:3)等 4 个位。WL(bit6:5)用于设置字长(即设置音频数据有效位数),00 表示 16 位音频,10 表示 24 位音频;FMT(bit4:3)用于设置 I2S 音频数据格式(模式),一般设置为 10,表示 I2S 格式,即飞利浦模式。

25.1.2.6　寄存器 R6(06h)

该寄存器全部设置为 0,设置 MCLK 和 BCLK 都来自外部,即由 STM32F4 提供。

25.1.2.7　寄存器 R10(0Ah)

该寄存器设置 SOFTMUTE(bit6)和 DACOSR128(bit3)等两个位,SOFTMUTE 设置为 0,关闭软件静音;DACOSR128 设置为 1,DAC 得到最好的 SNR。

25.1.2.8　寄存器 R43(2Bh)

该寄存器设置 INVROUT2 为 1 即可,反转 ROUT2 输出,更好地驱动喇叭。

25.1.2.9　寄存器 R49(31h)

该寄存器设置 SPKBOOST(bit2)和 TSDEN(bit1)这两个位。SPKBOOST 用于设置喇叭的增益,默认设置为 0,如想获得更大的声音,设置为 1(gain=+1.5)即可;TSDEN 用于设置过热保护,设置为 1(开启)即可。

25.1.2.10　寄存器 R50(32h)和 R51(33h)

这两个寄存器设置类似,一个用于设置左声道(R50),另外一个用于设置右声道(R51)。

设置这两个寄存器的最低位为 1 即可,将左右声道的 DAC 输出接入左右声道混合器里面,才能听到音乐。

25.1.2.11　寄存器 R52(34h)和 R53(35h)

这两个寄存器用于设置耳机音量,同样一个用于设置左声道(R52),另外一个用于设置右声道(R53)。这两个寄存器的最高位(HPVU)用于设置是否更新左右声道的音量,最低 6 位用于设置左右声道的音量,先设置好两个寄存器的音量值,最后设置其中一个寄存器最高位为 1,即可更新音量设置。

25.1.2.12　寄存器 R54(36h)和 R55(37h)

这两个寄存器用于设置喇叭音量,同 R52、R53 设置相同。

25.1.3　I2S 简介

25.1.3.1　I2S 简介

I2S 总线,又称集成电路内置音频总线,是飞利浦公司为数字音频设备之间的音频数据传输而制定的一种总线标准,该总线用于音频设备之间的数据传输,广泛应用于各种多媒体系统。它采用了沿独立的导线传输时钟与数据信号的设计,通过将数据和时钟信号分离,避免了因时差诱发的失真,为用户节省了购买抵抗音频抖动的专业设备的费用。

STM32F4 自带两个全双工 I2S 接口,其特点如下。

- 支持全双工/半双工通信。
- 主持主/从模式设置。
- 8 位可编程线性预分频器,可实现精确的音频采样频率(8~192kHz)。
- 支持 16 位/24 位/32 位数据格式。
- 数据包帧固定为 16 位(仅 16 位数据帧)或 32 位(可容纳 16/24/32 位数据帧)。
- 可编程时钟极性。
- 支持 MSB 对齐(左对齐)、LSB 对齐(右对齐)、飞利浦标准和 PCM 标准等 I2S 协议。
- 支持 DMA 数据传输(16 位宽)。
- 数据方向固定位 MSB 在前。
- 支持主时钟输出(固定为 $256 \times f_s$,f_s 即音频采样率)。

STM32F4 的 I2S 框图如图 25.3 所示。

STM32F4 的 I2S 是与 SPI 部分共用的,通过设置 SPI_I2SCFGR 寄存器的 I2SMOD 位即可开启 I2S 功能,I2S 接口使用了几乎与 SPI 相同的引脚、标志和中断。

I2S 用到的信号如下。

(1)SD:串行数据(映射到 MOSI 引脚)。用于发送或接收两个时分复用的数据通道上的数据(仅半双工模式)。

(2)WS:字选择(映射到 NSS 引脚)。WS 即帧时钟,用于切换左右声道的数据。WS 频率等于音频信号采样率(f_s)。

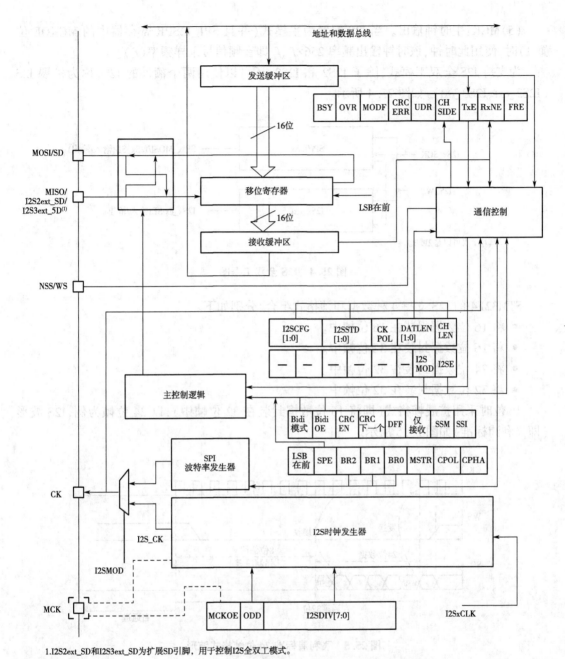

地址和数据总线

发送缓冲区

| BSY | OVR | MODF | CRC ERR | UDR | CH SIDE | TxE | RxNE | FRE |

MOSI/SD

MISO/ I2S2ext_SD/ I2S3ext_5D(1)

16位

移位寄存器

LSB在前

通信控制

16位

接收缓冲区

NSS/WS

| I2SCFG [1:0] | I2SSTD [1:0] | CK POL | DATLEN [1:0] | CH LEN |
| — | — | — | — | — | — | I2S MOD | I2SE |

主控制逻辑

| Bidi 模式 | Bidi OE | CRC EN | CRC 下一个 | DFF | 仅接收 | SSM | SSI |
| LSB 在前 | SPE | BR2 | BR1 | BR0 | MSTR | CPOL | CPHA |

SPI 波特率发生器

CK

I2S_CK

I2S时钟发生器

I2SMOD

MCK

| MCKOE | ODD | I2SDIV[7:0] |

I2SxCLK

1.I2S2ext_SD和I2S3ext_SD为扩展SD引脚,用于控制I2S全双工模式。

图 25.3　I2S 框图

(3)CK:串行时钟(映射到 SCK 引脚)。CK 即位时钟,是主模式下的串行时钟输出以及从模式下的串行时钟输入。CK 频率=WS 频率(f_s)×2×16(16 位宽),如果是 32 位宽,则是 CK 频率=WS 频率(f_s)×2×32(32 位宽)。

(4)I2S2ext_SD 和 I2S3ext_SD。用于控制 I2S 全双工模式的附加引脚(映射到 MISO 引脚)。

（5）MCK：主时钟输出。当 I2S 配置为主模式（并且 SPI_I2SPR 寄存器中的 MCKOE 位置 1）时，使用此时钟，该时钟输出频率 $256 \times f_s$，f_s 即音频信号采样频率（f_s）。

为支持 I2S 全双工模式，除了 I2S2 和 I2S3，还可以使用两个额外的 I2S，称为扩展 I2S（I2S2_ext、I2S3_ext），如图 25.4 所示。

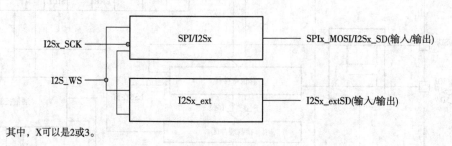

其中，X 可以是 2 或 3。

图 25.4   I2S 全双工框图

STM32F4 的 I2S 支持 4 种数据和帧格式组合，分别如下。

- 将 16 位数据封装在 16 位帧中。
- 将 16 位数据封装在 32 位帧中。
- 将 24 位数据封装在 32 位帧中。
- 将 32 位数据封装在 32 位帧中。

16 位时采用扩展帧格式（即将 16 位数据封装在 32 位帧中），以 24 位帧为例，I2S 波形（即飞利浦标准）如图 25.5 所示。

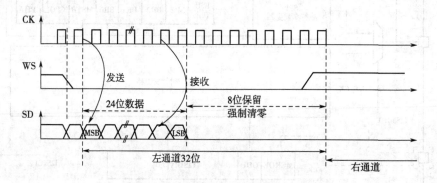

图 25.5   飞利浦标准 24 位帧格式波形

在 24 位模式下数据传输，需要对 SPI_DR 执行两次读取或写入操作。例如，要发送 0X8EAA33 这个数据，就要分两次写入 SPI_DR，第一次写入 0X8EAA，第二次写入 0X33xx（xx 可以为任意数值），这样就把 0X8EAA33 发送出去了。

SD 卡读取到的 24 位 WAV 数据流，是低字节在前，高字节在后的。例如，读到一个声道的数据（24bit），存储在 buf[3] 里面，那么要通过 SPI_DR 发送这个 24 位数据，过程如下。

$$SPI\_DR = ((u16)buf[2] << 8) + buf[1];$$
$$SPI\_DR = (u16)buf[0] << 8;$$

这样,第一次发送高 16 位数据,第二次发送低 8 位数据,即可完成一次 24bit 数据的发送。

25.1.3.2 I2S 时钟发生器

STM32F4 的 I2S 时钟发生器架构如图 25.6 所示。

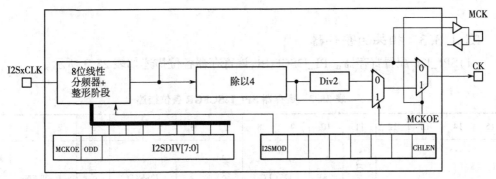

其中,X可以是2或3。

图 25.6 I2S 时钟发生器架构

STM32F4 的 I2S 时钟发生器根据音频采样率(f_s,即 CK 的频率)计算各个分频器的值,常用的音频采样率有:22.05kHz、44.1kHz、48kHz、96kHz、196kHz 等。当 MCK 输出使能时,f_s频率计算公式如下。

$$f_s = I2SxCLK / [256 \times (2 \times I2SDIV + ODD)]$$

其中:I2SxCLK = (HSE/pllm)×PLLI2SN/PLLI2SR。HSE = 8MHz,pllm = 8,得计算公式如下。

$$f_s = (1\,000 \times PLLI2SN / PLLI2SR) / [256 \times (2 \times I2SDIV + ODD)]$$

f_s 的单位是 kHz。其中:PLL2SN 取值范围为 192～432;PLLI2SR 取值范围为 2～7;I2SDIV 取值范围为 2～255;ODD 取值范围为 0/1。

如果要通过程序去计算这些系数的值,要事先计算好常用 f_s 对应的系数值,常用 f_s 对应系数如下。

```
//表格式:采样率/10,PLLI2SN,PLLI2SR,I2SDIV,ODD
const u16 I2S_PSC_TBL[ ][5] =
{
    {800 ,256,5,12,1},   //8kHz 采样率
    {1102,429,4,19,0},   //11.025kHz 采样率
    {1600,213,2,13,0},   //16kHz 采样率
    {2205,429,4,9,1},    //22.05kHz 采样率
    {3200,213,2,6,1},    //32kHz 采样率
    {4410,271,2,6,0},    //44.1kHz 采样率
    {4800,258,3,3,1},    //48kHz 采样率
```

{8820,316,2,3,1}， //88.2kHz 采样率
{9600,344,2,3,1}， //96kHz 采样率
{17640,361,2,2,0}， //176.4kHz 采样率
{19200,393,2,2,0}， //192kHz 采样率
}

25.1.3.3　相关的寄存器

（1）SPI_I2S 配置寄存器。PI_I2SCFGR，该寄存器各位描述如表 25.3 所示。

表 25.3　寄存器 SPI_I2SCFGR 各位描述

15	14	13	12	11	10	9	8	7	6	5	4	3	2	1	0
Reserved				I2SMOD	I2SE	I2SCFG		PCMSYNC	Reserved	I2SSTD		CKPOL	DATLEN		CHLEN
				rw	rw	rw	rw	rw		rw	rw	rw	rw	rw	rw

I2SMOD 位 设置为 1，选择 I2S 模式	必须在 I2S/SPI 禁止的时候，设置该位
I2SE 位 设置为 1，使能 I2S 外设	该位必须在 I2SMOD 位设置之后再设置
I2SCFG[1：0]位	这两个位用于配置 I2S 模式，设置为 10，选择主模式(发送)
I2SSTD[1：0]位	这两个位用于选择 I2S 标准，设置为 00，选择飞利浦模式
CKPOL 位	设置空闲时时钟电平，设置为 0，空闲时时钟低电平
DATLEN[1：0]位	设置数据长度。00 表示 16 位数据，01 表示 24 位数据
CHLEN 位	设置通道长度，即帧长度。0 表示 16 位，1 表示 32 位

（2）SPI_I2S 预分配器寄存器。SPI_I2SPR，该寄存器各位描述如表 25.4 所示。

表 25.4　寄存器 SPI_I2SPR 各位描述

15	14	13	12	11	10	9	8	7	6	5	4	3	2	1	0
Reserved						MCKOE	ODD	I2SDIV							
						rw	rw	rw							

位 15：10 保留	必须保持复位值

位 9 MCKOE	Y 主时钟输出使能 0:禁止主时钟输出 1:使能主时钟输出 注意:应在 RS 禁止时配置此位,只有在 RS 为主模式时才会使用此位,不适用于 SPI 模式
位 8 ODD	预分频器的奇数因子 0:实际分频值为 I2SDIV×2 1:实际分频值为(I2SDIV×2)+1
位 7:0	I2S 线性预分频器 I2SDIV[7:0]=0 或 I2SDIV[7:0]=1 为禁用值 注意:应在 RS 禁止时配置此位,只有在 RS 为主模式时才会使用此位

（3）PLLI2S 配置寄存器。RCC_PLLI2SCFGR,该寄存器各位描述如表 25.5 所示。

表 25.5 寄存器 RCC_PLLI2SCFGR 各位描述

31	30	29	28	27	26	25	24	23	22	21	20	19	18	17	16
Reserved	PLLI2S RO	PLLI2S R1	PLLI2S R2						Reserved						
	rw	rw	rw												

15	14	13	12	11	10	9	8	7	6	5	4	3	2	1	0
Reserved	PLLI2SN8	PLLI2SN7	PLLI2SN6	PLLI2SN5	PLLI2SN4	PLLI2SN3	PLLI2SN2	PLLI2SN1	PLLI2SN0			Reserved			
	rw	rw	rw	rw	rw	rw	rw	rw	rw						

该寄存器用于配置 PLLI2SR 和 PLLI2SN 两个系数,PLLI2SR 的取值范围是 2~7,PLLI2SN 的取值范围是 192~432。同样,这两个也是根据 f_s 的值来设置的。

此外,还要用到 SPI_CR2 寄存器的 bit1 位,设置 I2S TX DMA 数据传输,SPI_DR 寄存器用于传输数据,本章用 DMA 来传输,所以直接设置 DMA 的外设地址位 SPI_DR 即可。

25.1.3.4 STM32F4 的 I2S 驱动 WM8978 播放音乐的简要步骤

I2S 相关的库函数申明和定义跟 SPI 是同文件的,在 stm32f4xx_spi.c 以及头文件 stm32f4xx_spi.h 中。

（1）初始化 WM8978。初始化过程需要使用上面介绍的十几个寄存器,包括软复位、DAC 设置、输出设置和音量设置等。这些设置在实验工程中的文件 wm8978.c 中。

（2）初始化 I2S。此过程主要设置 SPI_I2SCFGR 寄存器,设置 I2S 模式、I2S 标准、时钟空闲电平和数据帧长等,最后开启 I2S TX DMA,使能 I2S 外设。

（3）解析 WAV 文件,获取音频信号采样率和位数并设置 I2S 时钟分频器。要先解析 WAV 文件,取得音频信号的采样率(f_s)和位数(16 位或 32 位),根据这两个参数,通过查表设置 I2S 的时钟分频。

（4）设置 DMA。I2S 播放音频时,一般都是通过 DMA 来传输数据的,所以必须配置 DMA。

（5）编写 DMA 传输完成中断服务函数。为了方便填充音频数据,使用 DMA 传输完成中断,每当一个缓冲数据发送完后,硬件自动切换为下一个缓冲,同时进入中断服务函数,填充数据到发送完的这个缓冲。过程如图 25.7 所示。

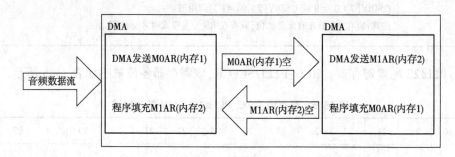

图 25.7 DMA 双缓冲发送音频数据流框图

（6）开启 DMA 传输,填充数据。最后,开启 DMA 传输,然后及时填充 WAV 数据到 DMA 的两个缓存区即可。

25.2 硬件设计

本章功能是:开机后,先初始化各外设,然后检测字库是否存在,如果检测无问题,则开始循环播放 SD 卡 MUSIC 文件夹里面的歌曲[必须在 SD 卡根目录建立一个 MUSIC 文件夹,并存放歌曲(仅支持 wav 格式)在里面],在 TFTLCD 上显示歌曲名字、播放时间、歌曲总时间、歌曲总数目、当前歌曲的编号等信息。KEY0 用于选择下一曲,KEY2 用于选择上一曲,KEY_UP 用来控制暂停/继续播放。DS0 还是用于指示程序运行状态。

本章用到的资源如下:指示灯 DS0,3 个按键(KEY_UP/KEY0/KEY1),串口,TFTLCD 模块,SD 卡,SPI FLASH,WM8978,I2S2。

WM8978 和 STM32F4 的连接如图 25.8 所示。

图中,PHONE 接口可用来插耳机,P1 接口可以外接喇叭(1W@8Ω,需自备)。实验前需要准备 1 个 SD 卡(在里面新建一个 MUSIC 文件夹,并存放一些 wav 格式的歌曲在 MUSIC 文件夹下)和一个耳机(或喇叭),分别插入 SD 卡接口和耳机接口(喇叭接 P1 接口)。

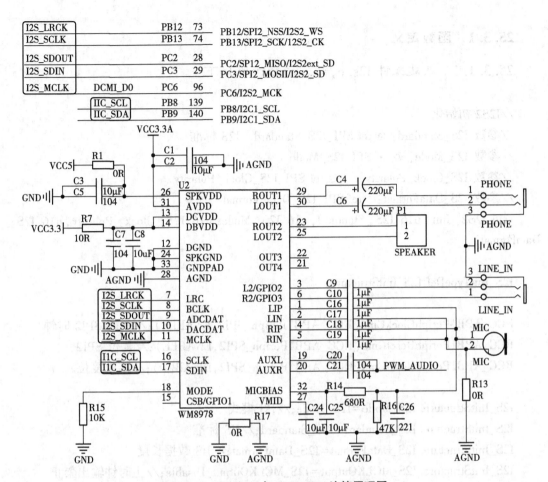

图 25.8　WM8978 与 STM32F4 连接原理图

25.3　软件设计

打开本章实验工程目录,在工程根目录文件夹下新建 APP 和 AUDIOCODEC 两个文件夹。在 APP 文件夹里面新建 audioplay. c 和 audioplay. h 两个文件。在 AUDIOCODEC 文件夹里面新建 wav 文件夹,然后在其中新建 wavplay. c 和 wavplay. h 两个文件。同时,把相关的源文件引入工程相应分组,同时将 APP 和 wav 文件夹加入头文件包含路径。

然后,在 HARDWARE 文件夹下新建 WM8978 和 I2S 两个文件夹,在 WM8978 文件夹里面新建 wm8978. c 和 wm8978. h 两个文件,在 I2S 文件夹里面新建 i2s. c 和 i2s. h 两个文件。最后将 wm8978. c 和 i2s. c 添加到工程 HARDWARE 组下。同时相应的头文件加入 PATH 中。

25.3.1 函数定义

25.3.1.1 新建文件 i2s.c,部分函数代码如下

```
//I2S2 初始化
//参数 I2S_Standard：@ ref SPI_I2S_Standard   I2S 标准
//参数 I2S_Mode：@ ref SPI_I2S_Mode
//参数 I2S_Clock_Polarity     @ ref SPI_I2S_Clock_Polarity
//参数 I2S_DataFormat：@ ref SPI_I2S_Data_Format
void I2S2 _Init ( u16 I2S _Standard, u16 I2S _ Mode, u16 I2S _ Clock _ Polarity, u16 I2S _
DataFormat)
{
I2S_InitTypeDef I2S_InitStructure;

RCC_APB1PeriphClockCmd( RCC_APB1Periph_SPI2,ENABLE) ;//使能 SPI2 时钟
RCC_APB1PeriphResetCmd( RCC_APB1Periph_SPI2,ENABLE) ;//复位 SPI2
RCC_APB1PeriphResetCmd( RCC_APB1Periph_SPI2,DISABLE) ;//结束复位

I2S_InitStructure. I2S_Mode = I2S_Mode;//IIS 模式
I2S_InitStructure. I2S_Standard = I2S_Standard;//IIS 标准
I2S_InitStructure. I2S_DataFormat = I2S_DataFormat;//IIS 数据长度
I2S_InitStructure. I2S_MCLKOutput = I2S_MCLKOutput_Disable;//主时钟输出禁止
I2S_InitStructure. I2S_AudioFreq = I2S_AudioFreq_Default;//IIS 频率设置
I2S_InitStructure. I2S_CPOL = I2S_Clock_Polarity;//空闲状态时钟电平
I2S_Init( SPI2,&I2S_InitStructure) ;//初始化 IIS

SPI_I2S_DMACmd( SPI2,SPI_I2S_DMAReq_Tx,ENABLE) ;//SPI2 TX DMA 请求使能
I2S_Cmd( SPI2,ENABLE) ;//SPI2 I2S EN 使能
} //采样率计算公式:Fs=I2SxCLK/[256×(2×I2SDIV+ODD)]
//I2SxCLK = (HSE/pllm)×PLLI2SN/PLLI2SR
//一般 HSE = 8MHz
//pllm:在 Sys_Clock_Set 设置的时候确定,一般是 8
//PLLI2SN:一般是 192~432
//PLLI2SR:2~7
//I2SDIV:2~255
//ODD:0/1
//I2S 分频系数表@ pllm=8,HSE=8MHz,即 vco 输入频率为 1MHz
//表格式:采样率/10,PLLI2SN,PLLI2SR,I2SDIV,ODD
```

```
const u16 I2S_PSC_TBL[ ][5]=
{
……//省略部分代码
}
//设置 IIS 的采样率(@MCKEN)
//samplerate:采样率,单位:Hz
//返回值:0 为设置成功,1 为无法设置
u8 I2S2_SampleRate_Set(u32 samplerate)
{
u8 i=0;
u32 tempreg=0;
samplerate/=10;//缩小 1/10
for(i=0;i<(sizeof(I2S_PSC_TBL)/10);i++)//看看改采样率是否可以支持
{
if(samplerate==I2S_PSC_TBL[i][0])break;
}
RCC_PLLI2SCmd(DISABLE);//先关闭 PLLI2S
if(i==(sizeof(I2S_PSC_TBL)/10))return 1;//搜遍了也找不到
RCC_PLLI2SConfig((u32)I2S_PSC_TBL[i][1],(u32)I2S_PSC_TBL[i][2]);
//设置 I2SxCLK 的频率(x=2),设置 PLLI2SN PLLI2SR
RCC→CR|=1<<26;      //开启 I2S 时钟
while((RCC→CR&1<<27)==0);  //等待 I2S 时钟开启成功
tempreg=I2S_PSC_TBL[i][3]<<0;//设置 I2SDIV
tempreg|=I2S_PSC_TBL[i][3]<<8;//设置 ODD 位
tempreg|=1<<9;      //使能 MCKOE 位,输出 MCK
SPI2→I2SPR=tempreg;  //设置 I2SPR 寄存器
return 0;
}
//I2S2 TX DMA 配置
//设置为双缓冲模式,并开启 DMA 传输完成中断
//buf0:M0AR 地址
//buf1:M1AR 地址
//num:每次传输数据量
void I2S2_TX_DMA_Init(u8 * buf0,u8 * buf1,u16 num)
{
NVIC_InitTypeDef    NVIC_InitStructure;
DMA_InitTypeDef    DMA_InitStructure;
```

```
RCC_AHB1PeriphClockCmd(RCC_AHB1Periph_DMA1,ENABLE);//DMA1 时钟使能

DMA_DeInit(DMA1_Stream4);
while (DMA_GetCmdStatus(DMA1_Stream4)! = DISABLE){} //等待可配置

/ * 配置 DMA Stream */
DMA_InitStructure.DMA_Channel = DMA_Channel_0;  //通道 0 SPI2_TX 通道
DMA_InitStructure.DMA_PeripheralBaseAddr = (u32)&SPI2→DR;//外设地址
DMA_InitStructure.DMA_Memory0BaseAddr = (u32)buf0;//DMA 存储器 0 地址
DMA_InitStructure.DMA_DIR = DMA_DIR_MemoryToPeripheral;//存储器到外设模式
DMA_InitStructure.DMA_BufferSize = num;//数据传输量
DMA_InitStructure.DMA_PeripheralInc = DMA_PeripheralInc_Disable;//外设非增量模式
DMA_InitStructure.DMA_MemoryInc = DMA_MemoryInc_Enable;//存储器增量模式
DMA_InitStructure.DMA_PeripheralDataSize = DMA_PeripheralDataSize_HalfWord;
//外设数据长度:16 位
DMA_InitStructure.DMA_MemoryDataSize = DMA_MemoryDataSize_HalfWord;
//存储器数据长度:16 位
DMA_InitStructure.DMA_Mode = DMA_Mode_Circular;// 使用循环模式
DMA_InitStructure.DMA_Priority = DMA_Priority_High;//高优先级
DMA_InitStructure.DMA_FIFOMode = DMA_FIFOMode_Disable;//不使用 FIFO 模式
DMA_InitStructure.DMA_FIFOThreshold = DMA_FIFOThreshold_1QuarterFull;
DMA_InitStructure.DMA_MemoryBurst = DMA_MemoryBurst_Single;//外设突发单次
传输
DMA_InitStructure.DMA_PeripheralBurst = DMA_PeripheralBurst_Single;//存储器突发单
次传输
DMA_Init(DMA1_Stream4,&DMA_InitStructure);//初始化 DMA Stream
DMA_DoubleBufferModeConfig(DMA1_Stream4,(u32)buf1,DMA_Memory_0);//双缓冲
模式配置
DMA_DoubleBufferModeCmd(DMA1_Stream4,ENABLE);//双缓冲模式开启
DMA_ITConfig(DMA1_Stream4,DMA_IT_TC,ENABLE);//开启传输完成中断

NVIC_InitStructure.NVIC_IRQChannel = DMA1_Stream4_IRQn;
NVIC_InitStructure.NVIC_IRQChannelPreemptionPriority = 0x00;//抢占优先级 0
NVIC_InitStructure.NVIC_IRQChannelSubPriority = 0x00;//响应优先级 0
NVIC_InitStructure.NVIC_IRQChannelCmd = ENABLE;//使能外部中断通道
NVIC_Init(&NVIC_InitStructure);//配置
}
//I2S DMA 回调函数指针
```

```
void ( * i2s_tx_callback)( void);//TX 回调函数
//DMA1_Stream4 中断服务函数 void DMA1_Stream4_IRQHandler( void)
{
if( DMA_GetITStatus( DMA1_Stream4, DMA_IT_TCIF4)= =SET)//传输完成标志
DMA_ClearITPendingBit( DMA1_Stream4, DMA_IT_TCIF4);
i2s_tx_callback();//执行回调函数,读取数据等操作在这里面处理
}
}
```

25.3.1.2　新建文件 wm8978. c,部分函数代码如下

```
//WM8978 初始化
//返回值:0 为初始化正常
//其他,错误代码
u8 WM8978_Init( void)
{
u8 res;
GPIO_InitTypeDef　GPIO_InitStructure;

RCC_AHB1PeriphClockCmd( RCC_AHB1Periph_GPIOB | RCC_AHB1Periph_GPIOC,
ENABLE);
　　　　　　　　　　　　　　　　　//使能外设 GPIOB,GPIOC 时钟
//PB12/13 复用功能输出
GPIO_InitStructure. GPIO_Pin = GPIO_Pin_12 | GPIO_Pin_13;
GPIO_InitStructure. GPIO_Mode = GPIO_Mode_AF;//复用功能
GPIO_InitStructure. GPIO_OType = GPIO_OType_PP;//推挽
GPIO_InitStructure. GPIO_Speed = GPIO_Speed_100MHz;//100MHz
GPIO_InitStructure. GPIO_PuPd = GPIO_PuPd_UP;//上拉
GPIO_Init( GPIOB,&GPIO_InitStructure);//初始化

//PC2/PC3/PC6 复用功能输出
GPIO_InitStructure. GPIO_Pin = GPIO_Pin_2 | GPIO_Pin_3|GPIO_Pin_6;
GPIO_InitStructure. GPIO_Mode = GPIO_Mode_AF;//复用功能
GPIO_InitStructure. GPIO_OType = GPIO_OType_PP;//推挽
GPIO_InitStructure. GPIO_Speed = GPIO_Speed_100MHz;//100MHz
GPIO_InitStructure. GPIO_PuPd = GPIO_PuPd_UP;//上拉
GPIO_Init( GPIOC,&GPIO_InitStructure);//初始化
```

```
GPIO_PinAFConfig(GPIOB,GPIO_PinSource12,GPIO_AF_SPI2);//PB12,I2S_LRCK
GPIO_PinAFConfig(GPIOB,GPIO_PinSource13,GPIO_AF_SPI2);//PB13 I2S_SCLK
GPIO_PinAFConfig(GPIOC,GPIO_PinSource3,GPIO_AF_SPI2);//PC3,I2S_DACDATA
GPIO_PinAFConfig(GPIOC,GPIO_PinSource6,GPIO_AF_SPI2);//PC6,AF5 I2S_MCK
GPIO_PinAFConfig(GPIOC,GPIO_PinSource2,GPIO_AF6_SPI2);//PC2,I2S_ADCDATA
IIC_Init();//初始化 IIC 接口
res=WM8978_Write_Reg(0,0);//软复位 WM8978
if(res)return 1;      //发送指令失败,WM8978 异常
//以下为通用设置
WM8978_Write_Reg(1,0X1B);//R1,MICEN 设置为 1(MIC 使能),BIASEN 设置为 1
                    //(模拟器工作),VMIDSEL[1:0]设置为:11(5K)
WM8978_Write_Reg(2,0X1B0);//R2,ROUT1,LOUT1 输出使能(耳机可以工作)
                      //BOOSTENR,BOOSTENL 使能
WM8978_Write_Reg(3,0X6C);//R3,LOUT2,ROUT2,喇叭输出,RMIX,LMIX 使能
WM8978_Write_Reg(6,0);   //R6,MCLK 由外部提供
WM8978_Write_Reg(43,1<<4);//R43,INVROUT2 反向,驱动喇叭
WM8978_Write_Reg(47,1<<8);//R47 设置,PGABOOSTL,左通道 MIC 获得 20 倍增益
WM8978_Write_Reg(48,1<<8);//R48 设置,PGABOOSTR,右通道 MIC 获得 20 倍增益
WM8978_Write_Reg(49,1<<1);//R49,TSDEN,开启过热保护
WM8978_Write_Reg(10,1<<3);//R10,SOFTMUTE 关闭,128x 采样,最佳 SNR
WM8978_Write_Reg(14,1<<3);//R14,ADC 128x 采样率
return 0;
}
//WM8978 DAC/ADC 配置
//adcen:adc 使能(1)/关闭(0)
//dacen:dac 使能(1)/关闭(0)
void WM8978_ADDA_Cfg(u8 dacen,u8 adcen)
{
u16 regval;
regval=WM8978_Read_Reg(3);//读取 R3
if(dacen)regval|=3<<0;  //R3 最低 2 个位设置为 1,开启 DACR&DACL
else regval&=~(3<<0);   //R3 最低 2 个位清零,关闭 DACR&DACL
WM8978_Write_Reg(3,regval);//设置 R3
regval=WM8978_Read_Reg(2);//读取 R2
if(adcen)regval|=3<<0;  //R2 最低 2 个位设置为 1,开启 ADCR&ADCL
else regval&=~(3<<0);   //R2 最低 2 个位清零,关闭 ADCR&ADCL
WM8978_Write_Reg(2,regval);//设置 R2
```

```
}
//WM8978 输出配置
//dacen:DAC 输出(放音)开启(1)/关闭(0)
//bpsen:Bypass 输出(录音,包括 MIC,LINE IN,AUX 等)开启(1)/关闭(0)
void WM8978_Output_Cfg(u8 dacen,u8 bpsen)
{
u16 regval=0;
if(dacen) regval|=1<<0;//DAC 输出使能
if(bpsen)
{
regval|=1<<1;   //BYPASS 使能
regval|=5<<2;   //0dB 增益
}
WM8978_Write_Reg(50,regval);//R50 设置
WM8978_Write_Reg(51,regval);//R51 设置
}
//设置 I2S 工作模式
//fmt:0 为 LSB(右对齐),1 为 MSB(左对齐),2 为飞利浦标准 I2S,3 为 PCM/DSP
//len:0 为 16 位,1 为 20 位,2 为 24 位,3 为 32 位
void WM8978_I2S_Cfg(u8 fmt,u8 len)
{
fmt&=0X03;
len&=0X03;//限定范围
WM8978_Write_Reg(4,(fmt<<3)|(len<<5));//R4,WM8978 工作模式设置
}
```

25.3.1.3 新建文件 wavplay.c,部分函数代码如下

```
__wavctrl wavctrl;   //WAV 控制结构体
vu8 wavtransferend=0;//i2s 传输完成标志
vu8 wavwitchbuf=0;//i2sbufx 指示标志
//WAV 解析初始化
//fname:文件路径+文件名
//wavx:wav 信息存放结构体指针
//返回值:0 为成功,1 为打开文件失败,2 为非 WAV 文件,3 为 DATA 区域未找到
u8 wav_decode_init(u8 * fname,__wavctrl * wavx)
{
FIL * ftemp;u32 br=0;
```

```
u8 * buf;u8 res = 0;
ChunkRIFF * riff;ChunkFMT * fmt;
ChunkFACT * fact;ChunkDATA * data;
ftemp = (FIL * )mymalloc(SRAMIN,sizeof(FIL));
buf = mymalloc(SRAMIN,512);
if(ftemp&&buf) //内存申请成功
{
res = f_open(ftemp,(TCHAR * )fname,FA_READ);//打开文件
if(res = = FR_OK)
{
f_read(ftemp,buf,512,&br);//读取 512 字节在数据
riff = (ChunkRIFF * )buf;  //获取 RIFF 块
if(riff→Format = = 0X45564157)//是 WAV 文件
{
fmt = (ChunkFMT * )(buf+12);//获取 FMT 块
fact = (ChunkFACT * )(buf+12+8+fmt→ChunkSize);//读取 FACT 块
if(fact→ChunkID = = 0X74636166||fact→ChunkID = = 0X5453494C)
wavx→datastart = 12+8+fmt→ChunkSize+8+fact→ChunkSize;
//具有 fact/LIST 块的时候(未测试)
else wavx→datastart = 12+8+fmt→ChunkSize;
data = (ChunkDATA * )(buf+wavx→datastart);//读取 DATA 块
if(data→ChunkID = = 0X61746164)//解析成功
{
wavx→audioformat = fmt→AudioFormat;//音频格式
wavx→nchannels = fmt→NumOfChannels;//通道数
wavx→samplerate = fmt→SampleRate;  //采样率
wavx→bitrate = fmt→ByteRate * 8;  //得到位速
wavx→blockalign = fmt→BlockAlign;  //块对齐
wavx→bps = fmt→BitsPerSample;  //位数,16/24/32 位
wavx→datasize = data→ChunkSize;  //数据块大小
wavx→datastart = wavx→datastart+8;  //数据流开始的地方
}else res = 3;//data 区域未找到
}else res = 2;//非 wav 文件
}else res = 1;//打开文件错误
}
f_close(ftemp);
myfree(SRAMIN,ftemp);myfree(SRAMIN,buf);//释放内存
return 0;
```

```
            }
//填充 buf
//buf:数据区
//size:填充数据量
//bits:位数(16/24)
//返回值:读到的数据个数
u32 wav_buffill(u8 * buf,u16 size,u8 bits)
{
    u16 readlen=0;u32 bread;
    u16 i;u8 * p;
    if(bits==24)//24bit 音频,需要处理一下
    {
        readlen=(size/4)*3;        //此次要读取的字节数
        f_read(audiodev.file,audiodev.tbuf,readlen,(UINT * )&bread);//读取数据
        p=audiodev.tbuf;
        for(i=0;i<size;)
{
buf[i++]=p[1];buf[i]=p[2];
i+=2;buf[i++]=p[0];
p+=3;
}
bread=(bread*4)/3;   //填充后的大小
}else
{
f_read(audiodev.file,buf,size,(UINT * )&bread);//16bit 音频,直接读取数据
if(bread<size) for(i=bread;i<size-bread;i++)buf[i]=0;//不够数据,则补充 0
}
return bread;
}
//WAV 播放时,I2S DMA 传输回调函数
void wav_i2s_dma_tx_callback(void)
{
u16 i;
if(DMA1_Stream4→CR&(1<<19))
{
wavwitchbuf=0;
if((audiodev.status&0X01)==0) //暂停
for(i=0;i<WAV_I2S_TX_DMA_BUFSIZE;i++)audiodev.i2sbuf1[i]=0;//填 0
```

25

音
频
输
出
控
制

```
        } else
        {
        wavwitchbuf = 1;
        if((audiodev. status&0X01) = = 0) //暂停
        for(i = 0;i<WAV_I2S_TX_DMA_BUFSIZE;i++) audiodev. i2sbuf2[i] = 0;//填 0
        }
        wavtransferend = 1;
        }
//播放某个 WAV 文件
//fname:wav 文件路径
//返回值
//KEY0_PRES:下一曲
//KEY1_PRES:上一曲
//其他:错误
u8 wav_play_song( u8 * fname)
{
u8 key;u8 t = 0;u8 res;u32 fillnum;
audiodev. file = ( FIL * ) mymalloc( SRAMIN,sizeof( FIL) );
audiodev. i2sbuf1 = mymalloc( SRAMIN,WAV_I2S_TX_DMA_BUFSIZE);
audiodev. i2sbuf2 = mymalloc( SRAMIN,WAV_I2S_TX_DMA_BUFSIZE);
audiodev. tbuf = mymalloc( SRAMIN,WAV_I2S_TX_DMA_BUFSIZE);
if( audiodev. file&&audiodev. i2sbuf1&&audiodev. i2sbuf2&&audiodev. tbuf)
{
res = wav_decode_init( fname,&wavctrl) ;//得到文件的信息
if( res = = 0)//解析文件成功
{
WM8978_I2S_Cfg( 2,0) ;//飞利浦标准,16 位数据长度
I2S2_Init( I2S_Standard_Phillips,I2S_Mode_MasterTx,I2S_CPOL_Low,
                        I2S_DataFormat_16bextended);
            //飞利浦标准,主机发送,时钟低电平,16 位扩展帧长度
} else if( wavctrl. bps = = 24)
{
WM8978_I2S_Cfg( 2,2) ;//飞利浦标准,24 位数据长度
I2S2_Init( I2S_Standard_Phillips,I2S_Mode_MasterTx,I2S_CPOL_Low,
                        2S_DataFormat_24b);
            //飞利浦标准,主机发送,时钟低电平,24 位扩展帧长度
}
I2S2_SampleRate_Set( wavctrl. samplerate) ;//设置采样率
```

```
I2S2_TX_DMA_Init(audiodev.i2sbuf1,audiodev.i2sbuf2,WAV_I2S_TX_DMA_BUFSIZE/
2);
                                                            //配置 TX DMA
i2s_tx_callback=wav_i2s_dma_tx_callback;
                        //回调函数指 wav_i2s_dma_callback
audio_stop();res=f_open(audiodev.file,(TCHAR*)fname,FA_READ);//打开文件
if(res==0)
{
f_lseek(audiodev.file,wavctrl.datastart);//跳过头文件
fillnum=wav_buffill(audiodev.i2sbuf1,WAV_I2S_TX_DMA_BUFSIZE,wavctrl.bps);
fillnum=wav_buffill(audiodev.i2sbuf2,WAV_I2S_TX_DMA_BUFSIZE,wavctrl.bps);
audio_start();
while(res==0)
{
while(wavtransferend==0);//等待 wav 文件传输完成
wavtransferend=0;
if(fillnum!=WAV_I2S_TX_DMA_BUFSIZE)//播放结束？{res=KEY0_PRES;break;}
if(wavwitchbuf)fillnum=wav_buffill(audiodev.i2sbuf2,
            WAV_I2S_TX_DMA_BUFSIZE,wavctrl.bps);
                                            //填充 buf2
else fillnum=wav_buffill(audiodev.i2sbuf1,
            WAV_I2S_TX_DMA_BUFSIZE,wavctrl.bps);
                                            //填充 buf1
while(1)
{
key=KEY_Scan(0);
if(key==WKUP_PRES)//暂停
{
if(audiodev.status&0X01)audiodev.status&=~(1<<0);
else audiodev.status|=0X01;
}
if(key==KEY2_PRES||key==KEY0_PRES)//下一曲/上一曲{res=key;break;}
wav_get_curtime(audiodev.file,&wavctrl);//得到播放和总时间
audio_msg_show(wavctrl.totsec,wavctrl.cursec,wavctrl.bitrate);
t++;
if(t==20){t=0;LED0=!LED0;}
if((audiodev.status&0X01)==0)delay_ms(10);
else break;
```

```
            }
          }
          audio_stop();
        } else res = 0XFF;
      } else res = 0XFF;
    } else res = 0XFF;
    myfree(SRAMIN, audiodev. tbuf); myfree(SRAMIN, audiodev. file);   //释放内存
    myfree(SRAMIN, audiodev. i2sbuf1); myfree(SRAMIN, audiodev. i2sbuf2);//释放内存
    return res;
}
```

25.3.1.4 新建文件 audioplay. c,部分函数代码如下

```
//播放音乐
void audio_play(void)
{
    u8 res; u8 key; u16 temp;
    DIR wavdir;        //目录
    FILINFO wavfileinfo;//文件信息
    u8 * fn;           //长文件名
    u8 * pname;        //带路径的文件名
    u16 totwavnum;     //音乐文件总数
    u16 curindex;      //图片当前索引
    u16 * wavindextbl;  //音乐索引表
    WM8978_ADDA_Cfg(1,0);//开启 DAC
    WM8978_Input_Cfg(0,0,0);//关闭输入通道
    WM8978_Output_Cfg(1,0);//开启 DAC 输出
    while(f_opendir(&wavdir,"0:/MUSIC"))//打开音乐文件夹
    {
        Show_Str(60,190,240,16,"MUSIC 文件夹错误!",16,0); delay_ms(200);
        LCD_Fill(60,190,240,206,WHITE); delay_ms(200);//清除显示
    }
    totwavnum = audio_get_tnum("0:/MUSIC");//得到总有效文件数
    while(totwavnum == NULL)//音乐文件总数为 0
    {
        Show_Str(60,190,240,16,"没有音乐文件!",16,0); delay_ms(200);
        LCD_Fill(60,190,240,146,WHITE); delay_ms(200);//清除显示
    }
```

```c
wavfileinfo. lfsize=_MAX_LFN*2+1;         //长文件名最大长度
wavfileinfo. lfname=mymalloc(SRAMIN,wavfileinfo. lfsize);//为长文件缓存区分配内存
pname=mymalloc(SRAMIN,wavfileinfo. lfsize);    //为带路径的文件名分配内存
wavindextbl=mymalloc(SRAMIN,2*totwavnum);//申请内存,用于存放音乐文件索引
while(wavfileinfo. lfname==NULL||pname==NULL||wavindextbl==NULL)//内存分配
出错
{
Show_Str(60,190,240,16,"内存分配失败!",16,0);delay_ms(200);
LCD_Fill(60,190,240,146,WHITE);delay_ms(200);//清除显示
}
//记录索引
res=f_opendir(&wavdir,"0:/MUSIC");//打开目录
if(res==FR_OK)
{
curindex=0;//当前索引为 0
while(1)//全部查询一遍
{
temp=wavdir. index;          //记录当前 index
res=f_readdir(&wavdir,&wavfileinfo);        //读取目录下的一个文件
if(res!=FR_OK||wavfileinfo. fname[0]==0)break;//错误/到末尾,退出
fn=(u8*)(*wavfileinfo. lfname? wavfileinfo. lfname:wavfileinfo. fname);
res=f_typetell(fn);
if((res&0XF0)==0X40)//取高 4 位,看是否是音乐文件
{
wavindextbl[curindex]=temp;//记录索引
curindex++;
}
}
}
curindex=0;             //从 0 开始显示
res=f_opendir(&wavdir,(const TCHAR*)"0:/MUSIC");   //打开目录
while(res==FR_OK)//打开成功
{
dir_sdi(&wavdir,wavindextbl[curindex]);   //改变当前目录索引
res=f_readdir(&wavdir,&wavfileinfo);        //读取目录下的一个文件
if(res!=FR_OK||wavfileinfo. fname[0]==0)break;//错误/到末尾,退出
fn=(u8*)(*wavfileinfo. lfname? wavfileinfo. lfname:wavfileinfo. fname);
strcpy((char*)pname,"0:/MUSIC/");      //复制路径(目录)
```

```
    strcat((char *)pname,(const char *)fn);      //将文件名接在后面
    LCD_Fill(60,190,240,190+16,WHITE);        //清除之前的显示
    Show_Str(60,190,240-60,16,fn,16,0);        //显示歌曲名字
    audio_index_show(curindex+1,totwavnum);
    key=audio_play_song(pname);               //播放这个音频文件
    if(key= =KEY2_PRES)   //上一曲
    {
    if(curindex)curindex--;
    else curindex=totwavnum-1;
    }else if(key= =KEY0_PRES)//下一曲
    {
    curindex++;
    if(curindex>=totwavnum)curindex=0;//到末尾的时候,自动从头开始
    }else break;//产生了错误
    }
    myfree(SRAMIN,wavfileinfo. lfname);//释放内存
    myfree(SRAMIN,pname);           //释放内存
    myfree(SRAMIN,wavindextbl);      //释放内存
    }
    //播放某个音频文件
    u8 audio_play_song(u8 * fname)
    {
    u8 res;
    res=f_typetell(fname);
    switch(res)
    {
    case T_WAV:
        res=wav_play_song(fname);
        break;
    default://其他文件,自动跳转到下一曲
        printf("can′t play:%s\r\n",fname);
        res=KEY0_PRES;break;
    }
    return res;
    }
```

25.3.2 建立主函数

建立 main 函数,在 main 函数里面编写如下代码。

```
int main(void)
{
    NVIC_PriorityGroupConfig(NVIC_PriorityGroup_2);//设置系统中断优先级分组 2
    delay_init(168);   //初始化延时函数   uart_init(115200);   //初始化串口波特率为
115 200
    LED_Init();       //初始化 LED
    usmart_dev.init(84);   //初始化 USMART
    LCD_Init();       //LCD 初始化
    KEY_Init();       //按键初始化
    W25QXX_Init();      //初始化 W25Q128
    WM8978_Init();      //初始化 WM8978
    WM8978_HPvol_Set(40,40);//耳机音量设置
    WM8978_SPKvol_Set(50);   //喇叭音量设置

    my_mem_init(SRAMIN);   //初始化内部内存池
    my_mem_init(SRAMCCM);   //初始化 CCM 内存池
    exfuns_init();      //为 fatfs 相关变量申请内存
    f_mount(fs[0],"0:",1);   //挂载 SD 卡
    POINT_COLOR=RED;
    while(font_init())      //检查字库
    {
    LCD_ShowString(30,50,200,16,16,"Font Error!");
    delay_ms(200);
    LCD_Fill(30,50,240,66,WHITE);//清除显示
    delay_ms(200);
    }
    POINT_COLOR=RED;
    Show_Str(60,50,200,16,"Explorer STM32F4 开发板",16,0);
    Show_Str(60,70,200,16,"音乐播放器实验",16,0);
    Show_Str(60,90,200,16,"正点原子@ ALIENTEK",16,0);
    Show_Str(60,110,200,16,"2014 年 5 月 24 日",16,0);
    Show_Str(60,130,200,16,"KEY0:NEXT   KEY2:PREV",16,0);
    Show_Str(60,150,200,16,"KEY_UP:PAUSE/PLAY",16,0);
    while(1)
    {
    audio_play();
    }
```

```
    }
```

在初始化各个外设后,通过 audio_play 函数,开始音频播放。

运行程序,程序先执行字库检测,然后当检测到 SD 卡根目录的 MUSIC 文件夹存在有效音频文件(WAV 格式音频)的时候,就开始自动播放歌曲了。

在开发板的 PHONE 端插入耳机(或者在 P1 接口插入喇叭),就能听到声音了。同时,通过按 KEY0 和 KEY2 来切换下一曲和上一曲,通过 KEY_UP 控制暂停和继续播放。

参考文献

[1]Joseph Yiu. ARM Cortex-M3 权威指南[M]. 姚文详,宋岩,译. 北京:北京航空航天大学出版社,2009.

[2]杜春雷. ARM 体系结构与编程[M]. 北京:清华大学出版社,2003.

[3]高慧芳. 单片机原理及系统设计[M]. 杭州:杭州电子科技大学出版社,2008.

[4]李宁. ARM 开发工具 Real View MDK 使用入门[M]. 北京:北京航空航天大学出版社,2008.

[5]李宁. 基于 MDK 的 STM32 处理器开发应用[M]. 北京:北京航空航天大学出版社,2008.

[6]刘军. 例说 STM32[M]. 2 版. 北京:北京航空航天大学出版社,2014.

[7]刘荣. 圈圈教你玩 USB[M]. 北京:北京航空航天大学出版社,2009.

[8]邵贝贝. 嵌入式实时操作系统 μC/OS-II[M]. 2 版. 北京:北京航空航天大学出版社,2003.

[9]谭浩强. C 程序设计[M]. 3 版. 北京:清华大学出版社,2009.

[10]唐清善. Protel DXP 高级实例教程[M]. 北京:中国水利水电出版社,2004.

[11]王永虹. STM32 系列 ARM Cortex-M3 微控制器原理与实践[M]. 北京:北京航空航天大学出版社,2008.

[12]徐向民. Altium Designer 快速入门[M]. 北京:北京航空航天大学出版社,2008.

[13]张洋. 原子教你玩 STM32[M]. 北京:北京航空航天大学出版社,2013.

[14]赵家贵. 传感器电路设计手册[M]. 北京:中国计量出版社,1994.

[15]赵亮,侯国锐. 单片机 C 语言编程与实例[M]. 北京:人民邮电出版社,2003.

[16]赵巍,冯娜. 单片机基础及应用[M]. 北京:清华大学出版社,2009.

[17]Miller M A. Data and Network Communications[M]. 北京:科学出版社,2002.

[18]罗浩,谢华成. 一种新的基于 ARM 的数据采集系统设计[J]. 信阳师范学院学报,自然科学版,2006,19(2):203-205.

[19]BOUAFIA A,GAUBERT J P,KRIM F. Predictive direct power control of three-phase pulse width modulation (PWM) rectifier using space-vector modulation (SVM)[J]. IEEE Transactions on Power Electronics,2010,25(1):228-236.

[20]RAJASHEKARA K S, VITHAYATHIL J. Microprocessor based sinusoidal PWM inverter by DMA transfer[J]. IEEE Transactions on Industrial Electronics,1982,29(1):46-51.